BIM改变了我们

谭志勇　主　编

周端隆　陈晓东　苏　栋　朱丽华　王明达　副主编

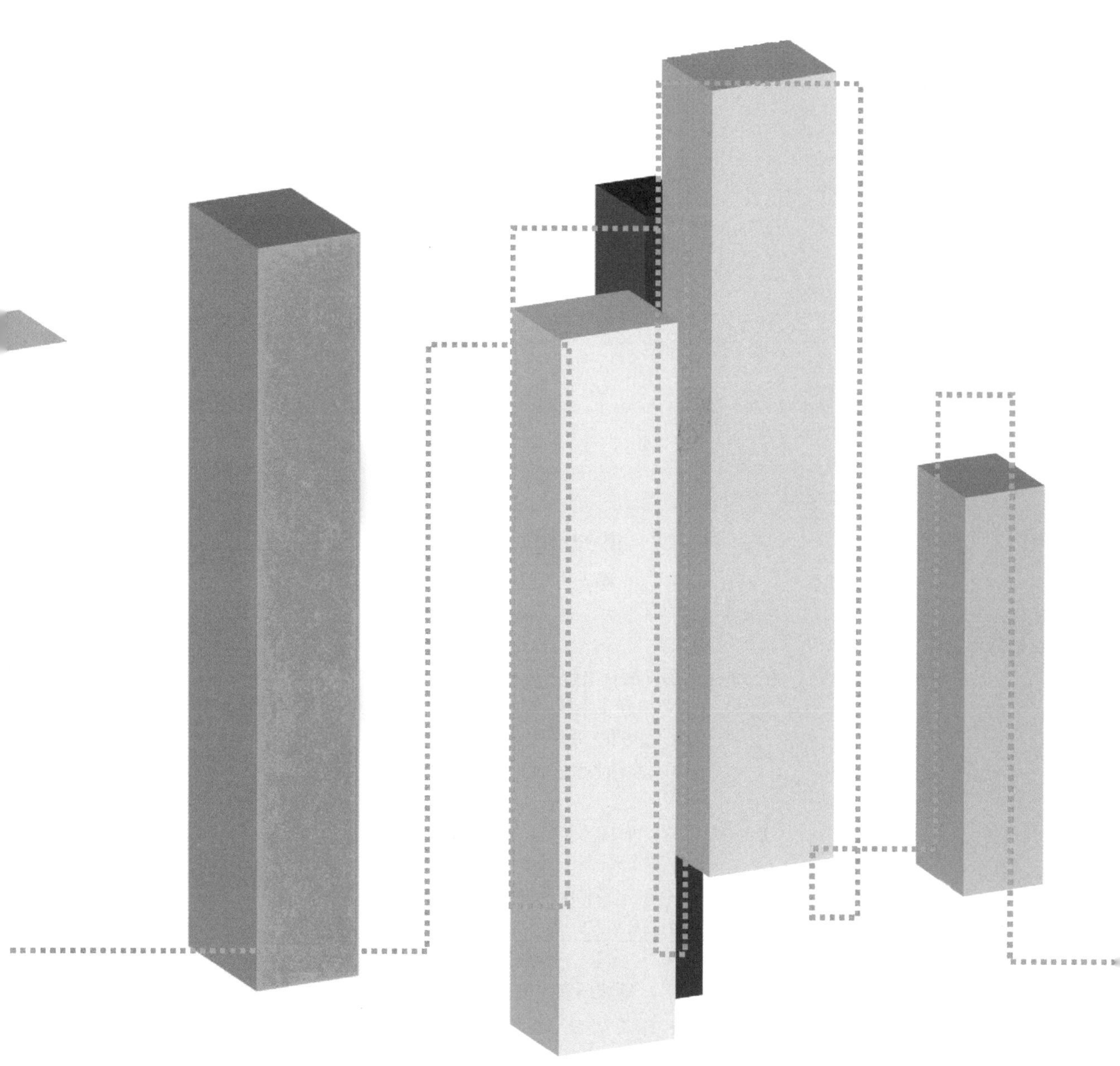

中国建筑工业出版社

图书在版编目（CIP）数据

BIM改变了我们 / 谭志勇主编；周端隆等副主编
.-- 北京：中国建筑工业出版社，2023.12

ISBN 978-7-112-29227-1

Ⅰ.①B… Ⅱ.①谭… ②周… Ⅲ.①建筑设计—计算机辅助设计—应用软件 Ⅳ.①TU201.4

中国国家版本馆CIP数据核字(2023)第186715号

责任编辑：高 悦 王砾瑶
责任校对：李美娜

BIM改变了我们
谭志勇 主 编
周端隆 陈晓东 苏 栋 朱丽华 王明达 副主编
*
中国建筑工业出版社出版、发行（北京海淀三里河路9号）
各地新华书店、建筑书店经销
北京光大印艺文化发展有限公司制版
临西县阅读时光印刷有限公司印刷
*
开本：787毫米×1092毫米 1/16 印张：18 字数：370千字
2024年7月第一版 2024年7月第一次印刷
定价：**158.00**元

ISBN 978-7-112-29227-1
（41943）

本书所呈现的是作为建筑企业，我们在应用 BIM 技术过程中，做出的一些尝试和探索，从技术的优化到管理的提升，从工作思路的改变到流程的制定，我们尝试把数字化应用到更多的场景。在这个过程中，我们也发现，原有的 BIM 技术已经无法满足当代数字化产业的趋势，新的 BIM 概念与 BIM 初期已有了巨大的差异。本书将就我们在 BIM 应用的方方面面的尝试以案例分析的形式呈现给读者，并就从传统的 BIM 技术衍生到数字孪生的概念、特点和其对建筑业未来发展影响几个方面做出阐述和探讨。

对于建筑企业来说，是否进行数字化改变已经不是一个选择题，而是一道问答题。**BIM 给我们带来哪些改变？**我们该如何去应用 BIM 进行变革？当建筑不再只是设计师绘制的施工图，当施工进度不再只是甘特图，当项目的收支不再只是表格中的数字，当所有这些都成为可视化的联动的三维数字模型，我们会发现，BIM 还有更多的可能。

BIM 让管理者有的放矢

施工成本可控对企业来说，是生存和发展的基础。BIM 技术让施工进度和成本实时自动化同步，这是一个巨大的飞跃。在传统的管理方式中，成本核算永远要比实际发生慢一步。这种滞后带来的损失可能是巨大的，管理者在这样的流程中有时很难发现其中的问题，也就无法对症下药，造成企业很多可以避免的损失。很多企业都在学习日本丰田汽车的看板管理模式，但是要把它推广应用到建筑施工管理，往往会因为施工存在很多不确定因素，而造成难以达到相应的要求而放弃。当采用 BIM 进行项目管理，将施工进度、成本同步后，问题通过数据准确及时地反映出来，这也意味着精细化管理的可能性，通过数据分析，识别问题，改进和提高，BIM 让施工项目管理形成了 PCDA 的循环。

BIM 让技术人员如虎添翼

在 BIM 发展的初期，只是简单地将二维图纸进行三维的展示，这对非专业人士是一个非常强有力的抓手，不但可以有助于他们理解建筑，而且可以更清晰地表达意见和需求。当然，在 BIM 技术发展到今天，它已经不只是非专业人士的一个工具，更成为专业技术人员不可或缺的技术手段，应用于各个专业。建筑中的节能设计、动线规划，结构设计中的力学分析，设备专业的碰撞检查，这些功能都有赖于 BIM 技术。当然，还不止于此，现在的数字化技术正在向自动优化的技术发展，设定参数后由计算机运行，寻找最佳的解决方案，不但提高了优化的速度，更突破了优化的局限性，避免人为的失误而使得优化结果更加准确。在不规则图形的设计和运用中，BIM 技术也发挥出其独特的优势，随着人们对建筑的独特性要求，越来越多的设计将利用参数化设计，将整个设计技术表达为参数形式，获得变化多样的设计。

BIM 让施工人员一目了然

施工人员是真正完成建筑的现场人员，对于他们来说，最重要的是理解需要自己完成的局部。其中包括工作内容、操作步骤、质量要求。BIM 如何帮助施工人员呢？在新加坡因为工人来自很多国家，语言交流会存在一些理解上的偏差，当我们采用 BIM 对工序进行演示后，不但可以提高工人的效率，而且可以在很大程度上提高工程的质量。同时，我们还发现，相对于割裂的工序，如果让工人了解与其完成的工作相关的其他工作，对于完成好自己的部分也是大有裨益的。BIM 不但让施工人员更容易理解图纸，还可以帮助他们发现施工中的问题，当他们看到前面的工序为后面工作带来的影响，也会积极地参与技术的改进和创新。

BIM 让企业曲为之防

为什么企业要采用 BIM 做数字管理？数字孪生其实就是企业在实际完成项目之前的一种风险评估。它帮助我们在项目开始之前，模拟出已知及未知的风险，风险预判是投标工作的关键环节之一，提前找到优化或者解决方案，避免在项目开始后陷入被动。BIM 的数字化模型融合已有项目的经验，使得方案更具有可操作性。对于企业来说，更是建立一个强大的技术支持平台，使得项目不再依靠某几个项目管理人员，而是一个完善的管理平台。在这个平台中的数据是不断积累和更新的，相应的资源、人力等相关协调工作也是同步的，这就意味着企业在风险控制上不但有实时的监控数据，而且也有前期的预判和后期的跟进，这正是企业发展最强大的自动化系统。

我们相信 BIM 必定是建筑企业发展的方向，道路阻且长，本书中也会讲述我们在实际应用中的不足，希望和广大读者共同成长，也希望本书可以扩展不同专业人员的领域。BIM 是一个系统和多专业的融合，在这个链条上，每个人都会有自己的点，当这些闪光的点汇成技术流时，建筑业将迎来一个不一样的新局面。

目　录
Contents

01

BIM 应用概述

02

BIM 模型及图纸衍生标准化

03

BIM 投标应用管理

04

BIM 建筑施工场地布置

05

BIM 施工进度管理

06

BIM 施工成本管理

07

BIM 软件及应用

08

BIM 技术与新技术的结合

01BIM
应用概述

1.1 数字孪生
1.2 BIM 技术的定义
1.3 BIM 技术应用的价值
1.4 BIM 数字模型的特点
1.5 基于 BIM 应用的基础框架
1.6 BIM 标准化
1.7 BIM 技术在建筑业的应用与发展

1 BIM 应用概述

1.1 数字孪生

新冠疫情的突发扰乱了整个建筑行业系统，迫使我们对整个建筑行业进行了更深层次的认识和思考。

作为最重要的支柱产业之一，建筑业在很长一段时间处于技术及工作方式落后的阶段，在科技飞速发展的今天，传统的建筑行业迫切地需要对流程以及工作方式进行数字化和虚拟化的变革，是关系到每个建筑行业从业人员切身利益的问题，原有的 BIM 技术已经不足以满足现在需求强大的数字化产业改革趋势，本章就将从传统的 BIM 技术衍生到数字孪生的概念、特点和其对建筑业未来发展影响几个方面做出阐述和探讨。

从建筑物的全生命周期来讲，传统的建筑主要包括设计、施工、运营三个部分。

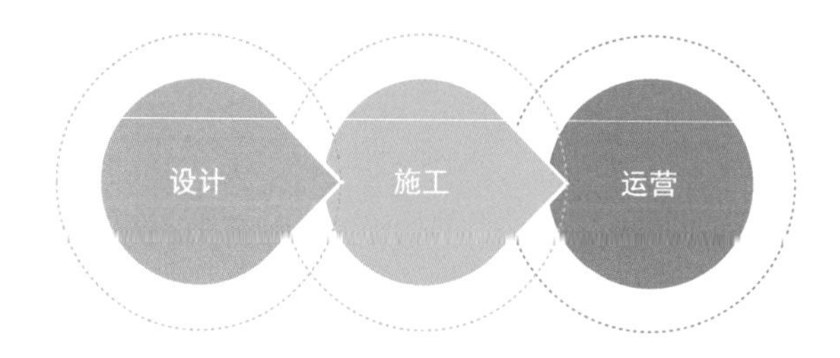

在使用 BIM 之后，在原始的流程中增加了三个部分，可视化设计、可视化施工及可视化运营，从而使整个建筑的建造可以进行更多的模拟和分析。

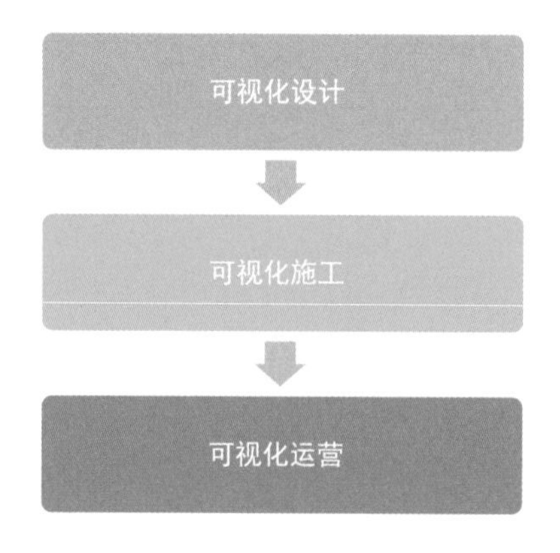

2021 年“数字孪生”成为建筑业最热议的话题，到底什么是“数字孪生”，它又能为建筑业带来什么样的变革呢？

自 2012 年美国航空航天局（NASA）引入数字孪生概念以来，人们对数字孪生概念的兴趣日益浓厚。从本质上讲，数字孪生是虚拟世界与现实世界的互动。数字孪生必须通过物联网传感器和常规监控和报告从物理世界接收信息。

在接收信息的同时，通过对物理世界信息的相关分析，得出相应的结果和数据，调整物理世界，以保护和提高资产的性能。这种控制和调整可能是基于一定的规则，也可能是基于智能（AI）技术。

建筑业作为最重要的支柱产业之一，在很长一段时间处于技术落后的水平，在科技飞速发展的今天，到底数字孪生能为建筑业带来怎样的变革，是从事建筑行业的每个人都非常关心的问题，本章就将从数字孪生的技术概念、特点和其对建筑业的发展影响几个方面做出阐述和探讨。

数字孪生概念与特征

“数字孪生”在2021年日益成为工业、学术界、企业、高校及政府部门的关注热点。何谓“数字孪生”？数字孪生即 Digital Twin 技术，又称数字镜像、数字化映射，是指某种物理产品在数字化空间中的虚拟映射，通过集成多学科、多尺度多物理量来实现数字化空间的仿真模拟，从而反映物理对象的全生命周期过程。

从不同的角度认识，便能赋予“数字孪生”不同的意义及功能，不同企业、不同项目的切入点不同，其侧重的方向便不同。主要包括以下五个维度：模型维度、数据维度、服务维度、连接维度及物理维度。

模型维度 → 数据维度 → 服务维度 → 连接维度 → 物理维度

概念	特征
模型维度	数字孪生就是虚实映射或者模型映射，将实际的形态映射到虚拟模型中，实现高保真、高精度的还原，实现现实与模型的动态转化。在前期设计中 BIM 3D 模型可以说是建筑的虚拟模型，在初始的设计模型中，包括建筑的几何尺寸等特性，在设计的后期进行分析时，会增加不同的参数，丰富模型的数据，可以进行不同的分析
数据维度	数字孪生即大数据，利用 5G 技术、大数据、通信模块等集成化数据分析技术，将项目数据分类汇总并实现动态管理的功能，挖掘项目全生命周期的数据潜力，分析数据的要素及价值。这一点在道路交通等布置和管理中应用前景较广
服务维度	看重数字孪生服务功能的能力，具体到单体项目的施工而言，数字孪生的模型和数据驱动是进行各种数据的分析的基础，例如建筑流线分析、结构计算分析、施工计划和造价分析等。模型和数据使得各种模拟分析成为一个可视化的优化过程，通过模拟比较，不断地发现问题，优化方案，最终达到效率的提升和资源的节约
连接维度	侧重于数据、模型之间的互用互联，多端口、多协议、多平台、多接口的相互转换，满足不同产业不同行业、不同服务群体的信息传递要求，强调连接转换的实时性及广阔性。目前在建筑行业，连接维度方面还在不断地发展和进步中
物理维度	数字孪生是物理实体的数字映射

数字孪生如何赋能建筑行业的发展

目前，随着科技的发展和 BIM 技术的应用，从上述数字化技术应用的场景可以看出，数字孪生是 BIM 的一个拓展，BIM 是数字孪生的基础和核心。数字孪生是一个双向的过程，因为存在两个同步的模型，实体模型和虚拟模型，可以通过对虚拟模型的优化进一步优化实体模型，不断地迭代，使得建筑工程管理更加高效、功能更加完善，生产流程和过程也在随着不断的输入和输出而优化。主要数字化技术应用包括以下几个方面：

数字化协同设计

应用协同设计平台，对设计过程与设计成果进行管理，各专业基于平台进行协同设计，减少设计中的错漏碰撞，提高设计的准确性，减少因为不同专业的不协调发生的设计失误。

数字化模型的构建

设计模型结合倾斜摄影建模的方式，可以完成场地的数字化模型构建。对于场地大、地形地貌复杂、高差大等项目是非常必要的。在进行数字化建模后，可以更好地利用地形进行初步设计，避免后期施工中因为土方开挖带来的大量的现场工作。

数字化交付

对建筑的施工现场、施工流程和施工方法进行模拟，制定合理的施工计划，有序安排施工顺序，减少返工、窝工，使得现场管理更加安全、施工质量得以保证。

数字化施工

开发工程数据中心平台，建立以“对象为核心”的网状关系数据库，进行全生命期的数字化交付，成为构建数字化建筑管理的基础。

数字孪生

在建设施工阶段，利用监测设备，对施工现场进行实时的监测，并与原有的施工进度模型进行比对，确定实际工程与原有计划的差异，并根据差异进行调整，达到人、机、材的匹配。在建设完成后，对于工业建筑，可以生产流程、设备和工艺的数字化模型为基础，采集现场控制器、设备等数据信息，利用现场的工艺设备信号对数字化模型的动作进行驱动，完成数字化模型与实体工厂的实时同步。对于民用建筑，则可以通过现场采集的人流、环境、设备等数据信息，与在数据模型中设定的相应参数进行优化分析比对，形成虚拟和现实的两个数据模型的匹配。

数字化运维

基于数字化工厂管控平台，实现生产、能源、设备和物流的集中管控，智能调度管理，将生产系统记录数据，导入虚拟的数字化工厂中，进行生产过程复现，提出工艺参数改进，再进行生产过程推演，通过反馈分析和仿真模拟的不断循环，以量变促质变，达到产线性能的升级革新。在智慧交通、智慧社区等智慧城市的发展建设中，数字化运维与数字孪生也起到非常重要的作用，因为有数据的双向输入和输出，可以通过不断地迭代升级，优化现有的生产模式和运行方式，提高管理效率和使用效率。

我们正处于“数字孪生时代”，发展的步伐每天都在加快，从 2019 年数字孪生概念应用在工程技术研究领域，短短几年时间，通过开源平台和创新生态系统的结合，一股巨大变革的力量正在冲击着建筑行业不断地向前发展。数字孪生从交通运输、水电网络到数字城市，正在不同的领域发展和应用。就如数字孪生给每一个项目和场景带来的改进一样，数字孪生技术本身也在不断地迭代和发展。在数字化打通设计到运维的数据通道后，建筑业的发展必将会有更多的突破和优化。

1.2 BIM 技术的定义

随着 BIM 技术的发展，BIM 的定义也是在不断地更新与迭代之中。在 2006 年前后，BIM 被定义为维护基础建筑管理的一组相互作用的政策、流程和技术。在建筑物的整个生命周期内以数字格式提供设计和项目数据。

2019年，很多研究者认为，当初的关于BIM的定义，里面包含的关于“政策”“流程”“方法”“技术”“管理”“项目生命周期”和“数字数据”的概念，只是拓宽了 BIM 的多学科应用，并不是 BIM 独有的。因此，不同学科对 BIM 有特定的解释，没有一个单一的定义可以完全满足所有人的需求。

对BIM的定义，不同专业的人有不同的理解，造成对 BIM 概念的不同定义。BIM 的真正含义在于其概念应用超出了现有表面定义所设定的界限。其中心性将 BIM 描述为一个数字系统，可促进建设项目的数据丰富、面向对象、智能和参数化的表示，从中提取和分析适合各种用户需求的视图和数据，以生成信息并加强项目经济性做出决策并改进项目交付流程。

最新版本的 BIM 定义包含多个学科。它将 BIM 定义为不仅是一种以设计为中心的工具，而且是一种设计和信息管理实践。此外，BIM 适用于“建筑”之外；它适用于各种类型的建筑和基础设施建设。同样，“项目数据”超越了设计；与信息管理相关的 BIM 组件包含设计和非设计学科，涵盖合同绩效和关系管理学科（Olatunji，2012；Kagioglou，2001；Meng，2012；Stewart，2007）。

1 BIM 应用概述

在过去的二十年里，BIM 在不断地发展和转变。从最初的三维建模，到现在的云端数据管理，BIM 的发展方向也是在需求中不断地扩展。许多研究报告称，BIM 是未来建筑的商业现实，未来的建筑将不再只是设计建造的单体，其发展的空间将被扩大，与整个城市相连。

同样，一些研究表明 BIM 对建筑业的未来至关重要，并将成为现代世界建筑业生存的主要语言，建筑业的学者不断地强调 BIM 对建筑行业未来的发展有举足轻重的作用。

BIM 通过协作、数据丰富的通信和集成来改善建设项目的成果。Hope(2012) 的看法是，不采用 BIM 的建筑企业将会消亡。也有人认为 BIM 不会导致传统施工的消亡，而是会随着 BIM 的自动化流程发生一些革命。

BIM 技术的发展离不开人才的储备，在近十多年来，建筑专业的毕业生在学校所学的知识还没有准备好 BIM，那么在未来的工作中也一定还没有做好准备。这里所说的，并不是仅仅是某几个软件的使用，更多的是一种思维模式，是否已经准备好接受数字化模型和信息的分析、优化、处理。
政策引导，技术支撑，人才匹配，这些成为 BIM 在建筑业发展最重要的基础。

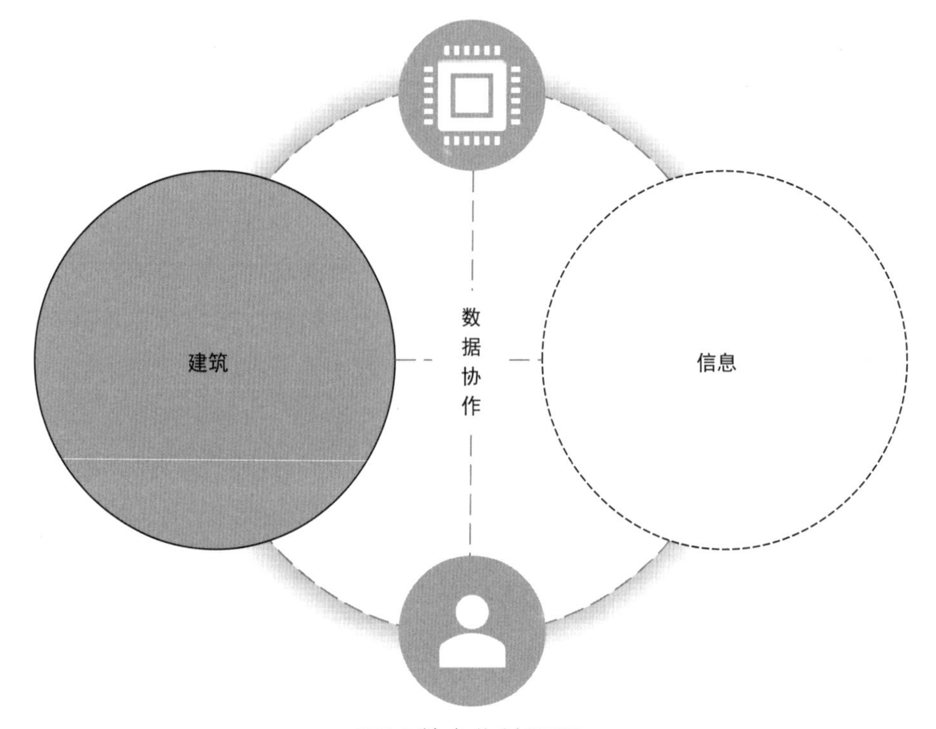

BIM 数字化关系图

到底应该如何定义 BIM 呢？建筑信息模型或 BIM（Building Information Modelling）是对建筑的数字模型化，是业主方的需求表达、建筑设计、工程技术、施工建造（乙方）、后期运维和其他相关基础设施全过程的统一。

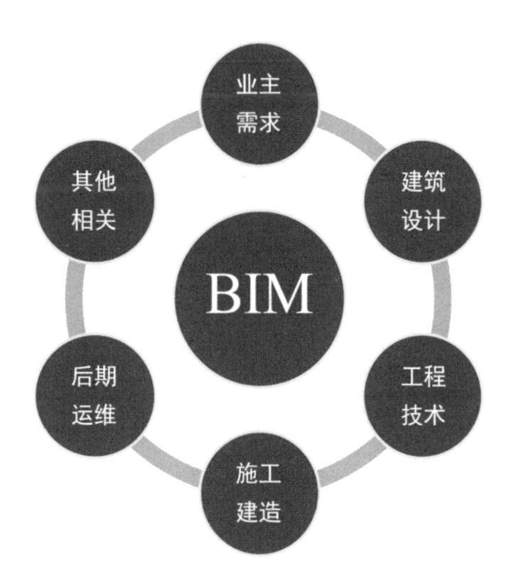

但在BIM越来越普及的今天，这三个字的意义也开始发生改变，尤其是模型（Modelling）越来越趋近于管理（Management），在数据充盈的模型体内更加偏向于建筑信息管理（Building Information Management）。

BIM 技术的发展与传统建筑用三种特定方式主导建筑（Architecture）/ 工程（Engineer）/ 建造（Construction）（AEC）行业的范式有着本质的区别。BIM 平台为建筑业带来的创新包括：

建筑物的多维度（3D、4D等）表示；建筑物在建造之前，不但可以呈现三维立体模型，而且可以添加参数，实现施工过程的模拟等。

数字对象建模，数字对象可以完整地表达它所代表的实体建筑元素的形式、功能等；数字对象的建模不但可以包括几何信息，而且可以包含时间、造价等诸多数字参数。所有这些参数使得建筑不只是一个空间的物理模型，而且包含更多的多维信息，为建筑物的建造、运维、管理提供强大的数据。

BIM模型作为一个包含数据信息的模型，可以通过模拟和分析建筑物在建造过程中的施工进度计划，资金的使用，建筑各个专业的协调，甚至包括建筑设备的使用和维护，以及未来建造完成后运行过程中的水、电、网络管理，电梯维护等。

1

BIM 应用概述

BIM 在整个项目中具有广泛的应用，远远超出了单一的设计范畴。目前，BIM 的应用主要包括以下的领域：

设计与工程	· 项目定义 · 概念设计 · 建筑设计 · 工程设计和分析
城市规划及项目施工	· 项目管理 · 4D 调度 · 5D 成本计算 · 6D 时间排序 · 工程设计优化
项目协作	· 项目技术信息整合 · 项目信息的发布和共享 · 文件管理
招标	· 项目造价估算 · 工程范围的划分与界定
财务	· 协调资金与执行的关系 · 统筹企业的资金管理
建筑设施的运维管理	· 日常维护与维修 · 监控

施工进度计划与场地布置	· 施工图绘制 · 预制构件生产 · 场地的测量与勘查 · 雷达扫描 · 工地现场定位 · 设计的变更 · 技术问题的协调与管理
风险评估	· 衡量标准和进度影响的评估 · 可视化的冲突识别 · 现场勘查与可行性分析 · 现场管理综合项目交付 · 决策知识/数据汇总 · 加速决策
项目保证	· 质量控制 · 可预测性 · 成本和风险的预测与规避 · 信息控制

随着建筑功能的增多以及人类对于建筑要求的提升，BIM 技术的提升，BIM 的应用也会不断地扩展。AutoCAD 的出现让建筑人员摆脱了图板，开始用电脑软件绘图；BIM 的出现将彻底改变人们的思维模式，建筑不再只是平 / 立 / 剖面的图纸，它可以是一个三维模型的展示，也可以是一段串联时间和空间的动画，还可以是一个强有力的管理工具。

1 BIM 应用概述

在 BIM 应用于建筑业的初期，由于建筑业人员的专业单一，原有的思维和固定模式很难打破，因此，大家对 BIM 的争议很大。主要面临的问题是 BIM 不能带来直观的效益或者效率的提升和改变，反而会因为人员和设备的增加而造成成本的上升。

随着 BIM 的发展和云平台的实现和推广，采用 BIM 已经成为不可阻挡的趋势。随着三维展示和数据分析成为建筑业变革的方向，各种模拟分析代替了经验的判断，看板管理已经不再只是工业生产的管理工具，建筑企业也在向着工业化迈进。

建筑行业将不再只是设计师、项目经理、施工人员等专业人士的平台，BIM 通过模型的展示和数据的比对，让建筑从单一的图纸走向可以空间的实体模型，人们可以在模型上看到几乎所有的建筑细节，当然还有二维图纸不能表达的各类信息（如构件的施工时间、人员、价格、内部的管线等）。

BIM 的发展使得企业必须对组织架构、工作流程进行改革，这些对于企业来说都是全新的尝试和探索，各国政府也在强力地推进企业向 BIM 方向的发展。

2011 年，新加坡建屋局发布了新加坡 BIM 发展路线规划，规划明确推动整个建筑业在 2015 年前广泛使用 BIM 技术。为了实现这一目标，新加坡建筑管理学院分析了面临的挑战，并制定了相关策略。到 2022 年十余年间，BIM 的应用已经非常广泛，尤其在专业协调方面，BIM 发挥了无可替代的作用。

2021 年，住房和城乡建设部信息中心发布了《中国建筑业信息化发展报告（2021）——智能建造应用与发展》，主题为聚焦智能建造，探索建筑业高质量发展路径。大力发展数字设计、智能施工和智慧运维，加快 BIM 技术研发和应用。

未来 5 年，将是 BIM 发展更为迅猛的阶段。目前，中国的 BIM 主要聚焦在软件的开发和应用，随着大数据和人工智能的不断发展，BIM 也将带来建筑企业的变革。BIM 人才的培养，BIM 应用的实践与探索，都将成为建筑企业不可忽视的部分。项目数据的积累与迭代，将成为企业未来的竞争力，可以说数字化将是建筑企业全面走向工业化的基础。

在以往的 BIM 实践中，软件是一个关键的工具，也成为 BIM 发展的一个主要的增长点。随着 BIM 的发展，如何搭建一个工作流程，制定相应的标准和体系，成为企业发展的更为基础的部分。无论是项目的 BIM 框架还是企业的流程体系，都需要一个基本的执行规划，把各方的人、使用的软件、输出的结果、信息的反馈都在这个执行规划中串联起来，这样，才可以让数据流动起来，共享、融合，并提供有用的数字信息。

1.3 BIM 技术应用的价值

为什么业主、设计师、建筑商和管理者包括政府管理部门要投入精力推广和使用 BIM？与其他工作方式相比，BIM 提供了许多优势。

设计阶段

BIM阶段使他们能够比传统方法更准确、清晰地理解设计。很多业主都是非专业人士，理解图纸对于他们来说是有一定困难，当使用BIM模型后，数字原型可以虚拟地犯错。可以对设计进行改进和集中，更有信心地满足业主的需求，避免过度设计和设计不足。业主可以指导设计和施工团队更好地实现自己的目标，更快地提供反馈，并且因为整个过程是虚拟的，其成本远低于后期的设计变更。

施工阶段

BIM可以通过不同方案的模拟，改进和优化整个施工流程，消除了传统流程中常见的大部分浪费——材料、时间、空间、信息、返工、过度生产等浪费。随着项目的推进和施工方对多个项目的统一平台的管理，施工方可以合理安排工期，调配施工人员，降低价格，这也意味着在优化资源的同时，在不改变项目条件的情况下，可以提高生产效率，降低成本和进度，同时提高项目的施工质量。

运营阶段

在建筑交付使用后，可以从 BIM 模型中提取信息来填充运营和维护管理系统，而 BIM 模型将成为未来改造的基础。更重要的是，在设计过程中充分利用数字原型，还可以模拟分析建筑物的能源消耗，可以优化建筑物的耗能，从而提高可持续性并降低运营成本。

BIM 在不同阶段的作用

由于 BIM 支持使用参数化设计工具和自动化设计优化，建筑设计师还受益于几何和材料方面的更多功能。利用参数化的工具，设计师可以通过定义参数，设计出更具有创意的几何形状的建筑物。自从 BIM 面世以来，全球涌现出大量新颖、有趣的建筑，而这些建筑物的设计可以仅仅通过改变参数便捷地进行优化和改进。

1.4 BIM 数字模型的特点

当 BIM 中的 M 成为数据的管理（Management）时，BIM 成为包含计算机技术和数据的共享和管理流程。而要实现 BIM（Building Information Management）建筑信息的数据管理，以下四个关键特征将传统的建筑技术和 BIM 建筑信息模型和数据管理流程区别开来：

（1）BIM提供面向对象的数字模型，数字模型包含外形、功能和其他相关的参数信息，组成建筑信息的基础。

（2）数字模型是要建造的建筑的数据信息原型，可以在该数据模型上进行相关的运算分析、模拟等工作。

（3）BIM在云平台上的数据，整合了所有参与建设项目人员的工作，不同流程中的各专业相关人员都可以在平台中获取、编辑自己所需要的相关信息。

（4）BIM提供了一个信息环境，该信息环境推动了“建筑技术”的数字化。

借助 BIM 的数字模型，BIM 将建筑的全流程的数据交互成为可能。利用现有的云平台，将 BIM 模型中的数据进行删选，并且在各个阶段实现数据的共享和流动，通过流程的优化和数据的有效管理，将出现更为高效的设计和施工流程。因此，BIM 将不再是简单的三维模型，而是建筑信息的数字管理，这将使得数据方不但可以方便地分享数据，更可以实现数据的有效传递，实现设计、投标、施工、运维全生命周期的数字化。

面向对象的数字模型

建筑本身包括各种物理构件，例如墙体、门窗，梁柱等。BIM 模型除了包含以上的构件的物理信息以外，还可以包含一些非材料特性的抽象的概念，比如房间的类型、构件的完成时间、造价等。

建筑、结构、施工管理人员等可以根据建筑的不同功能、给系统定义不同的物理参数，给 BIM 模型中的构件添加不同的信息，添加的参数信息成为模型中特有的对于不同阶段、不同专业相关的信息。在现有 BIM 模型的基础上，可以利用这些抽象的物理参数和相关的软件和工具，进行更多地分析和拓展应用。

对于软件程序员来说，面向对象的软件具有三大特点：封装性、继承性和多态性。在面向对象建模中还在原有基础上赋予了模型实例化和属性继承等更多的特性。这些软件行业的术语也进一步延展到了建筑业当中，在 BIM 系统中体现出不同的特征和意义，因此对于 BIM 软件的用户也应该注意和了解相应的概念。

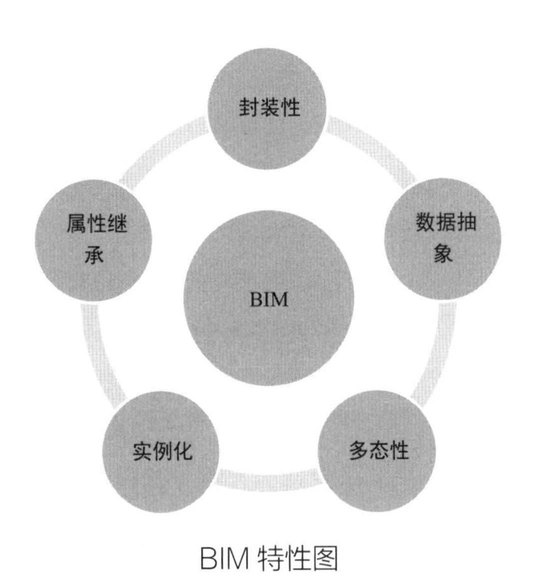

BIM 特性图

封装

封装意味着实现对象行为（其方法）的软件功能是该对象的类所固有的，并且对象的属性及其方法的细节对调用函数是隐藏的，仅对外部提供公共的访问方式。因此，BIM 系统中相同的外部命令可能会导致不同对象的不同行为。

数据抽象

数据抽象意味着能重复引用原有参数以及设置，在不同的场景和条件下对参数的重复使用，减少了参数定义的过程，这也是参数化设计和 BIM 带给行业的变革。在初期定义完成初始设置及设定，后期所有的增项都是参照不同的参数引用来进行和完成，确保了过程当中数据的一致性。

多态

多态是指对象在不同的情况下可能呈现出不同的形式。例如同一个物体——比如一扇门，将在不同的工程视图中以完全不同的方式显示。

实例化

实例化意味着 BIM 模型中的每个对象都属于一类对象，并且在模型文件中为该类对象指定了其行为和属性。

继承性

继承性意味着所有类在层次结构中从父类继承属性和方法（行为）。这样做的结果是对象类可以被专门定义。例如建筑中常用的窗可能具有开口宽度和高度的属性，这些属性对所有窗都是通用的。更细致的关于窗的分类则可以根据开启方式不同，对于它们的开启方式定义额外的属性，例如平开窗、推拉窗。

在理解了面向对象的 BIM 模型的一些系统特征后，在建模的时候，就可以根据需要定义不同的参数，还可以根据不同的需要进行分类。3D 模型就成为后续应用的基础模型，根据对不同数据的管理和应用，实现更多的扩展功能，而在这个过程中，BIM 模型中的数据不断地被添加、扩充和使用。

数字模型的信息处理

数字模型对建筑行业的重要性正在逐步凸显和不可替代。在数字建筑模型出现之前，建筑师和工程师只能根据实体模型去测试所设计的功能是否可以实现。为了完成相应的测试，必须准备相应的实物进行测试，这就意味着高成本、破坏性和不可复制。利用实体模型很多时候只能做破坏性试验，因此需要根据不同的参数，建立多个实物模型，进行比对试验。而当试验结果不能满足初始设计的功能时，如何进行相应的改进也成为一个棘手的问题。

在建筑结构越来越复杂的今天，建筑结构的有限元分析已经成为不可或缺的数字模型，有限元分析提供了在建造之前预测建筑行为的机会，如果没有计算机，这些复杂建筑的建造几乎是不可能的。

因此，建筑物的数字模型对于工程设计至关重要，其中有限元分析和计算流体动力学等方法专为计算机模拟而设计。BIM 的出现，也让建筑分析更加多元，不仅限于结构分析设计，还可以应用于施工造价、施工计划安排和建筑物理的分析（例如声学、人流、节能）等。

利用 BIM 数字模型，输入数据参数，分析和模拟相关参数。在这个过程中，建立 BIM 原型的成本只是施工实物和测试物理原型成本的极小的部分。只要建立一个虚拟的模型，就可以快速地分析美学、照明、声学、流通、无障碍通道、防火、隔热、气流、静态和动态结构性能等很多方面。

在优化设计时，只需要修改模型中的部分参数就可以实现，对于建筑物和基础设施来讲，模拟分析的优化是非常重要也是极其复杂的，而数字模型提供了高效且经济的工具让优化分析成为可能。这一部分的发展成为设计师不可或缺的技能，也是软件业不断发展更新迭代最快的一部分。

建筑模型

结构模型

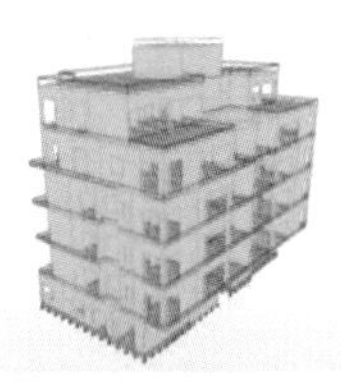
分析模型

有限元模型

数据的整合与协作

除了对各种类型数据进行比较分析之外，BIM 所建构的数据模型在设计和施工过程中还具有另一个重要功能，即支持项目参与人员之间的协作和沟通，是不同参与人员的沟通平台。

在 BIM 出现之前，图纸对于各个专业团队参与项目至关重要，各种人员的沟通是建立在图纸基础上的，因此，对于非专业的人员来说（例如业主）是非常难于参与和发表意见的，在设计项目的初期，就会遇到方案与要求非常不一致的情况。

在过去的建筑设计和施工中，并不是所有人都能获得同步的图纸信息，比如不同专业在修改后就会存在没有传递的现象，这样，在最终的设计图纸中很可能会出现不能协调一致的情况。同样的，非专业的人员在理解起来也会有困难，例如结构专业对设备专业的管线布置就会存在理解的障碍，在沟通起来也会存在表述不清楚的情况。

在 BIM 建筑应用后，3D 模型为各方的沟通搭建了一个较为容易理解的立体的平台，在这个平台上，来自不同专业、代表不同方面的人们在理解信息上会更加清晰、准确。

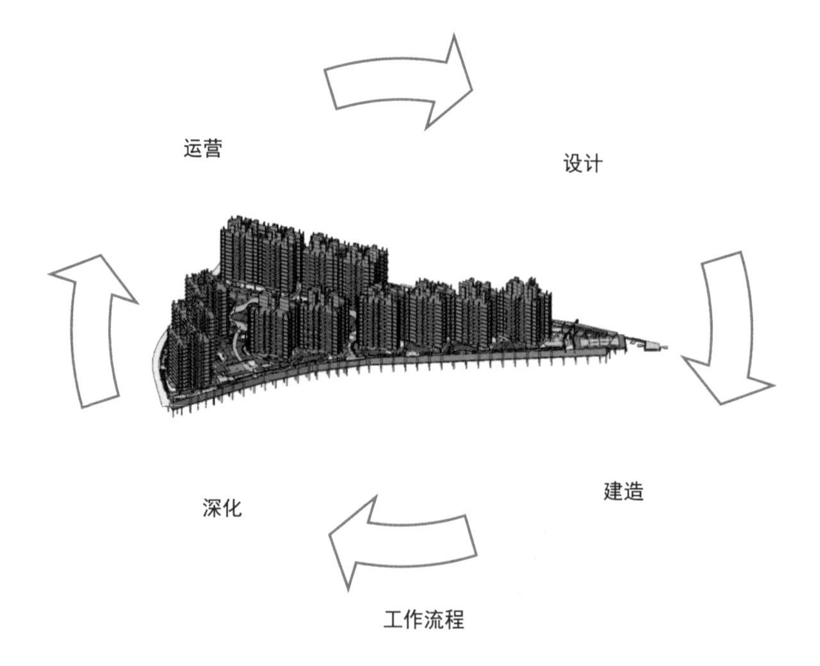

工作流程

因为建筑业涉及的专业众多，是一个庞大而复杂的系统，来自不同专业领域的人员需要密切合作。站在流程的不同阶段的人员，比如设计、建造、使用和运营建筑物的各个阶段人员，他们每个人都以不同的方式理解建筑物，甚至使用不同的语言来指代相同的建筑元素（例如，建筑师所说的墙面主要指对空间的分隔，而结构工程师指的墙体则主要是指承重墙体，非承重的墙体在建模分析中不会考虑）。

数字模型的一个优势是可以更好地完成建筑中的协调工作，最简单的分析之一是碰撞检查。在以往的设计中，不同专业的人员在进行设计时，是相互独立的，因此，在不同专业和不同流程中的协调对于项目的顺利完成就显得至关重要。不可避免的是，在设计中人为因素在设计图纸中出现错误和冲突等，这些在 2D 的图纸中是很难发现的，毕竟不同专业的图纸构件表示的重点不同，也无法表现出空间方面的全部信息。碰撞检查就是在 BIM 模型出现后一个最广泛和最基础的应用分析。碰撞检查是各专业模型叠加后计算机可以自动完成的一项检查工作，在参数设定好之后，即可以自动识别可能出现的问题，不但提高了效率，而且减少了人为的失误。

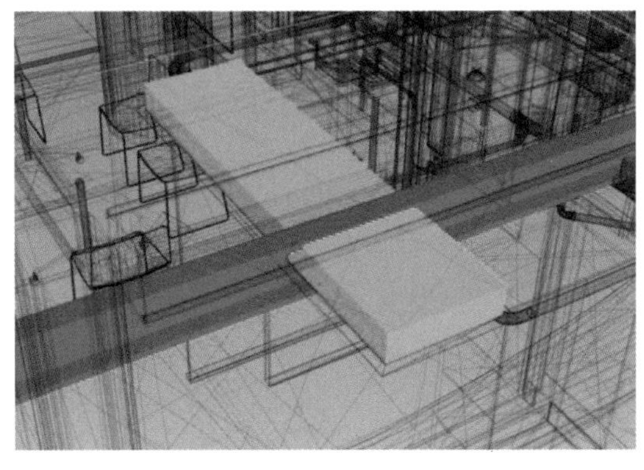

碰撞检查样图（局部）

因为参数的设置和自动化的运行，BIM 模型的出现成为建筑业可以提升效率的重要转机。目前，即使只是应用 BIM 建模，作为设计模型的“最原始”的形式，3D 模型也可以帮助设计和施工团队更加紧密地配合，而不再只是图纸。

BIM 提供了一个跨越图纸的通用协作平台，3D 的空间模型，让整个建筑从平面变为立体。BIM 软件支持在自然环境中生成建筑物的渲染，照片般逼真的渲染图像让建筑物更加生动地呈现。许多分析和模拟工具可以生成易于解释的图形，时间和空间的动画形式还可以提供更多的施工可视化。随着技术的发展，虚拟现实工具，包括增强现实和沉浸式体验的工具，可以将建筑设计最终发展成为让所有人都易于理解的具有细节的可视化建筑。比如显示不同高度的等高线图、渲染动画中的日光和阴影模拟，模拟的火灾逃生动画等。

虚拟设计和施工 (VDC) 的开发，是建筑设计师、工程师和专业施工人员一起协同工作，虚拟建造建筑的一个详细的数字模拟的过程。在这个过程中，建筑不再只是一个静止的模型，而是一个包含时间线的，动态的施工过程。使用 VDC 在施工过程协调和优化，如果运用得当，与传统方法相比，团队可以显著提高效率，降低成本、提高生产力并减少浪费。

综合项目交付 (IPD) 是一种建筑采购方法，在 IPD 项目中，业主、设计师和建筑总包公司为项目结成联盟，他们通过协调和配合，以达到共同的商业利益为目标。BIM 是 IPD 项目的重要工具，因为模型降低了由于设计的不确定性和对项目范围缺乏共同理解而在建设项目中可能出现的风险。

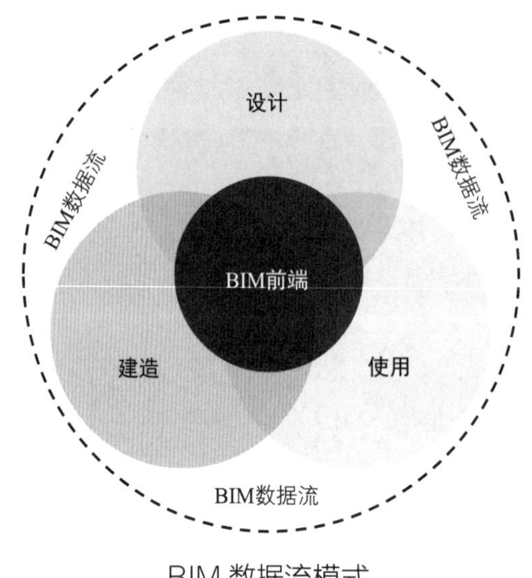

BIM 数据流模式

信息环境——软件、平台

在BIM发展的进程中，曾经有很多人把建模软件当成是BIM的代名词，因为在BIM初期，模型是 BIM 的核心，当人们在谈论 BIM 的时候，总是围绕着某一个项目中建筑的三维模型展开的。当然，BIM 模型构成了建设项目中生成和存储的信息的基础。这些信息与模型中的对象一起存储，如各种构件，现场勘查中的各种数据，或作为数据独立存储，或者通过引用与模型中的对象相关联。越来越多的人意识到，为实现多种分析和模拟，需要信息数据的无缝和自动化，而这些都依赖人工智能软件模块来实现语义丰富。语义丰富是一个过程，在这个过程中，专用软件可以利用已有数据模型中的信息（对象、属性和关系）来补充 BIM 模型。随着软件技术的发展，模型不断向信息化转变，信息的管理就成为 BIM 技术应用的目标和建筑项目的延展。

项目的 BIM 环境是指一个项目中的数据和所对应的各种软件。也就是说，BIM 环境实际上提供的是一个平台，项目的信息数据都存储在平台上。近年来，随着云端技术的发展，云平台在数据存储和备份方面也显示了众多的优势，其中，最主要的优势在于促进团队的工作。理论上，设计师们可以同时在模型上进行合作，因为他们的工作需要密切地协调，而以往每个人的单机工作模式已经不能适应 BIM 的工作模式。作为建设项目的信息源，BIM 环境会带来超越传统设计的诸多改变，而这些改变也正在现实项目中逐步地落地。例如自动检查设计是否符合建筑规范和法规、远程控制制造和管理、模块化的设计和制作、用于建筑环境决策和政策制定的大数据应用、人工智能(AI)在设计中的应用等。同时，还有采用数字孪生技术对施工的规划和管理。（数字孪生包含施工现场的各种技术数据的自动收集，集合并显示现场的实际施工状态，可以与模拟施工进行比对分析，以提高管理效率和准确性。）

以 BIM 为生态系统的建筑产业，流程中的各个关键节点都与数据和信息管理相关，向数据环境的转变使 BIM 和工程之间的联系更加清晰。其中包括建筑工程、岩土工程、建筑服务工程，而工程应用又继续推动软件的开发，这种联动还在不断地扩展。例如，很多国家目前正在开展的数字孪生和创建网络物联系统，很多项目和企业也正在积极推进决策机制的改革，即采用数据分析的数据科学方法，并根据分析进行稳健的决策等，所有这些都与工业 4.0 即第四次工业革命保持一致。建筑业未来将成为一个由数字技术和自动化支持的行业。利用网络物理系统、物联网 (IoT) 以及云和认知的力量，通过数字线程进行计算，建筑业开始摆脱传统图纸的束缚，向数字化智能化迈进。

对于一个项目而言，BIM 环境需要包括：

（1）项目中将使用哪些软件用于模型的建立使用或其他信息处理；

（2）模型或信息将存储在何处以及以何种格式存储；

（3）信息如何在不同的软件中进行交换，交换的顺序又是怎样的。

BIM 软件发展迅速，其中还可能包括其他非特定的建筑设计施工行业的通用软件，这些软件可以与专业 BIM 软件相结合，以促进数据处理、信息提取和交换以及文件管理（例如，图像查看器等）。目前市场上 BIM 软件有近千种，每个软件都会有适用的专业、部门，即使在同一个业务部门和公司中，软件的使用也可能存在巨大差异。尽管这些 BIM 软件系统为不同的使用人群提供了他们所需的功能，可以提高工作的效率和完成效果。但是在一个项目的应用基础框架制定的时候，还是要根据项目的特点，选择适用的软件和数据格式。

BIM 环境支持不同专业的设计师之间以及设计施工和产品供应之间的紧密协作，同步的沟通协作会减少沟通和变更的时间和成本，并且可以在项目前期就确定一些施工中可能存在的问题，从设计源头就进行改进，提高设计的质量和在施工中的可行性。同时，设计师可以将更多的时间花在建筑设计本身，而不是设计绘图上。目前，国内的设计师有大部分的时间都花在了设计绘图、减少图纸错误上，在应用 BIM 之后，可以将时间更多地用于方案优化、结构优化上，使得设计更加经济、合理。

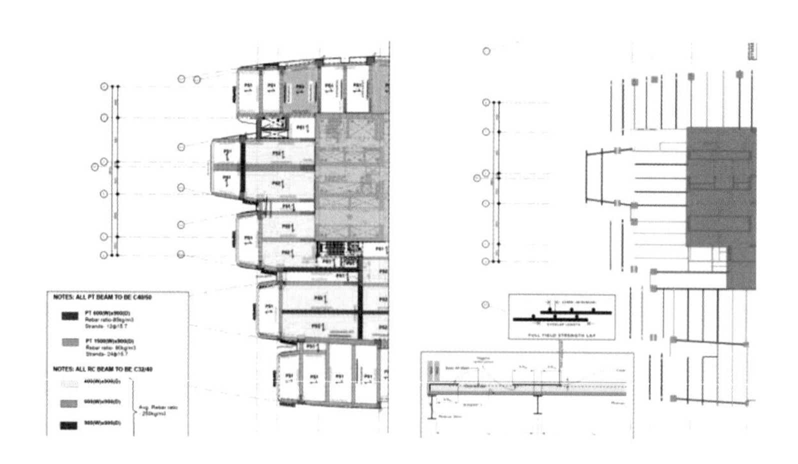

对于建筑施工企业来说，在开始施工建造之前，利用模型模拟建造过程，让整个施工过程可以精细化管理，利用 VDC 模拟整个建造过程，使他们能够避免许多因为协调不善带来的浪费。更好的生产流程管理带来的是材料浪费的减少、工人时间浪费减少、索赔减少等。关于这些方面的应用，我们将在后文进行详细的阐述。

不同的专业需要用不同的软件，为了减少跨 BIM 软件造成的反复建模的问题，很多研究组织和软件开发人员都在试图寻找 BIM 互操作性的解决方案，以促进不同软件之间的数据交换。

由于不同软件数据格式的不同，在转换过程中容易出现数据丢失和无法完整识别的问题，跨 BIM 软件的数据交换仍在研究和发展中。在许多实践中，BIM 软系统中的数据传递仍然存在脱节的问题，有些甚至是隔离使用，这也使得 BIM 实施效率有所降低。鉴于此，当前的解决方法通常涉及在中间开放格式（或有限数量的专有格式）之间导出和导入信息，Rhino 在现阶段可以作为一个可以跨软件平台移动几何或非几何数据的软件。作为连接分布式 BIM 软件和模型的一种方式，这种数据移动过程可以为项目团队提供参考信息，但是因为使用仍然需要一定的专业技能，依然不能实现自由切换，因此，BIM 数据在不同软件平台转化的壁垒还未能完全打破。

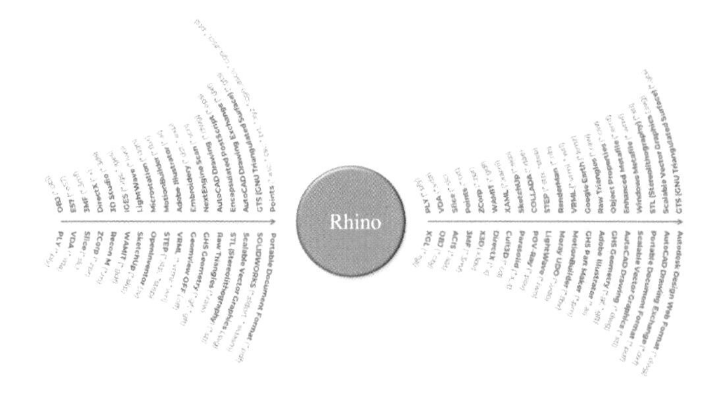

Rhino 支持的模型和软件格式

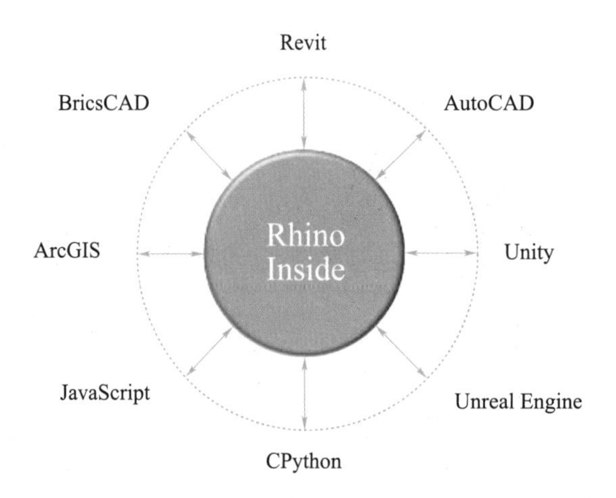

Rhino 支持的模型和软件格式

在 Rhino Inside 推出后，直接可以作为 Revit 或者其他建筑设计软件和分析软件的中间数据转换接口，几乎可以无损地直接在不同软件之间传递数据，对参数化模型进行设计、修改和可行性分析，彻底改变了传统的建筑设计分析流程。并且在可视化方面也是提供了十分快速的响应速度，基本可以做到所见即所得。

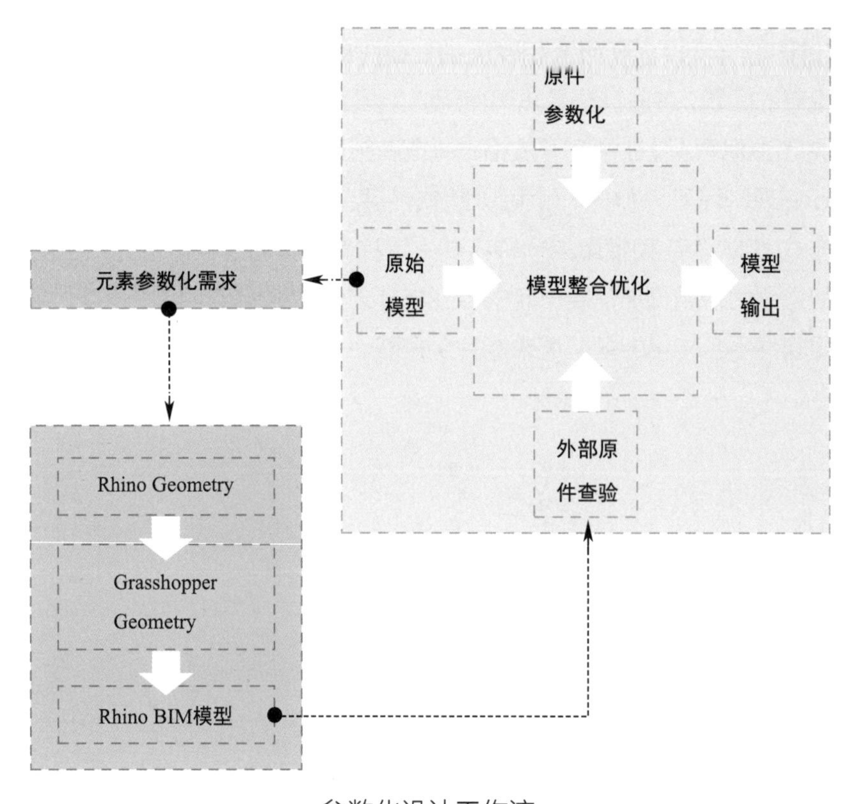

参数化设计工作流

1.5 基于 BIM 应用的基础框架

对于 BIM 而言，项目的协同与合作是最大的特点。一个没有协作的数字化，只能说是将建筑工程进行了软件化。例如，前文提到的一些设计优化、有限元设计，如果设计师在各自的电脑上完成，并且把相关信息传达给本专业的负责人，那只是设计的计算机化，并没有信息的传递、分享和管理。

协同与合作也是 BIM 应用中比较难的部分，需要把不同阶段来自各个方向的碎片串联起来，成为一个有序的方便查找和修改的数据链条。在这个过程中，需要标准、流程、人员的配合，软件的互通，数据的整合。

BIM 的协作标准

在 BIM 应用的初期，很容易将文件共享视为协作。从某种意义上说，确实可以通过多种文件共享技术和信息，这可能被认为是协作的必要技术要求，但一个项目的真正协作不仅仅是文件共享。基于 BIM 的协作主要目标是项目中的各个参与方需要用预先商定的标准格式共享和交换信息，该格式由适当的技术、流程和标准协议实现。因此，可以得出这样的结论：基于 BIM 的协作不仅仅促进了文件共享，而是相关方的真正的合作。

为了实现基于 BIM 的协作，需要先设置好一定的条件和规则，目前，很多国家在推进 BIM 的过程中，也编制了很多相关的标准和指南，用于指导企业更加有效地采用 BIM 技术。其中，最著名的是英国 BIM 课题任务组 (2013) 发布的指南。

同时，为了使 BIM 的各方进行有效协作，需要解决项目中不同参与方所需的信息的表示、存储、使用和交互的问题。至今，保持数据的一致性仍然是一个挑战。因为到目前为止，各方需要的特定的信息并没有被分类和存储在项目数据库中，并且无法自动检查信息的更改是否与原有的设计标准、要求等一致，是否满足设计意图等，所有的检查需要人为参与，因此在设计软件架构和工作流程的初期，就要全面考虑相关的技术要点，以满足后期在协同工作中的要求。

BIM 技术应用的网络平台

外部网是一个使用与互联网同样技术的计算机网络，它通常属于一个企业或组织的内部网或建立在互联网中并为指定的用户提供讯息的共享和交流等服务。外部网主要是通过中央项目存储库促进项目各参与方之间的沟通。前面提到的许多问题，如版本管理、文件共享等，都是在项目外部网中实现的。随着计算机网络技术的发展，实施这些存储库所需的硬件和其他 IT 基础设施变得容易获得，这也使得技术得以实施。然而，真正的协作所必需的无缝信息交换中，还有许多关键组件目前仍然有待提高和解决。因此，尽管从某种意义上说，外部网服务是促进协作的重要节点，也是发展的必然，目前，还处于开发阶段，仍然有待提高。

目前，还有很多软件提供项目管理的云端平台。通过云端平台，项目的计划与实施可以随时随地进行分析和查看，使得管理人员在分析的基础上及早地发现和解决问题，同时，在前期的准备和预判工作也可以根据施工的计划与进程方便地调整。

对于企业来说，一个好的管理平台意味着多个项目的资源共享与整合。项目资金的收支，施工机械的流转，临时设施的调配以及施工材料的分配和运输等。当企业的资源在统一的平台上进行整合和调配的时候，企业将从精细化管理中获得相当的回报。同时，信息的及时性对于现代企业来说也是至关重要的，丰田公司的看板管理制度在本质上来说就是一个快速反应和回馈的工具，这也是现代建筑企业发展的必然趋势。

BIM 工作流程

对于一个常规的建筑物，其完成的基本 BIM 流程可以划分为以下步骤，从设计到最后的运维，BIM 的运用使得设计、施工都可以在虚拟的基础上再进行。在流程中模型是基础，而且在其中随着工作的进展，模型也在不断地更新与迭代，形成了三个不同的闭环。同时，我们也可以看到，工作中的流程也存在着交叠。

从流程图中可以看到，数字模型使得建筑从设计、施工、运营过程中成为一个整体的流动的过程。在这个过程中，数字化模型成为一个核心的基础数据库，各个参与方根据自己的需求进行添加和处理，这样，建筑模型的数据不断地整合，形成新的整体，且根据不同的参数设定可以进行联动，实现真正的精确化、自动化的数据管理。

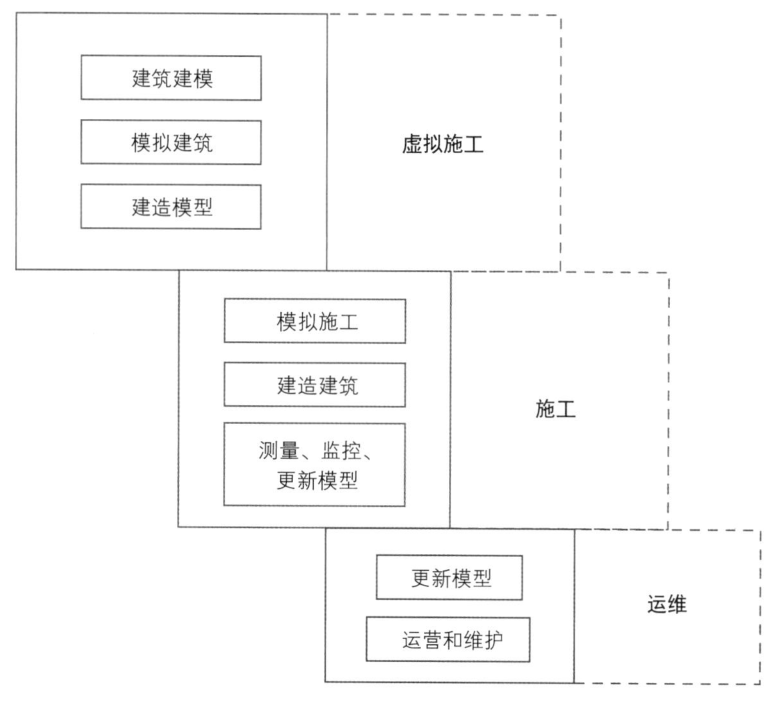

BIM 全专业工作流程

BIM 的核心是信息，一个完整的信息流程管理框架，是实现信息可读、可用的关键，只有管理好各个环节的信息，保证每个环节信息的共享、协调和同步的更新，整个项目的 BIM 管理就可以收到一个良好的效果。

在进行 BIM 整体的数据管理规划流程中，有三个非常必要的信息项：BIM 协议、业主要求 (EIR) 和 BIM 执行计划。BIM 协议是各方达成的一个合同，表明整个项目 BIM 的要求、目标、完成的质量等；业主的要求是 BIM 的基本要求，最后执行计划是具体完成该项目的 BIM 工作的步骤、方法和规则。这三个信息项贯穿整个项目的 BIM 周期。

同时，从上面的流程中也可以看出，参与 BIM 信协调的专业和单位会非常庞杂，必须有一个统一的标准，才能让大家有一个相对统一的准则。下文我们将就具体的 BIM 标准问题进行叙述。

在整个 BIM 运行过程中，数据的流动是最重要也是最难实现的部分，它涉及了不同专业、不同部门甚至包括不同公司的人员协调与信息传递。因此，BIM 执行计划的制定需要得到各方的认可和执行。

以上关于 BIM 技术应用的基础框架，是 BIM 应用的一个最基本的结构流程和硬件系统的搭建，这些内容是传统建筑行业的人员不会涉猎的内容，但是对于建筑数字化又是非常重要的内容，如果没有基本结构流程的搭建，BIM 技术就不会成为信息的交流的通道。因此，上述的搭建需要计算机专业和我们的项目经理共同协作完成。因此要做好建筑 BIM，不但要求公司具有一定的建筑工程专业的人员，还需要配备计算机专业人员，两个部门的人员密切合作，才能在项目初期搭设出基本的框架，保证在项目运行后信息的准确性、实时性，项目才有可能在 BIM 数据的精确管理和分析中被数字化赋能。

如果 BIM 的流程不具备以上的几个要点，则使用 BIM 技术进行建模的工作只能为部分人员使用，不能实现更大范围的收益。这也是目前 BIM 应用很多时候不被认可的地方。因为不能进行更广泛的分析和使用，BIM 的发展就受到了一定的限制，没有流程和数据的流动，每个 BIM 模型只能成为图形的显示，没有实现任何项目级别和资产生命周期的收益，这也是改变 BIM 认知的一个非常重要的方面。

1.6 BIM 标准化

在 BIM 推行的初期，很多国家为了大力推行 BIM，制定了一系列的政策要求鼓励企业采用 BIM。有研究人员调查了在全球范围内 BIM 的采用和实施情况，研究的主要关注点是 BIM 实施的标准、指南、报告、愿景和路线图，或建筑各方在实施 BIM 时的角色和责任。目前，很多国家例如英国、美国、挪威、新加坡、芬兰和丹麦的政府部门在促进和支持 BIM 实施方面，都制定了相关的要求，推出了一些标准。

政府在推行 BIM 的过程中扮演着以下几个重要的角色：推动者和发起者、教育者、监管者、研究人员、示范者和资助机构。政府机构在推动 BIM 应用中发挥着主要作用。全球许多国家已经意识到政府的重要作用，包括美国、澳大利亚和英国、新加坡等许多政府都制定了在建筑工程中使用 BIM 的实施策略和标准。例如，英国在 2016 年政府建设战略中提出采用和实施 BIM 是改善国家基础设施的主要原则目标之一。因此，政府和各种建筑专业组织已经发布了有效管理和整合建筑信息的标准、协议和指南。

其中英国在 BIM 的应用和标准化方面处于比较领先的地位，经过 20 多年的发展，制定了一系列的标准、协议和指南，用来指导企业推行 BIM。同时，为了让各个企业可以在数据信息交互方面更加顺畅一致，也制定了相关的规则，形成通用数据环境，保证了数据信息在传递过程中的完整性。

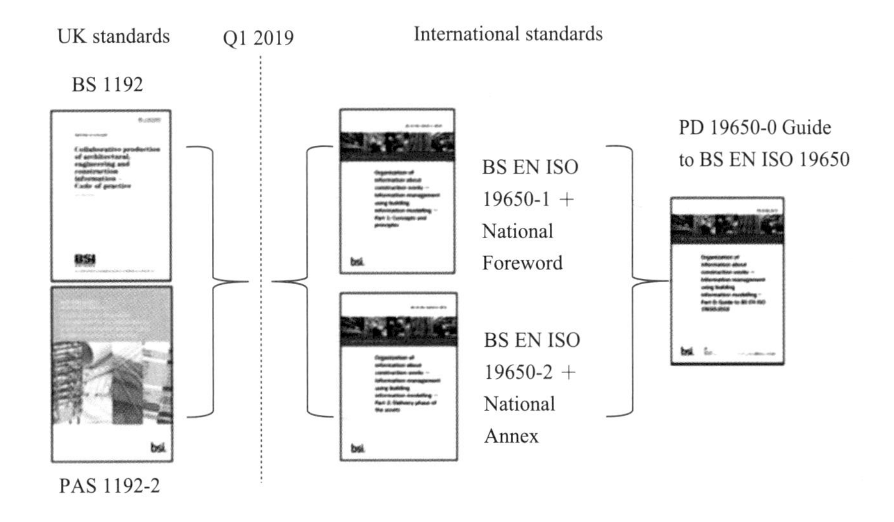

新加坡建屋局发布的《新加坡 BIM 指南》，概述了项目成员在项目不同阶段使用建筑信息建模 (BIM) 时的角色和责任。它被用作 BIM 执行计划制定的参考指南，该计划将在业主和项目成员之间达成一致，以成功实施 BIM 项目。《新加坡 BIM 指南》包括 BIM 规范和 BIM 建模与协作程序。

新加坡 BIM 指南 1.0 版本于 2012 年 5 月发布。它被更新和修订为新加坡 BIM 指南 2.0 版本，并于 2013 年 8 月发布。BIM 特殊条件可以附在使用 BIM 的项目的合同中。《BIM 特殊条件 1.0 版》最初作为《新加坡 BIM 指南 1.0 版》的附录 E 发布。

在 2015 年 8 月发布的 BIM 特殊条件版本 2.0 中进行了更新和修订。2015 年 8 月还发布了一套指导说明，强调 BIM 特殊条件 1.0 和 2.0 版本之间的变化。

以下摘述其中一些在项目开始前需要注意的关键条目信息：

BIM 项目应用基本要求及准则	· 项目基本信息介绍 · 项目的 BIM 使用范围 · 合同文件中的协议的执行方式 · BIM 经理的详细信息 · 雇主信息要求 · 组织结构图，包括不同分包及专业的流程结构 · BIM 执行计划 · 模型开发要求和基本标准 · BIM 模型文件的组织结构 · 通用数据标准 · 项目使用软件的详细信息和版本号 · 其他

BIM 执行计划

BIM 执行计划的制定是为了在项目开始之前使各个项目成员按照数字化的流程进行项目的各项计划，确保数据的完整和准确性，交互协作的连接性，问题反映的及时性，以及确保整个数字化项目管理覆盖完整的项目管控区域，并且协助团队成员按时高质量地交付项目给客户。并确保基于 BIM 的项目各方清晰明确其责任和需要完成的工作内容。

一个完整的 BIM 执行方案流程包括前期规划到后期运营，因此其信息的传递是在一个严谨的项目数据闭环当中进行的。

1. 根据需求，列出要求，明确目标
2. 根据目标设定，制定 BIM 执行计划
3. 在 BIM 计划的框架下，完成项目的设计、施工建造，最后交付
4. 在项目交付后运转过程中，检查实施效果

然后不断地迭代，优化。

一般来说，BIM 执行计划程序中的四个主要步骤如下：

1.

确定项目生命周期中的 BIM 目标和用途

2.

通过创建流程图设计BIM项目执行流程

3.

通过定义 BIM 可交付成果，定义责任方需要提供的信息以及信息的协调

4.

明确 BIM 流程中的基础硬件设施

以下是根据我们多个项目的经验，结合不同项目特征所制定出来的智能化 BIM 施工管理流程。

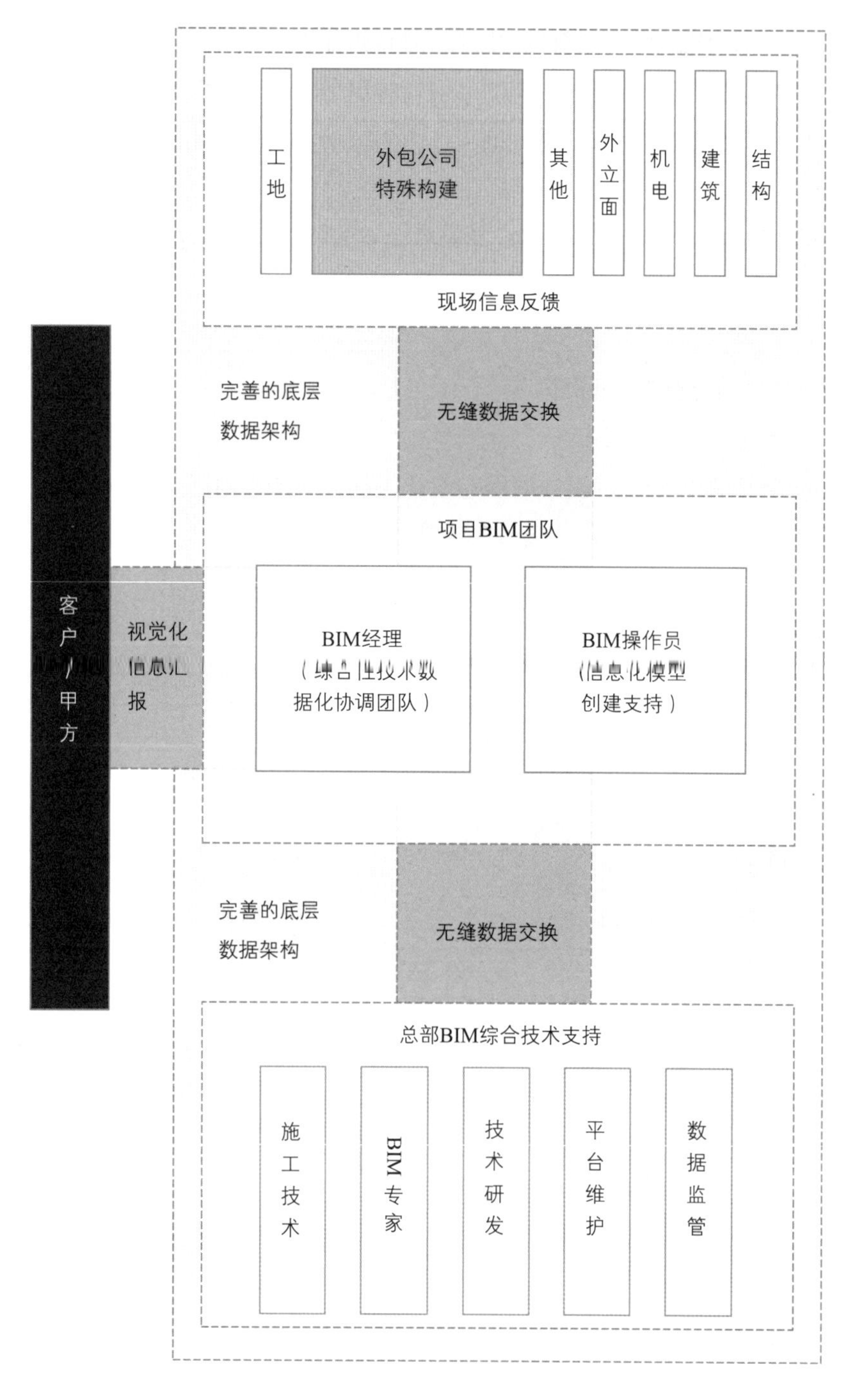

智能化 BIM 施工管理流程

1.7 BIM 技术在建筑业的应用与发展

建筑业是我国国民经济的主要支柱产业,每年国家投入到发展建筑业上的资金数额巨大,但在过去二十年的发展中,与制造业、农业等其他行业相比,建筑业生产效率非常低。美国斯坦福大学的设施集成化工程研究中心 2004 年进行了一项研究,结果表明其他非农业产业的生产效率在四十年间增长了 80%,而建筑业的生产效率不增反降,下降了 10% 左右。纵观整个建筑业现状,人们需要寻找一种科学可行且高效的方法来解决效率低、资源浪费严重的行业问题。

建筑业同时还面临的一个问题即进入门槛低,行业内非正规劳动力占比较高,熟练劳动力短缺,尤其是建筑施工企业面临的人才问题比较突出,这进一步阻碍了公司的精细化管理,导致企业数字化进程滞后,创新缓慢。这也是全球建筑业发展所面临的问题,许多国家也正在努力通过工厂化、标准化,把建筑构件向产品化发展,提高生产效率,降低现场作业的管理难度。

2020 年全球产业都受到新冠病毒的冲击,建筑生态体系也面临着巨大的挑战,同时,也是建筑业发展重组的一个新的契机。如何在不能面对面的情况下将设计意图清晰地呈现和表达,如何减少人员密集的现场施工,如何提高现场作业的施工效率,这些都是建筑业近年来在尝试突破的地方。影响建筑业生产效率的因素有很多,工程项目各参与方信息交流不通畅是其中重要原因之一。工程建设是一个非常复杂的活动,其中涉及建设单位、勘察单位、设计单位、监理单位、施工单位等多个专业和部门,并且随着建筑行业的发展、人们生活水平的不断提高,时代对建筑规模、建筑功能、建筑质量等方面提出了新的要求,施工的复杂程度、质量要求以及工程信息的管理难度逐年飙升。

在设计阶段,各专业由于分工不同,在工作时难免会因为设计图纸之间问题发生碰撞,随之产生一系列的设计变更,带来巨大的工作量,从而很大程度上影响工程的进度。施工过程中,空间的合理分配也将直接影响施工的顺利进行,由于建筑工程信息的复杂性,在同一工作空间,不同工种出现工作面冲突的现象时有发生,这不仅对生产效率有很大程度影响,并且也难以保证结构的施工质量。

建筑物竣工交付之后,为了解决建筑物在使用期间出现老化等问题,并且满足防灾减灾的要求,对其进行有效的维护和管理也是很有必要的。

一直以来，这项关乎我们生命安全的重要部分都缺乏科学的管理工具。由于建筑物原有设计、施工数据的缺失，实际维修时的方案决策大多是根据维护人员的经验和业主的资金情况确定，导致维护工作开展困难。同时，随着精细化管理的发展，客户要求在建筑物本体完成后，对其生产流程、建筑使用、节能等有越来越精细的管理，这需要在原有设计竣工验收交付的基础上，有更广泛的设计和监控，建筑物不再是一个简单的物品的交付，还要包括一系列的数据的交付，甚至包括后期的监测数据的规划。这也就意味着，建筑物的交付不是一个时间点，而可能是全生命周期的，因此信息处理活动在交付建筑项目中变得至关重要，管理和使用各种信息数据的需求使得 BIM 在大型建设项目的交付中不可或缺。

综上所述，BIM 包含以下三种含义：

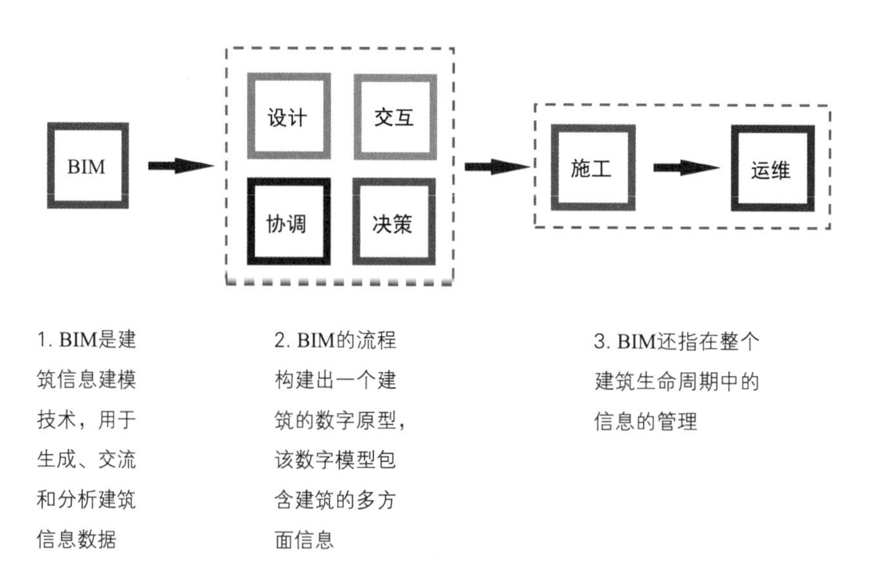

1. BIM是建筑信息建模技术，用于生成、交流和分析建筑信息数据

2. BIM的流程构建出一个建筑的数字原型，该数字模型包含建筑的多方面信息

3. BIM还指在整个建筑生命周期中的信息的管理

自从 BIM 概念引入建筑业以来，研究机构、大学和行业中的实体公司已经开发了数百个文档，包括指南、标准、模板等，希望可以管理 BIM 的使用。同时，政府也采取各种政策措施鼓励建筑业从业人员使用 BIM 技术，推进该技术的使用。在各方面的大力推动下，BIM 技术在过去 5 年使建筑业的发展和应用向前迈出了一大步。国际标准化组织 (ISO) 制定了一系列 BIM 标准，这些标准已经或正在世界范围内进行调整和采用（例如，欧洲标准化委员会）。BIM 标准的目的是在建筑行业建立一种通用语言来描述其资产、服务和流程。标准化是开发和实施信息和通信技术的先决条件。建筑和土木工程信息的组织和数字化标准（ISO 19650）、资产管理标准 (ISO 55000)、项目管理标准 (ISO 21500)、建筑术语分类 (ISO 12006-2) 和行业基础等级 (IFC)(ISO 16739)，一系列的标准为 BIM 的应用推广打下了坚实的基础。

在传统的建筑行业，信息的管理通常是被忽略的，人们能够看到的关于建筑的信息仅限于施工图纸和施工过程中的相关资料。此外，由于建筑行业的分散结构，建筑项目在整个项目过程中必须多次重新组建信息处理的系统和平台。随着 BIM 的引入，建筑项目中使用的所有传统方法都必须改变。换句话说，所有使用 BIM 的建筑公司都发生了根本性的变化。实施 BIM 有三个基本的要素，这三个要素即人、流程和技术，如果有效地将 BIM 应用于项目实践，BIM 的三要素缺一不可，同时，这三个要素也不是独立的，而是存在非常强的相互关系。

1

第一个要素，技术，主要指 BIM 中使用的方法、软件工具。随着科技的进步，每年都会有很多新的技术，可以用于 BIM 的新工具、设备和软件等，因此 BIM 也是随着科技不断发展变化的。专业人士也不断在尝试和开拓 BIM 实施中新的软件、工具和方法。尤其是在提高不同软件和技术之间的互操作性方面付出了巨大的努力。目前，数据的移动性已经成为非常重要的特性之一，建筑公司的专业人员期望可以在移动工作站上工作，不但可以随时随地拿出电子产品，查看相关的信息和数据，而且可以使用手机等移动设备进行一些操作，例如在工地通过扫描二维码了解设备信息、构件信息、产品信息等，这也意味着云 BIM 在 BIM 实施中变得至关重要。同样，云端平台为物联网和BIM 的集成提出和开发了新的系统，可以基于实时数据做出可靠的决策。

2

第二个要素，BIM 的管理流程作为 BIM 一个不可或缺的因素，主要是指 BIM 整个流程框架的各种规范标准、规则和制度。随着 BIM 的引入，项目的实施过程发生了巨大变化。因此，为了管理这些新流程，不同国家的不同组织提出了不同的标准。特别是英国ISO制定的标准“BS EN 19650”提出了一个全面的 BIM 实施框架。与传统流程相比，使用 BIM 流程使得项目的设计与实施及参与建设项目的各方都有了相关性，各方不是单独完成各自的部分，而是变得更加一体化。换言之，建设项目从项目开始的前期规划立项到项目结束后期的运维，都需要各方的参与。因此，集成项目交付在 BIM 实施中也至关重要。

3

BIM 最后一个要素是实施 BIM 的人。没有适当的技术人员，BIM 就无法应用。BIM作为一个建筑行业新的角色，其需要具备的能力和技能可能与传统建筑行业还有一定的差别，尤其是 BIM 的管理人员，与项目经理、设计负责人、业主的角色都不同。这也意味着，BIM要顺畅地运行，必须加强和组织相关人员的培训和教育。

BIM 不仅与技术有关，也与流程管理和人有关。流程管理是将设计施工和运维简化为一个集成的建筑生命周期，在该生命周期中，人们或利益相关者有明确的角色和责任，他们使用参数化技术进行创作、分析和模拟，达到对建筑从无到有，从建成到使用的全过程的管理。

技术、流程管理和人员被认为是 BIM 的核心支柱，因为如果不连贯地解决这些问题，就不可能成功实施 BIM。换言之，实施 BIM 技术，不只是单一的技术问题，还需要解决流程和人员的问题，这也是 BIM 应用的复杂性所在。

所有 BIM 实施框架的开发都应提供技术、运营和管理各个方面的规则和要求，从框架设计的初期，就应该对各个方面进行综合的考虑。BIM 将不再是简单的 3D 图纸，而是一系列的数据，以及依靠流程管理的数据应用和分析。

BIM 技术的引进不仅可以有效地解决建筑业目前所面临的问题，并且利于建筑工程项目实现信息化管理。BIM 将一个建设项目全生命周期内的所有几何特性、功能要求、构件的性能信息、施工进度、建造过程控制信息等全部集中到一个模型中，不但为建筑工程全生命周期各个阶段的决策提供全面的信息支持，并且伴随着施工的进行对该信息模型进行不断的完善。其对工程质量的提高、进度的保证、成本的控制都具有重要意义。虽然，在 BIM 发展中目前还存在一些问题，但是，建筑数字化是不可避免的趋势，通过工程项目积累经验，运用 BIM 数据管理发现问题并进行改进，已经成为建筑企业未来发展的必然。

接下来的章节将通过工程案例的形式，展示笔者公司在不同项目上引用 BIM 的成果和发现的问题。毫无疑问，这些项目都从 BIM 中受益。其中，包括投标项目，设计施工总承包项目，大型的公共建筑，住宅项目，以及非常特别的主题公园项目。

这些工程实践中的案例，都是由具有前瞻性的建筑师、工程师和技术人员与我们的BIM 工程师协作完成的。虽然在应用的时候，也遇到了不同的问题，但是通过这些项目的大胆尝试和创新，也让企业在管理思路上有了更多的创新，数字化管理是一个企业发展的必由之路。没有数字化的分析和管理，一个企业的发展和提升就缺少了方向。作为先驱者，通过这些项目的尝试，进行了一次发现之旅，探索了目前 BIM 应用的各个方面。

管理人员、技术人员与 BIM 工程师、IT 人员等各个专业的人员一起协同工作，了解彼此的要求并调整软件匹配，搭建相关平台，完成 BIM 的标准，为项目的顺利进行提供技术支持和帮助。同时，经过不断的学习和发展，已有工程案例和数据也将作为企业后续项目完成的数据库，帮助企业不断完善、优化和提升。

随着 BIM 技术应用的不断发展和创新，特别是共享工作空间和 5G 技术的发展，改变企业的工作方式和管理方式将不再困难，企业也在不断尝试改变，拓展思路并找到适合他们和系统的工作方法。

02BIM
模型及图纸衍生标准化

2.1　BIM 执行方案概述
2.2　BIM 模型标准化与深化
2.3　BIM 模型标准构件设置
2.4　基于 BIM 的图纸管理及施工图应用深化
2.5　关于 OpenBIM

2.1 BIM 执行方案概述

在项目开始之前，为了保证项目 BIM 正常有序的进展，需要 BIM 经理根据项目的具体要求和实际情况，制定 BIM 执行方案。该执行方案需要符合项目对 BIM 的实际需求，并且将需求转化成具体的流程和实现方式。一份完善的 BIM 执行方案作为整个项目的执行手册，可以让整个项目的参与人员有根可查，有据可依。在 BIM 方案中明确项目需要达成的目标，执行流程，注意事项，责权分配等，并对工作进行明确的分配，确保项目的 BIM 工作的可操作性。

BIM 执行方案根据不同的项目特点、甲方的要求以及企业现阶段的 BIM 应用水平进行编制，作为指导项目 BIM 工作的手册，除项目的基本信息和参数外，主要还包括项目标准化流程，模型标准、出图标准等。通过 BIM 执行方案，项目参与人员可以清楚了解项目实施 VDC+BIM 的战略目标；在不同阶段，模型创建、维护和协作方面的角色和责任；遵守标准的流程执行；使 BIM 模型满足项目不同阶段的需要，最终按照项目要求交付。

项目标准化流程是项目实施过程中，BIM 团队分工与协调的要求，合理使用这个标准，可以有效地规划和掌控整个项目的进展，明确各个项目团队的职责与分工，按时提交各部分的工作，减少项目沟通成本，提高效率，减少损失。

在 BIM 执行方案中，模型标准和图纸标准是整个 BIM 的技术基础。首先，要制定项目的模型标准，其中包括建筑模型、结构模型以及机电模型。在模型基本完成后，需要生成设计和施工图纸，因此图纸标准也是执行方案中最重要的部分，根据不同专业的要求，分为建筑图纸、结构图纸以及机电图纸。

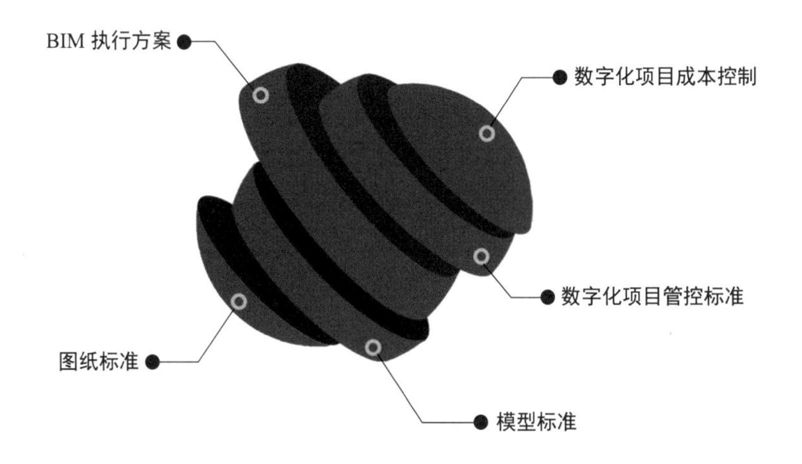

此外，还需要对模型参数化的外延引用和拓展进行提前设置，以确保模型数据可以传递并且深化，满足项目 4D 管控和 5D 成本控制的需要。建筑数字孪生的实现，模型和图纸标准化定制是最基础的部分，因此也是最为重要的内容。

本节为 BIM 执行方案中总体的设置标准，着重于阐述项目总体目标、管理与规则，人员职责与分工，执行流程等。另外为确保各项工作的生产力互相匹配，也对人力资源设置进行了规划。模型和图纸标准在后面的各节中分类单独阐述。在制定 BIM 方案和标准时，需要从项目全局出发，保证模型数据的合理性，不会因为冗余的参数堆积造成文件臃肿，影响项目模型创建的执行效率。

对于公司而言，也可以从公司整体层面制定公司的 BIM 执行方案，可以统筹管理公司的多个项目 , 并根据不同的项目反馈，进行迭代更新，以确保方案能够体现行业变化，把不同项目中应用较好的部分进行整合和复制，在实践中不断修正。

BIM预施工项目执行方案

版本日期	版本号	版本描述	负责人
2016/02/15	1.0	项目预施工 BIM 执行方案 V1.0	A
2016/08/20	1.2	项目预施工 BIM 执行方案 V1.2	A
2018/01/10	2.0	项目预施工 BIM 执行方案 V2.0	B
2019/09/28	3.0	项目预施工 BIM 执行方案 V3.0	C
2020/05/16	3.1	项目预施工 BIM 执行方案 V3.1	C
2021/07/24	3.2	项目预施工 BIM 执行方案 V3.2	C

为了确保项目执行当中顺利和有效，一般可以撰写两套 BIM 项目执行方案，分别为项目预施工执行方案和项目施工执行方案。

在制定预施工执行方案时，BIM 经理会根据目前的技术水平以及之前的成功经验，更新文件，并且加入一些对项目有益的尝试，部分应用到在建项目当中，验证新方法的可行性。在不断地验证与修订后，如果成果被现场团队认可，或者能提高项目模型、图纸质量，提升效率等，可以把当前版本作为新的版本号引入正式的项目施工管理方案当中。两条并行的通道确保了技术的迭代和项目的稳定同步进行，这也是公司 BIM 数字化管理稳步提升的基础路径。

BIM施工项目执行方案

版本日期	版本号	版本描述	负责人
2016/10/20	1.2	项目施工 BIM 执行方案 V1.2	A
2019/01/10	2.0	项目施工 BIM 执行方案 V2.0	B
2021/08/24	3.2	项目施工 BIM 执行方案 V3.2	C

通过上述的设置和执行流程，可以递进式地延展和更新 BIM 执行方案，是保证项目正常稳定进行的有力手段。

下表为项目执行方案中的基本参数设置。

项目基本信息	项目基础数据，展现在项目文件开始页
项目目标	项目模型需要提交的深度，需要覆盖的范围，以及数据交互的要求
项目人员分配	负责的专业及人员
项目人员责权	负责的权限和交付成果的要求
文件名管理方式	整个项目的模型文件命名规则的制定
项目模型规则和管理	整个项目的文件链接模式和相互关系
BIM 工作流程	模型创建，协调，修改，交付的工作流程
项目平台和版本选择	软件种类和版本选择和确定
项目单位确定	整个项目使用的出图比例和单位制
协作系统流程	模型冲突文件检查平台和步骤的确定
项目管理支持	模型 4D 和 5D 对应参数的要求和设置，可深化为施工模型
项目数据共享设置	共享参数的设置门类和深度
模型质量控制	BIM 模型提交前的质量检查，提交模型必须为无碰撞模型

BIM 项目基本信息模板创建

BIM 经理根据 BIM 项目执行方案的规范和项目合同要求，生成适合项目执行的方案，并且把具体的条款和要求转化到软件设置当中。例如，使用 Revit 为项目模型的创建软件，就需要把 Revit 的项目模板文件创建好，设置好项目文件初始页，项目基本信息和文件及人员规则，维护要求和注意事项。

所有创建的模板应满足政府管理部门的要求，并能用于会议、协调，官方审查，展示阶段呈现等。对于未完成或者存在明显技术问题的模型，不能用于项目的技术提交，为保证 BIM 方案的落实，文件和模型的维护也是十分重要的环节。

在项目开始时，第一步需要设置基本测绘参考点坐标，项目基准参考点坐标和指北针。同时，还应包括楼层设置、标高限定、基本族库的导入、不同比例的视图和尺寸标注设置，基本图框和描述文字等。

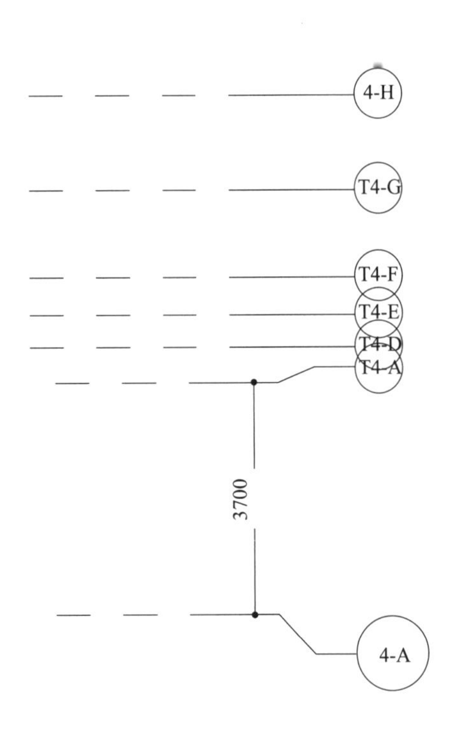

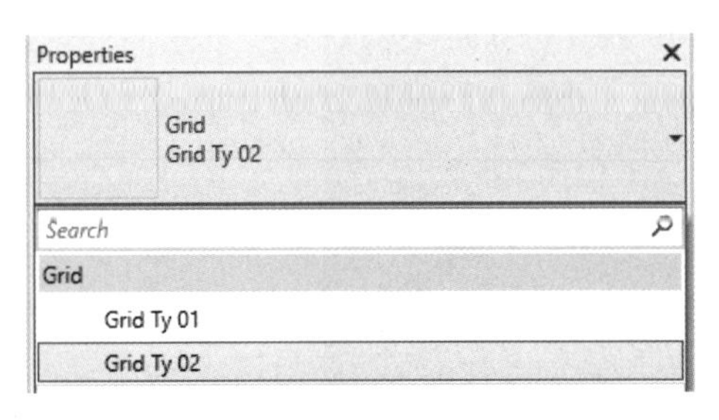

轴网设置实列

Linear Dimension Style
Dot Dim - 3mm
Search
Linear Dimension Style
0.5mm Diagonal
2mm dot normal
3mm dot normal
4mm dot normal
Dot Dim - 0.5mm
Dot Dim - 2mm
Dot Dim - 3mm

尺寸标注实列

项目名称：× ×	项目编号：S1583 × ×

项目的基本信息包括项目地址、名称、具体建造内容

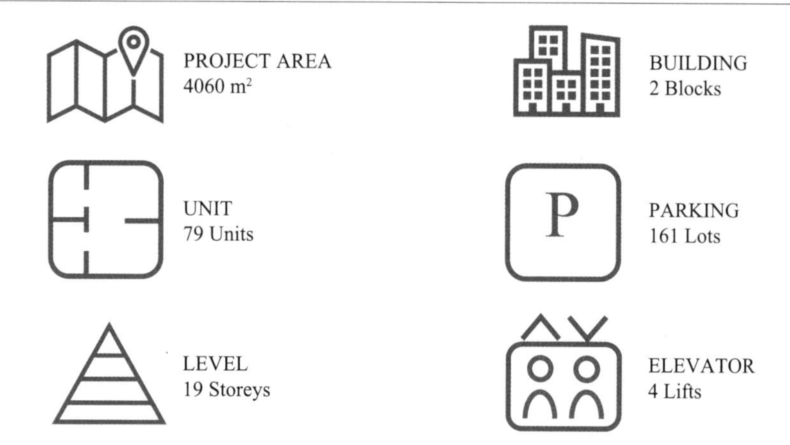

项目信息摘要：包括项目面积，项目建筑数量，建筑单位总数，停车位数量，建筑楼层，电梯数量等主要关键的项目信息

客户：公司全称

建筑设计：公司全称

结构设计：公司全称

机电设计：公司全称

文件存储路径：C:\Users\User\One-Drive\BIM\Working Folder\Architectural

文件历史	修订日期	修订编号

文件负责人：AA　　修改日期：2022/02/05

项目文件名称

项目名称 _ 建筑 _ 大楼编号

项目名称 _ 结构 _ 大楼编号

项目名称 _ 机电 _ 大楼编号

发行时间：2022/02/0812:00:00AM

	注意事项
允许	（1）启动 Revit 应用程序，然后浏览 Revit 文件 （2）至少每 30min 保存一次文件 （3）保持服务器上的中央文件模型使用正确的工作集，注意当前使用的工作集 （4）在结束的时候同步模型，并在关闭之前解除所有关联 （5）为族选择正确的模板和类别，最好不要将族的类别选择为普通 （6）如果不需要，请卸载链接的模型，如果需要，请重新加载 （7）用绘图视图绘制细节 （8）注意警告和错误 （9）以最终用途为目标来考虑和规划内容 （10）如果不清楚什么适合，请询问 BIM 经理 / 协调员 （11）更新表格中的文件发行日期
不允许	（1）不要移动项目文件夹中的 Revit 文件 （2）不要改变项目文件夹中的 Revit 文件的文件名 （3）不要双击服务器上的 Revit 文件 （4）不要在没有许可的情况下升级 Revit 模型的版本 （5）不要在服务器上直接打开中央模型 （6）不要每天创建新的本地文件 （7）不要使用前一天的本地文件 （8）不要打开其他部分的模型，如果没有同步或解除其他部分模型的某些元素或视图的工作集，会使其他用户无法编辑，如果只是为了查看模型，从中央文件分离出来后进行操作 （9）不要直接导入 dwg 作为详图，会产生大量难以清理的线条样式 （10）不要创建模型线组来代表族，而是创建族 （11）不要开太多的窗口，开的窗口越多，Revit 就会花更多的时间来重新生成所有窗口的图形

对于特殊的项目或者设计施工一体化的项目，BIM 执行方案从设计阶段开始介入，相应的规则和需要遵循的规范也会有针对性地增加。

下图为某设计施工一体化项目在设计开始前所制定的一些重要目标和优先级。从项目开始前明确该项目的具体目标和路径，利用 BIM 来促进和加强文档规范，设计方案优化，可行性评估，施工协调，项目总体成本评估和建筑生命周期分析方面的持续性发展。

优先级主要是根据项目要求、目标和企业现阶段的 BIM 发展水平来确定的。优先级的确认可以让项目执行人员对需要完成的工作有明确的了解，高优先级的任务在实施的过程中必须完成。

针对该项目，首先根据不同的优先级设定不同的目标，并根据目标提出具体的措施制度和预期结果。在项目进行当中，执行方案的条目还进行了适当的增加以及层级调整，但是总体的目标和方向未变。

优先级

高	中	低

BIM目标1	使用BIM模型作为可视化工具: 1. 设计阶段加速决策过程 2. 在客户团队、顾问团队、 项目总包和项目分包之间高效的互动 3. 深度理解项目的内在联系和难点
措施	1. 在方案设计阶段需要根据标准完成各专业的BIM模型 2. 设置虚拟漫游展示使项目参与人员快速了解项目相关信息 3. 提供必要的培训，以便完成与模型交互的各项任务
预期结果	1. 在方案确认后，减少后期变更 2. 客户团队加深对项目的理解后能做出及时且有效的决策
参与人员	主要参与人员：相关专业的设计院，总包 次要参与人员：甲方、相关专业的分包

BIM目标2	通过BIM模型进行设计和施工协调工作，减少沟通和理解上的误解及信息缺失
措施	1. 组织定期技术例会 2. 要求全部项目技术人员针对不同专业的协调采用模型虚拟化展示的方式 3. 推行有针对性的工作流程，解决特定问题
预期结果	1. 避免信息的不同步 2. 最大程度减少施工和协调部分的变化 3. 在施工阶段，减少图纸的变更，提高信息的共享 4. 使用高水平的预制工艺，节约项目成本
参与人员	主要参与人员：设计院，总包 次要参与人员：分包

BIM目标	交付符合项目要求的竣工BIM模型
措施	1. 确定竣工模型的标准 2. 在BIM模型中清除阶段性的施工方法
预期结果	1. 竣工模型中只包含必要信息 2. 轻量化最终的竣工模型文件
参与人员	主要参与人员：总包

BIM目标	根据场地入口，材料搬运及预制件存储，绘制BIM场地布置图
措施	将BIM模型链接到施工管理软件平台上，并上传模型数据到云端，以便进行数据分析
预期结果	1. 减少现场交通不便的情况 2. 在材料进场的时期有足够的区域进行储存 3. 足够的安全区域供给工人进行现场装配工作
参与人员	主要参与人员：总包，相关专业的分包

通过项目初始模板，优先级的设定和规则要求，团队人员在项目开始时，就可以清晰准确地了解项目，并以此形成具体的执行任务计划和归纳文件，完成模拟、分析和项目协作。另外，在达成设计和协调目的后，仅交付必需的文件以及链接，避免施工过程中过多无用信息造成的潜在干扰。

利用 BIM 为工具，用数字化的表现形式将建筑物的几何、功能、物理特性集合后，最终用图形和相关文本描述，将建筑物拟化成了虚拟的实体。

BIM 设计工作流程

在一般的建筑工程设计中，为了能清晰地厘清各专业和建筑之间的关系，会根据项目设计的流程，具体的情况分专业对模型进行绘制。

如下图所示，按照建筑不同专业的先后顺序，将信息融合，最后完成设计图纸。在最终的设计图纸中，已经完成了各专业的碰撞检查，对于改造项目，还可以加入前期的现场扫描的数字文件。

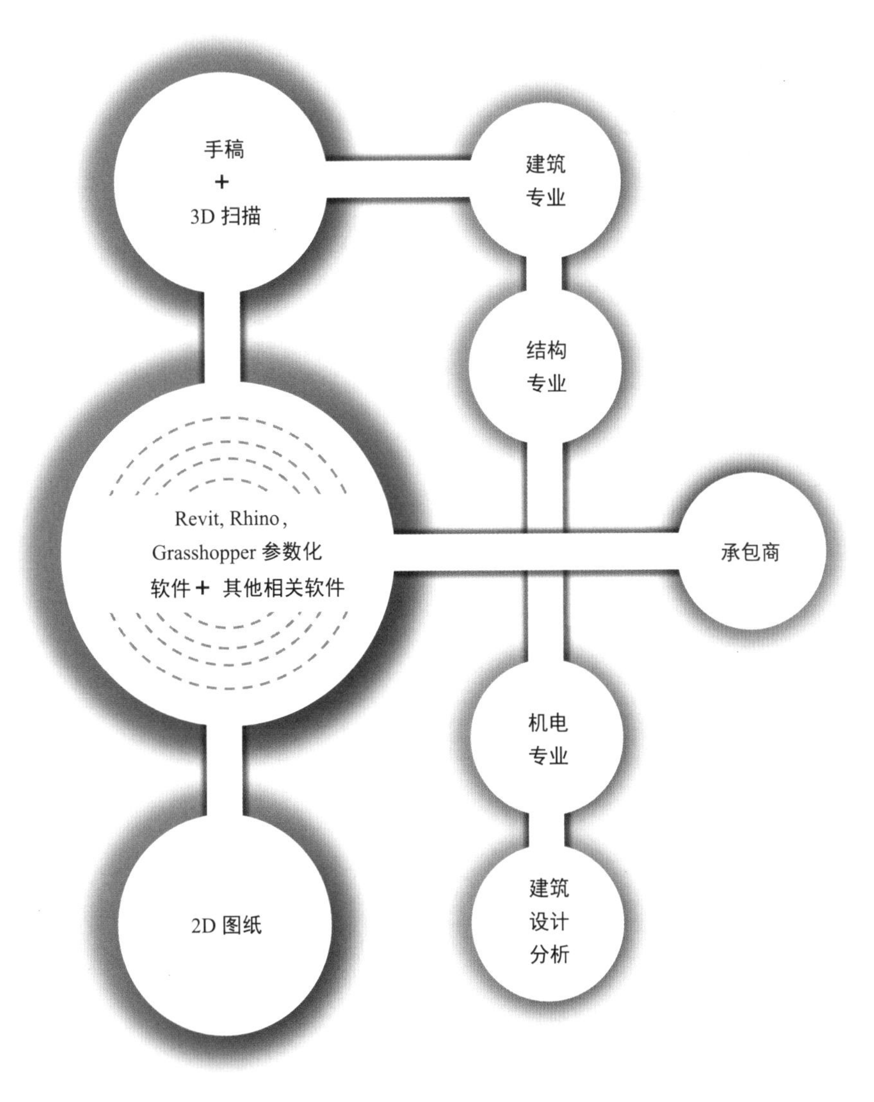

BIM 参数化设计基本流程

BIM 项目人员和项目信息

在项目初期，首先需要确认项目的参与人员，目的是使项目分工明确，确保项目可以按照正常的流程进行。对于设计中重要的信息必须由专业负责人进行确认。

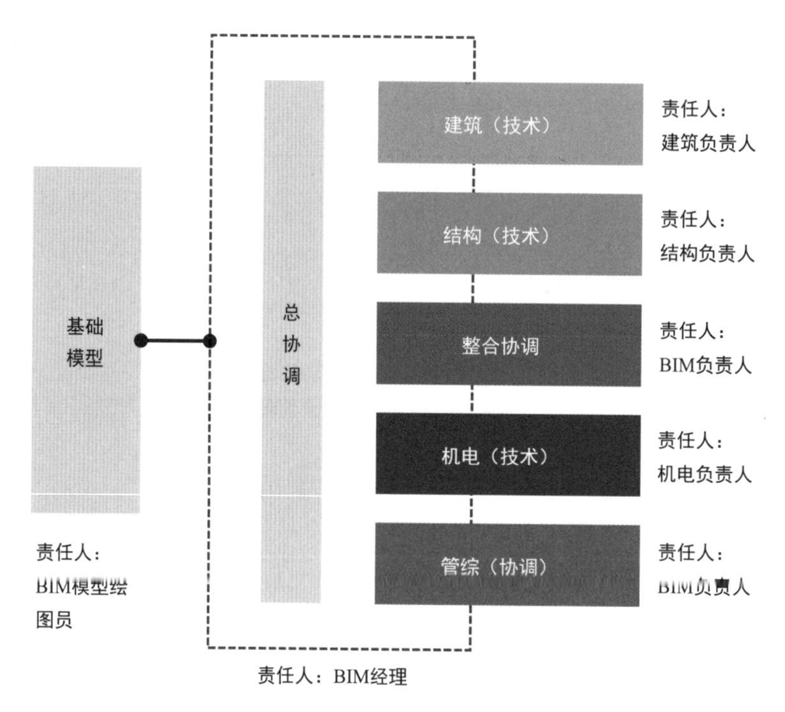

项目责权关系

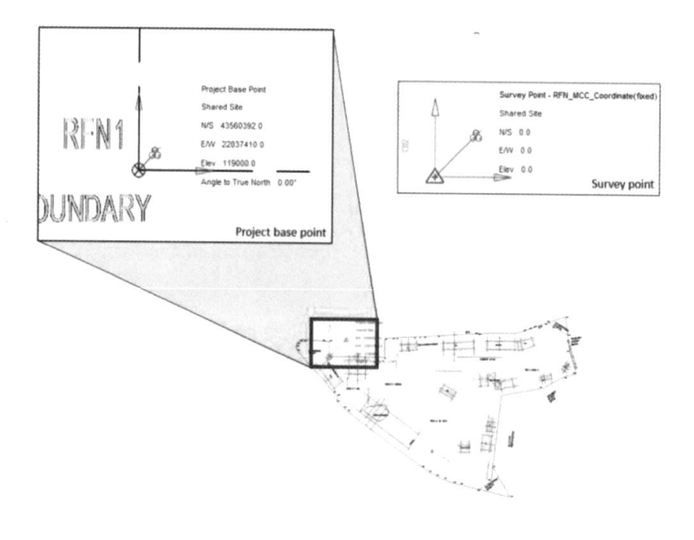

项目总平基准点设置

模型数据传递和编码规范

在标准化模型创建开始之前，需要根据设定好的数据编码定义族库中的每一个元素，确保门类和种类的准确对应。在项目过程中能根据参数随时提取到准确的数量，同时，如果变更模型后，相关数量产生的变化也会得到有效的反馈，保证了模型实时化更新时数据的准确传递。以下为各个族库元素的分类和编码规则。

1.System Type	2.Keynote	3.1 ST	3.2 AR	3.3 EE	3.4 SN	3.5 FP	3.6 AC

系统编码类别

ST Assembly Code									
D1	D2	D3	D4		Code	Assembly Description	Level	ID	CatName
01					01	Structure	1		
	01				01.01	Piling	2	-2001300	Structural Foundations
		02			01.01.02	Structural Concrete Bored Pile	3	-2001300	Structural Foundations
		03			01.01.03	Structural Concrete Driven Pile	3	-2001300	Structural Foundations
		04			01.01.04	Reinforcement Bar	3	-2009013	Rebar Shape
		Other			01.01.Other	Other	3		
			01		01.01.01	Plant & Equipment Boring Clay Layer , Sand Layer	4		
			05		01.01.05	Soil Removal	4		
			06		01.01.06	Pile Cut Off Variation	4		
			07		01.01.07	Pile Tip Variation	4		
			08		01.01.08	Sonic Integrity Test 100% (Seismic Test)	4		
			09		01.01.09	Dynamic Load Test	4		
			10		01.01.10	Static Load Test	4		
			11		01.01.11	Survey for Piling Plan	4		
			12		01.01.12	Etc. (if any)	4		
	02				01.02	Footing Works	2	-2001300	Structural Foundations
		07			01.02.07	Structural Concrete Footing	3	-2001300	Structural Foundations
		08			01.02.08	Reinforcement Bar	3	-2009013	Rebar Shape
		Other			01.02.Other	Other	3		
			01		01.02.01	Excavation Works	4		
			02		01.02.02	Filling Works	4		
			03		01.02.03	Pile Head Cutting and Remove Off Site	4		
			04		01.02.04	Removal Head of Pile	4		
			05		01.02.05	Levelling Compacted Sand	4		
			06		01.02.06	Levelling Concrete	4		
			09		01.02.09	Formwork	4		
			10		01.02.10	Nail	4		
			11		01.02.11	Wire	4		
			12		01.02.12	Etc. (if any)	4		
	03				01.03	Beam Works	2	-2001320	Structural Framing
		05			01.03.05	Structural Concrete Beam	3	-2001320	Structural Framing
		06			01.03.06	Reinforcement Bar	3	-2009013	Rebar Shape

族库元素编码规则 - 结构

跟随模型创建形成的编码可以通过 Dynamo 定制的插件随时进行提取和修改，对建模员在创建时产生的问题和错误编码进行快速修改和验证，在流程上保证模型的质量，并能快速准确地反馈和纠错。杜绝了较大问题的产生。

AR Assembly Code									
D1	D2	D3	D4	D5	Code	Assembly Description	Level	ID	CatName
02					02	Architectural Work	1		
	01				02.01	Floor Works	2	-2000032	Floors
		01			02.01.01	Floor Finishing Work	3	-2000032	Floors
		02			02.01.02	Other Work	3		
	02				02.02	Wall Works	2	-2000011	walls
		01			02.02.01	งานผนังก่อ	3	-2000011	walls
		02			02.02.02	งานผนัง Precast	3	-2000011	walls
		03			02.02.03	งานผนังติดตั้ง (โครงคร่าว)	3	-2000011	walls
		04			02.02.04	Wall Finishes	3	-2000011	walls
		05			02.02.05	Other Work	3		
	03				02.03	Ceiling Works	2	-2000038	Ceilings
		01			02.03.01	Ceiling and Finishing Work	3	-2000038	Ceilings
		02			02.03.02	Other Work	3		
	04				02.04	Door Work	2	-2000023	Doors
		01			02.04.01	Swing Door	3	-2000023	Doors
			01		02.04.01.01	*Wood Swing Door*	4	-2000023	Doors
			02		02.04.01.02	*Ply-Wood Swing Door (Moisture Resist)*	4	-2000023	Doors
			03		02.04.01.03	*Aluminium SwingDoor*	4	-2000023	Doors
			04		02.04.01.04	*Steel Swing Door*	4	-2000023	Doors
			05		02.04.01.05	*Service Swing Door*	4	-2000023	Doors
			06		02.04.01.06	*Tempered Swing Door*	4	-2000023	Doors
			07		02.04.01.07	*Other Swing Door*	4	-2000023	Doors
		02			02.04.02	Awning Door	3	-2000023	Doors
			01		02.04.02.01	*Wood Awning Door*	4	-2000023	Doors
			02		02.04.02.02	*Ply-Wood Awning Door (Moisture Resist)*	4	-2000023	Doors
			[illegible]		[illegible]	[illegible]	[illegible]	[illegible]	[illegible]
			04		02.04.02.04	*Steel Awning Door*	4	-2000023	Doors
			05		02.04.02.05	*Service Awning Door*	4	-2000023	Doors
			06		02.04.02.06	*Tempered Awning Door*	4	-2000023	Doors
		03			02.04.03	Sliding Door	3	-2000023	Doors
			01		02.04.03.01	*Wood Sliding Door*	4	-2000023	Doors

族库元素编码规则 － 建筑

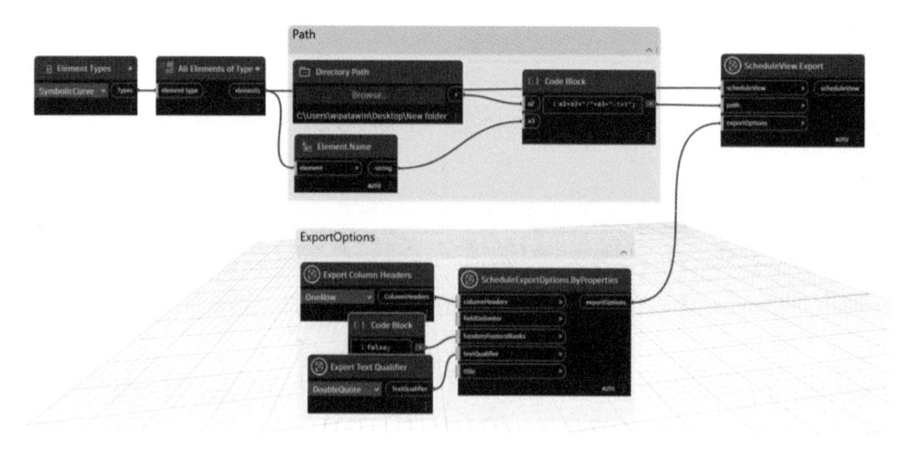

用 Dynamo 创建的规则导出插件

BIM 模型格式、软件、项目信息输入及单位制定

制定 BIM 模型格式和协议的过程，需要合作方的参与并且在模型格式的制定上达成统一意见。BIM 模型格式和协议应记录在 BIM 执行方案中。

在项目开发的各个阶段或当雇主要求提交项目模型时，提交的模型应该根据模型的使用目的，按照已经制定好的 BIM 模型格式，提供正确的格式文件。

项目的软件选取需要根据公司现有软件、人员使用情况及项目需求进行选择和确认，软件文件格式需要与市面上的 BIM 协调软件相互调用，协调类软件需符合并支持 IFC 文件格式。

目前市场上的各类软件种类繁多，在项目开始前，确定使用的软件是非常重要的，尤其要考虑在施工过程中 BIM 的 4D、5D 的使用，与分包的协调等，且软件发展非常迅速，因此，在选择软件时，建议多进行尝试。

BIM 软件应用程序和版本应与项目参与人员意见达成一致，并在 BIM 执行计划中提出，在项目开始前获得批准使用此类软件。

使用软件	版本
Autodesk® Revit	2022
Autodesk® AutoCAD	2022
Autodesk® Navisworks	2022
根据项目需要，使用其他相关软件	

为保证项目组成员对基本信息的一致性，在开始进行设计之前，就需要把项目信息输入模型文件当中，这样在项目进行当中，基本信息就不会因为文件版本的变更发生变化，从而造成信息混乱。下图为基本信息范本。

在具体开始项目之前，整个项目的度量单位，单位精度和单位的图纸标准也需要提前制定并得到项目团队人员的确定，贯彻执行在项目当中。因为 BIM 模型中会包含很多非几何信息，因此度量单位非常重要，这一点与之前的平面设计图纸绘制差别很大。只有单位统一一致，才可以得到准确的数据信息。

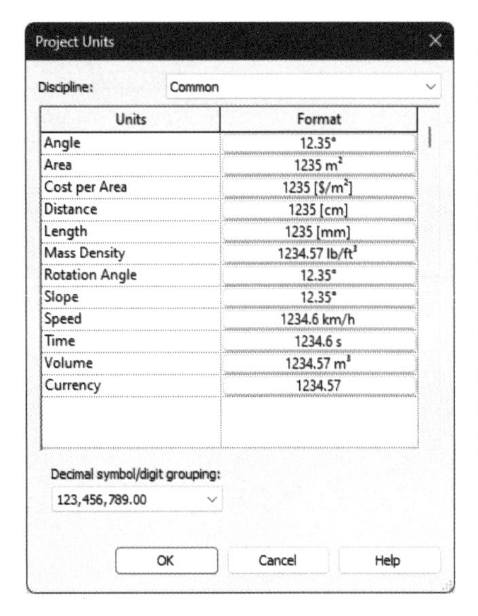

单位	mm
楼层（SFL/FFL）	建筑标高和结构标高
项目坐标/楼体	项目基点参考点/楼体坐标基准点
基准轴网	主轴网及次轴网
参照水平线	100. 00
单位精度	小数点后2位

项目模型文件命名

整个项目的模型文件名、模型视图、图例、进度表、表格和链接的通用命名按照客户以及设计院所提出的要求制定。下表为设计、投标、施工和竣工交付时的相应文件命名作为参考，并附新加坡的命名文件样图。

项目代码	承包	建筑名称	部门	软件版本	修订号
项目名称	总包名称	01. 建筑名称	结构	R22	_Rev.00
项目名称	分包名称	00. 场地	结构	R22	

模型文件名

项目名称 _ 总包名称 _0.1 建筑名称 _ 结构 _R22.rvt(工作模型)

项目名称 _ 总包名称 _0.1 建筑名称 _ 结构 _R22.rvt_Rev.00(冻结模型)

+	Project Code	Originator	Bldg. Name	Discipline /Trade	Revit Version	Revision No. (Only after official submission)
Character Allocated	3	3	~	4	2	7
Input	RFN	CJY	01.RFEA	ARCH	R20	_Rev.00
	RFN	GRR	SITE	ACMV	R20	
File Name Example	RFN_CJY_01.RFEA_ARCH_R20.rvt (WIP) RFN_CJY_01.RFEA_ARCH_R20.rvt_Rev.00 (Freeze model) RFN_CJY_01.RFEA_ARCH_R20.rvt_yymmdd (bi-weekly backup) RFN_CJY_01.RFEA_CCSM_R20.rvt (WIP) RFN_CJY_SITE_CCSM_R20.rvt (WIP) RFN_DPGSG_21.Landscape_SITE_R20.rvt (WIP) RFN_GRR_SITE_ACMV_R20.rvt (WIP) RFN_SGM_SITE_ELEC_R20.rvt (WIP)						

Building Code	Descriptions
SITE	Site-wide
ARCH	Architectural scope
STRU	Structural scope
CCSM	Combined services model
LNSP	Landscape scope
THEM	Theming scope
EXTW	External work (access road, drainage, etc)

BIM 文件命名规则

在较为复杂的项目中，为了能清晰地厘清专业和建筑之间的关系，会根据项目具体的情况对模型进行划分，以达到减少模型体量，优化计算机系统配置和空间的占用，减少后续维护工作。

如下图所示，按照建筑不同楼体进行设计命名，并以专业或者楼层来进行细化定义，确保命名清晰易懂。

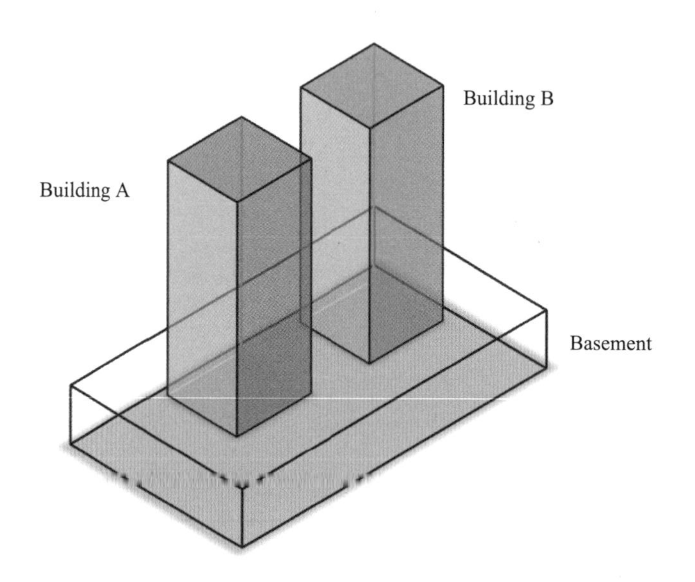

Basement B3
Building A　Conventional Parking, M&e
Building B　Automatic Parking With Lift
Basement B2
Building A　Conventional Parking, Wc, M&e
Building B　Automatic Parking With Lift
Basement B1
Building A　Conventional Parking, Driver Room, Wc, M&e
Building B　Automatic Parking With Lift, M&e

项目模型基本划分	类型
地上部分	地下部分
建筑A	地下一层
建筑B	地下二层
E-Deck	地下三层

基本项目信息

在根据专业和楼层划分后，根据项目要求的细节，进一步按照专业或者模块进行模型的细化分工，每个模块由不同的人员完成，再进行合并。整个工程在模块化之后，不同的任务分工合作，有序进行。

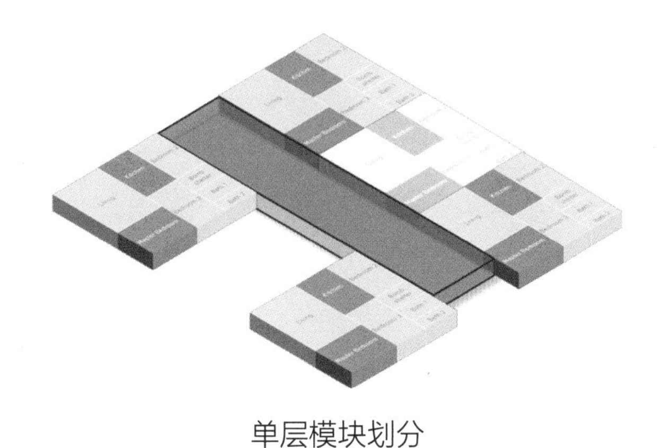

单层模块划分

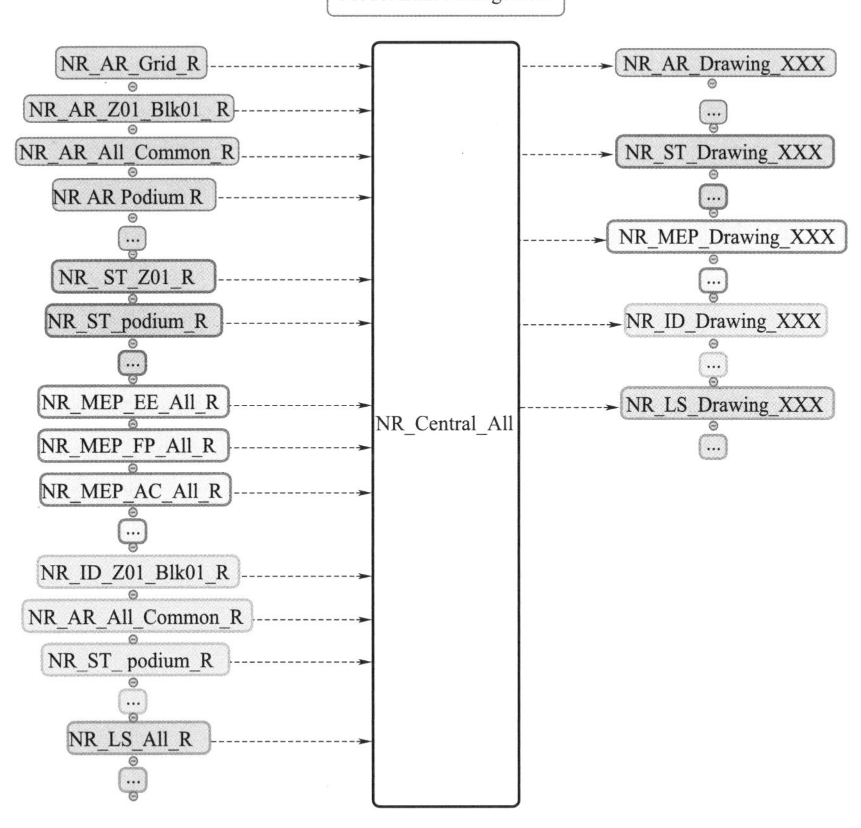

按照专业划分

跨专业和部门的信息交流

为了提高合作效率，安排了项目相关人员参与定期会议。

会议将讨论项目不同部门所遇到的相关问题，利用现有的软件解决方案来有效地进行项目协调，通过使用相同的软件集成平台，降低项目中共享模型时数据丢失或错误的可能性。
在协调过程中发现的任何问题都需要被记录、管理，并通过报告的形式将问题传达给发现问题的项目负责人，报告中还应该包括出现问题部分的具体位置，以及建议的解决方案以供参考。

会议类型	项目阶段	会议频率	参与者	地点
BIM 需求	方案设计阶段	每周二	设计	工地办公室
			总包	
BIM 协调	细节设计阶段－施工阶段	每周三	设计	
			总包	

项目协同

文件发送人	文件接收人	会议频率	模型文件	模型软件	本机文件	文件交换格式
	BIM 团队	每周	建筑	Revit 2022	.rvt	.rvt/.ifc/.nwd/.xlsx/.docx
				Naviswork	.nwd/.ifc	
	BIM 团队	每周	结构	Revit 2022	.rvt	
				Naviswork	.nwd/.ifc	
	BIM 团队	每周	机电	Revit 2022	.rvt	
				Naviswork	.nwd/.ifc	

信息交互

BIM 模型的精细度标准

LOD（Level of Detail)是一套全面、普适性的 BIM 模型标准，是模型精细度的“行业级”标准。LOD 标准规定了不同阶段模型的细节度，但是，在实操过程中，还需要基于此标准，结合企业自身的专业特点和技术管理模式，拟定“企业级”“项目级”LOD 通行标准。

在BIM应用中需要通过信息管理与沟通来达成较佳的协同合作，因此，对于不同的专业、部门各自需求不同，需要根据各自的需求确定 LOD 等级组合。保障“必要精细度”下，尽量降低模型工作量。理论上，提高模型精细度有利于保障成果质量；但精细度的提高，是以增加时间和劳动投入为前提。只有提高“有效精细度”才能提升成果质量，而“冗余精细度”，只能导致成本增加。

基本模型细节度的分类

LOD 200	初步设计阶段	近似几何尺寸、形状和方向，能够反映物体本身大致的几何特性。主要外观尺寸不得变更，细部尺寸可调整，构建包含几何尺寸、材质、产品信息（如电压、功率等）
LOD 300	施工图设计阶段	物体主要组成部分必须要几何上表述准确，能够反映物体的实际外形，保证不会在施工模拟和碰撞检查中产生错误判断，构件应包含几何尺寸、材质、产品信息（如电压、功率）等
LOD 350	深化施工图设计阶段	用图形表示组件的同时，对于非图形信息也可以通过模型组件反映出模型的设计和特征
LOD 400	施工阶段	详细的模型实体，最终确定模型尺寸，能够根据该模型进行构件的加工制造，构件除包括几何尺寸、材质、产品信息外，还应附加模型的施工信息，包括生产、运输、安装等方面
LOD 500	竣工交付阶段	除最终确定的模型尺寸外，还应包括其他竣工资料提交时所需的信息，资料包括工艺设备的技术参数、产品说明书/运行操作手册、保养及维修手册，售后信息等

电脑硬件迅速发展使得基本模型细节度逐渐提高，现在普遍使用LOD300~LOD400。

BIM 模型在设计阶段的协调

对于建筑的设计、建设、运营维护的各个阶段，所有发布的模型需要满足成员应用于会议沟通、专业协调、图纸报批和审查。

BIM 项目目标	可交付成果	参与的项目成员			
方案和概念设计阶段		建筑	结构	机电	预算
	建筑构件或系统，包括大致的尺寸、形状、位置、方向和数量				
项目参与人员就项目的需求、目标、过程和结果达成一致。交互模型或其他交付物的截止日期记录在 BIM 执行计划中	由相关方同意并签署的 BIM 执行计划	用户	用户	用户	用户
根据概念设计中批准的方案，开发、维护和更新 BIM 模型	建筑模型	作者	用户	用户	用户
在建筑模型的基础上开发、维护和更新结构 BIM 模型	结构模型	用户	作者	用户	用户
在建筑模型的基础上开发、维护和更新机电 BIM 模型	机电模型	用户	用户	作者	用户
实现建筑和结构 BIM 模型之间的设计协调	初步设计协调报告	作者	作者	用户	用户
在建筑模型的基础上进行成本估算	初步成本估算				
初步设计阶段对现有的 BIM 模型文件进行冻结和存储	建筑、结构和 MEP 的单独模型 建筑、结构的合并模型以及协调报告	作者	作者	作者	用户

BIM 项目目标	可交付成果	参与的项目成员			
初步设计阶段		建筑	结构	机电	预算
	进一步深化的建筑模型版本，具有准确的尺寸、形状、位置、方向和数量投标的 BIM 成果应达到 BIM 执行计划中规定的相应细节程度				
维护和更新建筑模型，为投标做准备	建筑模型	作者	用户	用户	用户
根据最新的建筑模型设计、分析和计算，维护和更新结构模型	结构模型与计算	用户	作者	用户	用户
根据最新的建筑模型设计、分析和计算，维护和更新机电模型	机电模型与分析	用户	用户	作者	用户
协调建筑、结构和机电模型，识别元素冲突和干扰，验证空间利用有效性	冲突检测和解决报告以及验证空间报告	作者	作者	作者	用户
在 BIM 模型的基础上制作详细的成本估算和工程量清单	详细的数量估算和成本数量清算				
招标结束后一个月内，冻结并提交招标模型	投标模型包括所有冲突检查的汇总报告	作者	作者	作者	用户

BIM 项目目标	可交付成果	参与的项目成员			
施工图设计阶段		建筑	结构	机电	预算
	BIM 元素在初步设计阶段的基础上创建完整的细节模型和实际的元件信息，详图细节可以以二维表示，以补充设计阶段的详细细节				
承包商持续进行模型深化工作		用户	用户	用户	用户
根据建筑、结构和机电模型分阶段发布施工模型	协调关键服务的施工模型	用户	用户	用户	用户
根据 BIM 族库和参数列表提取材料、面积和元件数量表，供项目参考	材料、面积和数量的明细表	用户	用户	用户	用户
分包商和专业分包商将根据施工模型得到可供算量的数量	施工图，建筑设备综合图	用户	用户	用户	用户
在施工阶段生成、冻结、发布、维护、存储 BIM 模型		用户	用户	用户	用户

BIM 交付成果以及成果的所有权和权利

BIM 项目交付，应包括一套项目的二维图纸、三维信息模型以及其他数字表现形式的数字化资料，准确描述项目的物理、功能和性能特征，以便在项目生命周期内进行可视化、模拟、分析、协作、规划和记录。

除非甲方另有说明，任何与项目对接的建筑或结构设计都应进行模型创建并体现在项目当中。

除非有特殊约定，模型作者向模型用户交付的 BIM 完整数字模型的截止日期应与主协议中规定的信息交换截止日期相同。双方确定的 BIM 交付日期应记录在 BIM 执行计划中。

各专业之间的数据共享和协作应利用商定的软件以及通用技术方式进行。协作和数据共享的过程应由 BIM 经理负责，与 BIM 项目的所有各方之间达成一致，并在 BIM 执行计划中明确记录。

BIM 经理应参与整个项目期间与 BIM 相关的各种审查过程，日常的 BIM 协调可以由各专业的 BIM 工程师完成，但是有关重大问题和流程决策，总体协调的事情需要 BIM 经理参与。

在施工阶段，承包人应根据设计院发布的变更，更新和维护已发布的模型。承包商根据 BIM 执行计划深化适合于竣工移交的模型，并将竣工模型提供给雇主用于后续运营和维护。

BIM 数字交付模型应符合各国 BIM 指南中规定的质量保证准则。任何偏差应在 BIM 执行计划中列出，供雇主审查和接受。

所有权和权利：

除非各方另有约定，雇主对项目的所有 BIM 交付品拥有所有权和独家权利。

雇主有权授予其指定的代理人使用 BIM 交付品的权利，以用于项目及随后的运营和维护工作。

2.2 BIM 模型标准化与深化

基本建模指南和规则标准

虽然现在 BIM 技术备受青睐，可以支持并改善建筑设计和优化施工流程，有效管理项目数据，解决施工过程中高复杂度的问题，对业主、设计单位、施工方都具有非常实际的好处。

但是 BIM 的优越性在很多项目中却无法体现，具体原因是什么呢？BIM 技术的发展跨越设计和施工、运维全过程，标准化的创建模型方式成为卡在中间的一道坎，如何结合各部门专业需求，针对不同项目提出相应的 BIM 标准是保证一切顺利进行的重要的环节。

在项目实施中根据不同专业的特点和需求，制定建筑、结构和机电的模型基本创建规则，参数设定方式和整体表现形式，使用同一套规范创建项目模型，可以更加完整地表现整个项目的专业化和系统性，也可以扩展 BIM 的使用范围。

通常在使用 BIM 环境下，项目专业协调是在模型基本完成，生成图纸后进行协调工作，但是因为三维的图纸创建效率低于二维方式，因此在前期的设计阶段 BIM 表现为效率低、人员需求量大。

在多年的实践和改进中，我们将这个过程分成两个部分，分别是模型协调和图纸协调，并且根据这两个步骤设置了符合项目的预制设定，以减少协调当中产生的错误，提高协调效率。

随着软硬件的发展以及 BIM 技术的推广应用，目前，有大量成型的族库文件，让模型绘制更加便捷高效。在新项目的开始阶段，一般可以选择一个较高的标准来创建模型，提供足够详细的细节呈现，然后再通过数据接口更新对应的实际信息，提高 3D 模型创建的效率。

根据项目的不同阶段，创建符合当前阶段的模型，并根据深化标准来进行绘制，是 BIM 模型绘制的基本要求。

在前期创建模型时就进行相关的设置，以达到各方的设计模型符合基本的创建逻辑，减少无效沟通时间。在模型创建的初期就检查完成了很多设计中专业协调的问题，例如不同专业之间的碰撞问题、不满足规范要求的设计、不合理的管线布置、天花板净空等。

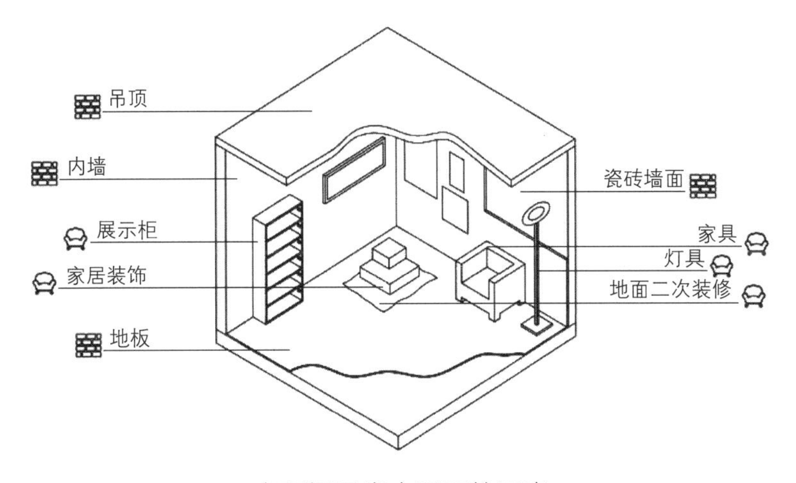

表现场景当中需要的元素

在模型绘制中期，把前期优化结果汇总并传达给相关的专业分包，使他们能更有效、更有针对性地对模型进行修正。透明的信息数据共享和前期特定的模板设置使得沟通更加有效，从而大大提高图纸质量，减少图纸协调浪费的时间，保证施工图纸按时送达。

在最后的施工协调阶段，各专业的沟通协调在云平台上同步沟通。设计是一个相互妥协的工作，不同专业、不同阶段、不同部门的需求不同，协调的过程是妥协的过程，只有大家都能够达成一致，才能使模型完整。

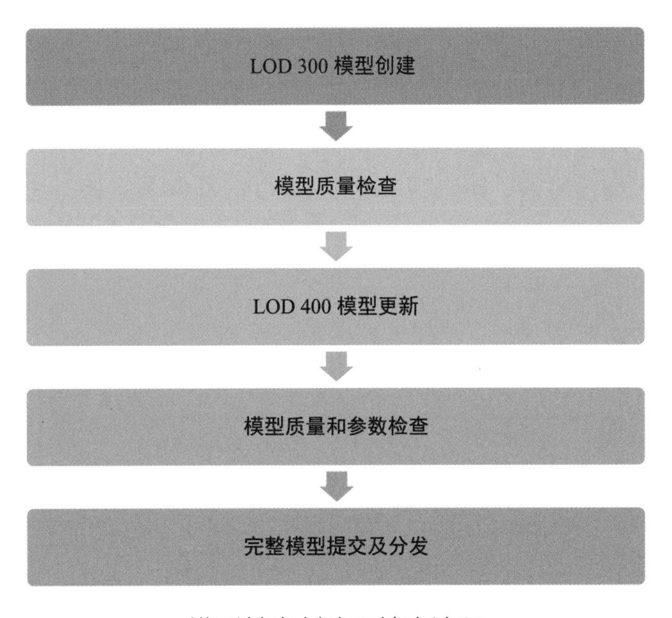

模型基本创建和检查流程

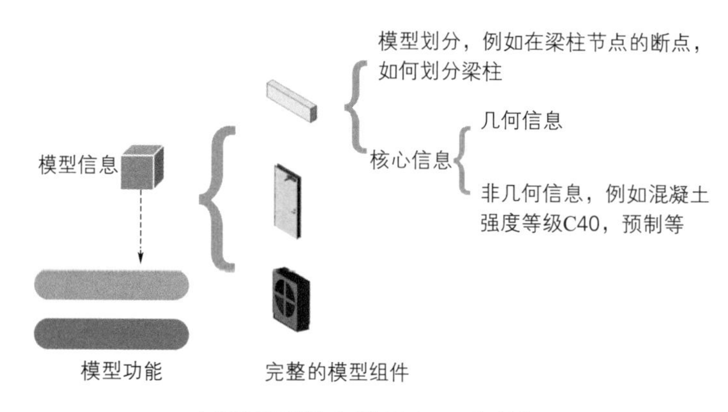

创建需要的参数避免冗余数据

建模工作从项目立项开始在概念设计、初步设计、深化设计、施工过程和竣工交付整个过程中都起着重要的基础作用，每个阶段生成的模型都需要按照标准体现出当前阶段所需要的信息和呈现方式。

模型绘制的人员在模型的创建初期都需要清晰了解模型规则，以确保所创建的项目模型是准确可用的。建筑、结构以及机电各个专业的 BIM 模型都需要按照既定的标准和规则来创建、修改，建筑元素必须使用正确的工具（墙创建、梁创建、柱创建等）来进行工作。

BIM 模型中构件的基本参数类型包括：族、类型、型号、材质、编号、尺寸。其中族和类型的正确定义是建模初期十分重要的步骤。如果 BIM 创作工具的功能不足以对元素建模，需要使用外部工具来创建复杂的元素，那么这些元素应该按照“类型”正确地分组和识别。

创建任何一个构件，都需要体现出具体的尺寸、位置、正确的分类等信息在项目模型当中。当构件小于约定尺寸时，可以使用 2D 或 2D 标准细节来补充 BIM 模型，其对应的关键信息需要以参数的形式体现在类型元素当中。

下文针对模型共享和协调，分享了部分案例中关于 BIM 模型和图纸标准化的一些规则和设置。同时，对模型规则进行了简单的梳理，主要是对不同专业的模型，进行了参数化设置的探索和扩展。

对于模型和图纸常用的标准化设置，一般在各国的 BIM 标准中均会有所涉及，因此，本部分的主要内容是一些我们在 BIM 应用中，对项目非常重要的一些参数的设置，在常用的标准中并未涉及，因此，是标准的衍生化。

建筑 BIM 模型文件设置指南

对于一般的建筑项目 BIM 建模按照阶段可以分为：概念设计、初步设计、详细设计、建造和竣工。

模型标准设置可以保证项目从建筑、结构、室内、景观及机电各个专业整体流程的完整顺畅和一致。其中链接模型的方式是打通各个专业重要的一环，因此，是标准中十分重要的设置。不同的链接方式决定了打开文件后所呈现的模型状态。链接的方式总共分为以下三种模型，在项目开始前就需要制定相应的规则，保证模型的同步。

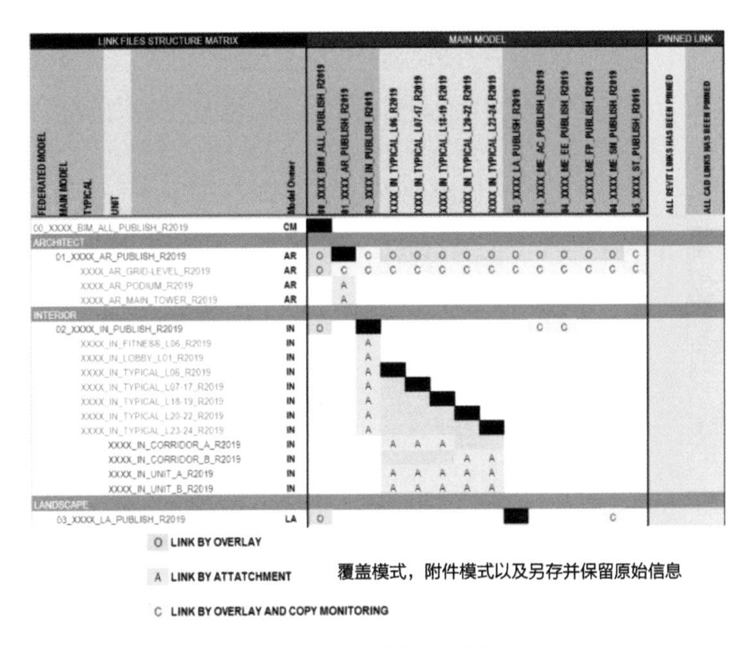

LINK FILES STRUCTURE MATRIX		MAIN MODEL														PINNED LINK	
FEDERATED MODEL / MAIN MODEL / TYPICAL / UNIT	Model Owner	00_XXXX_BIM_ALL_PUBLISH_R2019	01_XXXX_AR_PUBLISH_R2019	02_XXXX_IN_PUBLISH_R2019	XXXX_IN_TYPICAL_L06_R2019	XXXX_IN_TYPICAL_L07-17_R2019	XXXX_IN_TYPICAL_L18-19_R2019	XXXX_IN_TYPICAL_L20-22_R2019	XXXX_IN_TYPICAL_L23-24_R2019	03_XXXX_LA_PUBLISH_R2019	04_XXXX_ME_AC_PUBLISH_R2019	04_XXXX_ME_EE_PUBLISH_R2019	04_XXXX_ME_FP_PUBLISH_R2019	04_XXXX_ME_SN_PUBLISH_R2019	05_XXXX_ST_PUBLISH_R2019	ALL REVIT LINKS HAS BEEN PINNED	ALL CAD LINKS HAS BEEN PINNED
00_XXXX_BIM_ALL_PUBLISH_R2019	CM																
ARCHITECT																	
01_XXXX_AR_PUBLISH_R2019	AR	O		C	O	O	O	O	O	O	O	O	O	O	C		
XXXX_AR_GRID-LEVEL_R2019	AR	O	C	C	C	C	C	C	C	C	C	C	C	C	C		
XXXX_AR_PODIUM_R2019	AR		A														
XXXX_AR_MAIN_TOWER_R2019	AR		A														
INTERIOR																	
02_XXXX_IN_PUBLISH_R2019	IN	O									C	C					
XXXX_IN_FITNESS_L06_R2019	IN			A													
XXXX_IN_LOBBY_L01_R2019	IN			A													
XXXX_IN_TYPICAL_L06_R2019	IN			A													
XXXX_IN_TYPICAL_L07-17_R2019	IN			A													
XXXX_IN_TYPICAL_L18-19_R2019	IN			A													
XXXX_IN_TYPICAL_L20-22_R2019	IN			A													
XXXX_IN_TYPICAL_L23-24_R2019	IN			A													
XXXX_IN_CORRIDOR_A_R2019	IN				A	A	A										
XXXX_IN_CORRIDOR_B_R2019	IN							A	A								
XXXX_IN_UNIT_A_R2019	IN				A	A	A	A	A								
XXXX_IN_UNIT_B_R2019	IN				A	A	A	A	A								
LANDSCAPE																	
03_XXXX_LA_PUBLISH_R2019	LA	O												C			

O LINK BY OVERLAY

A LINK BY ATTATCHMENT

C LINK BY OVERLAY AND COPY MONITORING

覆盖模式，附件模式以及另存并保留原始信息

项目模型文件链接方式的设置

另外，模型文件内部工作集的设置也是十分重要的前期设定，需要在开始创建模型时就确立模型文件的专属权限，确保文件都有专人绘制、更新及维护。

其次，如果是需要进行设计的项目，也会根据前期需要计算的门类，进行低 LOD 的计算分析模型，在获取可行性的设计分析结果后再进行相应的深化，整个过程按照实际项目的具体需求灵活组合和定位。

每个阶段所需体现的基本标准如下表。

LOD Definition		Pre-Construction			Construction	
		DD50	DD75	DD100	建筑工地	竣工图纸
		LOD100	LOD200	LOD300	LOD400	LOD500
	模型	× 比例	× 比例	× 比例	× 比例	× 比例
		× 形状	× 形状	× 形状	× 形状	× 形状
		× Location	× Location	× Location	× Location	× Location
	数据和信息	关键字/索引	× 关键字/索引	× 关键字/索引	× 关键字/索引	× 关键字/索引
		外观	外观	× 外观	× 外观	× 外观
		其他	其他	× 其他	× 其他	× 其他
		工作集	工作集	工作集	× 工作集	× 工作集
		设备管理信息	设备管理信息	设备管理信息	设备管理信息	× 设备管理信息

阶段性模型文件要求和文件集设置

在确定模型深度标准后，还需要对各专业人员绘图范围进行规定。一般会根据项目的特点按专业分配人力，有时候也会按照模块划分。下图为按照专业划分模型文件的专业范围，界定了结构和专业之间的模型需要如何绘制，同时确保交界面的协调。

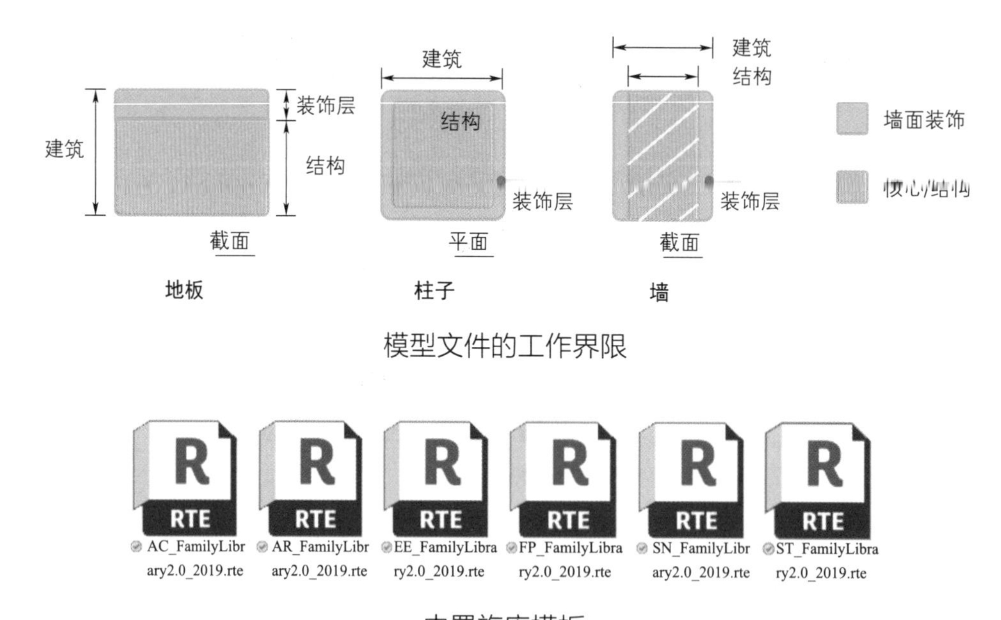

模型文件的工作界限

内置族库模板

针对各个专业的模板文件也会在开始创建项目模型之前准备好，以减少模型绘图员创建模型的时间，通过大量的预制化模块和设置保证初期模型的品质，即使是缺少经验的模型绘图员也能在短时间创建出高品质的项目模型。

族库模板包括企业内置的族库，外置不属于项目可以读取的模板，还有根据项目特点自行绘制的扩展外部族库模板。不同类型的模板放置在不同的分类地址，方便绘图人员进行查找。

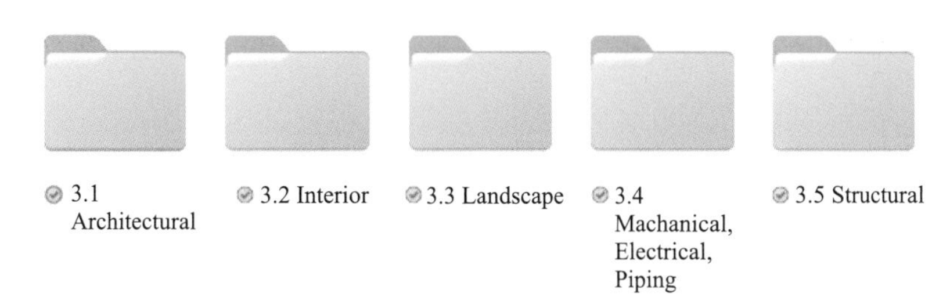

外置可读取模板

拓展结构外部族库模板文件

通过大量项目的积累，我们积攒了针对本地项目的大量定制模块模型，可以对应不同的项目来创建高品质的模型，并保证基本参数的一致和模型的品质要求。

因为每个项目的资料、文件数量非常多，需要使用清楚明晰的文件夹组成结构，保证模型绘图员工作时可以依据标准，快速找到对应的提取位置，并保证一定的更新频率。

以族库和模板为依据进行模型创建，定期的例会把创建过程中遇到的技术问题集中解决，提高组员的技术水平和建模的质量和效率，在族库和标准不断完善的过程中，提高了项目和组员的综合能力。

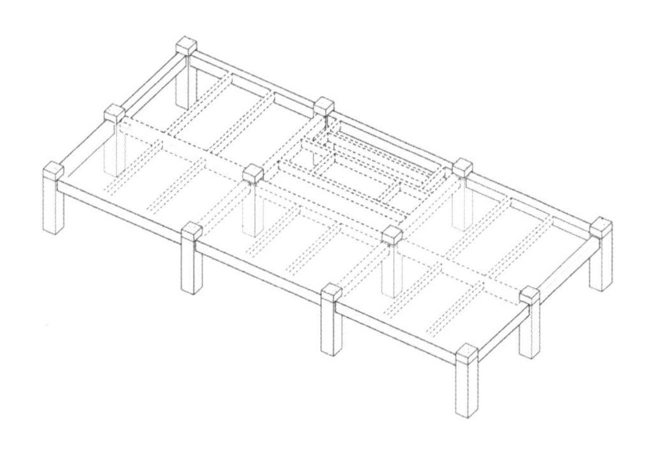

3D 模型综合显示范例

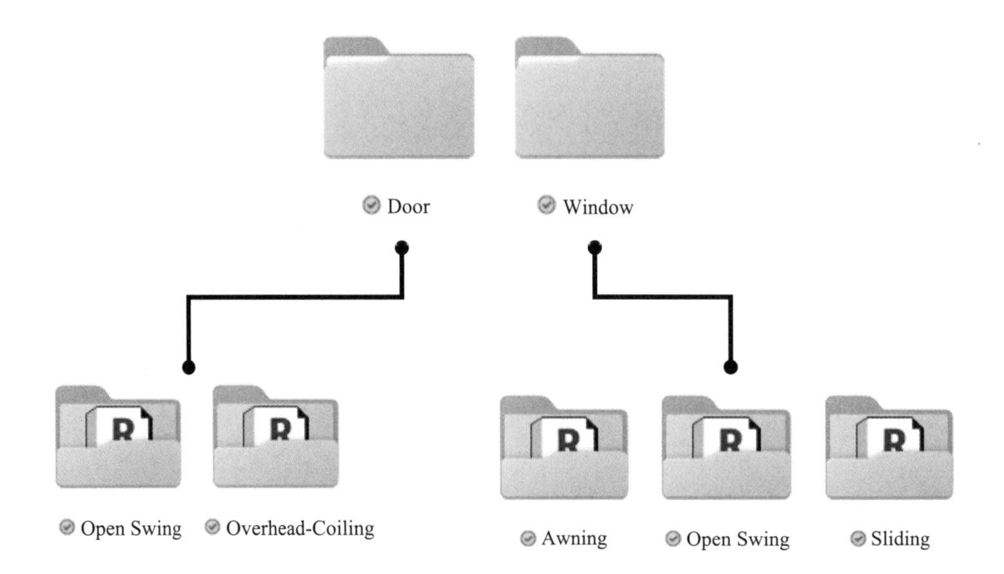

拓展建筑外部族库模板文件（部分）

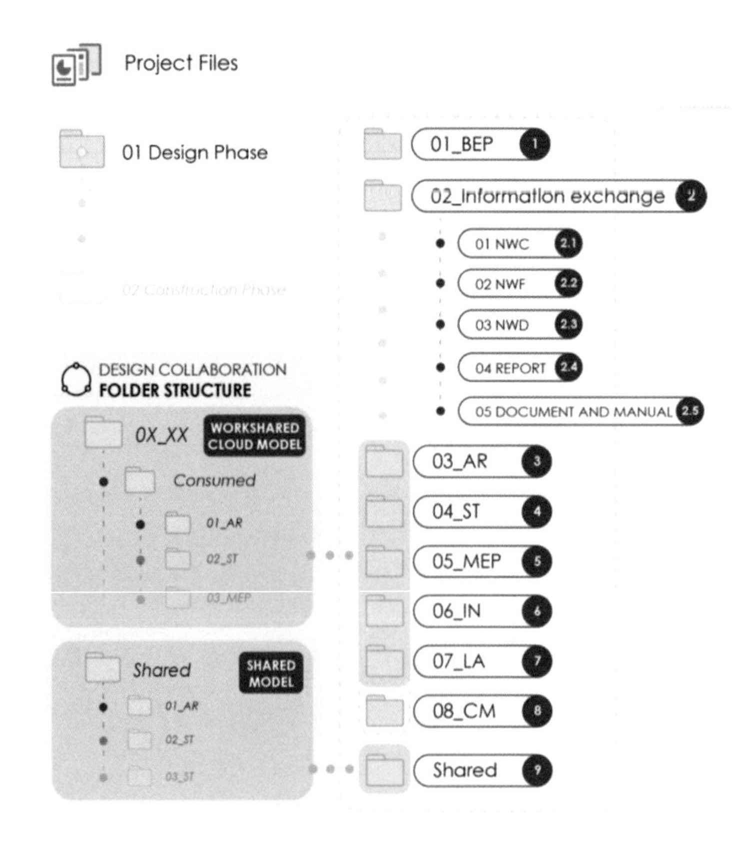

内部项目文件内部结构解析简图

管线综合排布的优化设置

机电专业中，管线布置包括：给水排水管道、消防喷淋管、消防气体管、空调送排风管、空调冷冻水管、冷却水管、电缆桥架、线槽、工艺管线等的平面布置及竖向布置；机电管线布置在设计图纸中都是分专业、分系统进行管线绘制，专业间各自为政、条块分割，加上管线复杂、交叉繁多，缺乏统一规划，缺乏空间合理分配，在现场施工中必定会造成管线布置方面的冲突，导致安装高度不符合要求，为日后维修带来困难或一些安全隐患。

在二维的设计中，一般只能表示出管线的平面位置，在空间高度上是否会发生碰撞，一般是通过细部的剖面绘制完成的。但是，因为高度涉及所有的建筑专业，而节点只能表达管线的局部，因此，在三维空间中就会存在很多高度上的碰撞和协调工作。

利用 BIM 技术，通过搭建各专业的 BIM 模型，能够在虚拟三维环境下发现设计中的碰撞冲突，从而大大提高了管线综合的设计能力和工作效率。管综的优化排布分析利用管综的排布空间模型，可以从源头解决不同专业间的碰撞问题，轻量化模型并且能有效地进行优化排布，节省材料成本，预定不同服务的空间布局，定制模块化建模。

对建筑物内错综复杂的机电管线，根据碰撞点优化调整管线的空间位置，提前消除各专业间的管线碰撞，加大室内的净空。这不仅能及时排除项目施工环节中可能遇到的碰撞和冲突，显著减少由此产生的变更申请单，更提高了施工现场的生产效率，降低了由于施工协调造成的成本增长和工期延误。为新加坡目前推广的机电模块化施工带来了便利。同时，在设计和施工时更好地考虑了后期的维护和修理，也为后期的运营提供便利。

在项目设计和施工初期，对整个项目的管线布置范围进行一个合理规划和明确划分，再根据专业将各个系统进行细分，确保每个系统都集中在划分的施工范围内且都能充分合理地利用各自的施工空间，避免了与其他系统之间不必要的碰撞，在前期的规划中对管线的碰撞起到了一定的预防作用。

在施工前期，施工单位根据现场情况，结合自身解决施工技术方面经验，投入足够的专业技术人员，通过施工前绘制机电管线综合布置图，如果发现规划的空间位置不够，可进行调整，确保每个系统都有足够的施工空间。通过对管线空间位置的相对控制工作，才能有效地控制好设备、管道、电缆桥架等在空间的排列走向，保证施工的可行性、美观性及生产使用中的实用性。

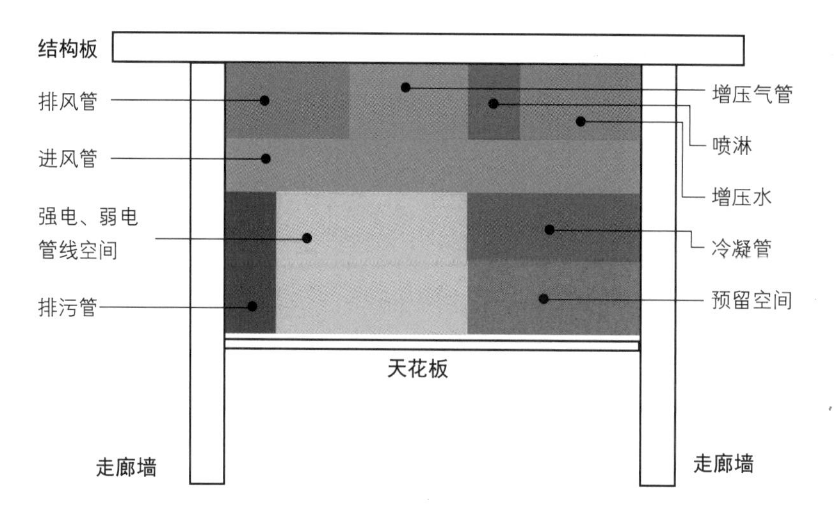

走廊总管线布置标准图

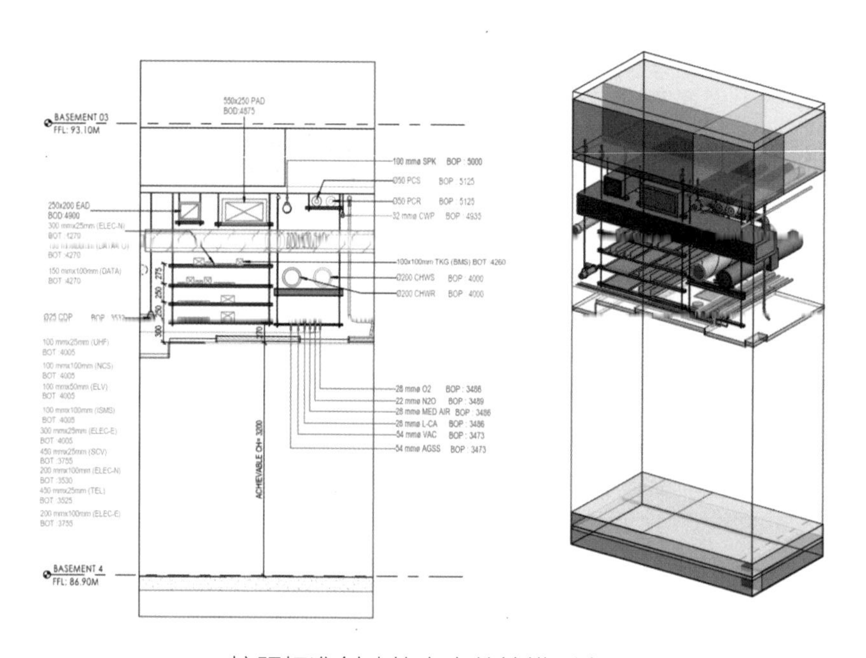

按照标准创建的走廊总管模型布置

合理布置各专业管线，最大限度地增加建筑使用空间，减少由于管线冲突造成的二次施工。

综合协调机房及各楼层平面区域或吊顶内各专业的路由，确保在有效的空间内合理布置各专业的管线，在保证吊顶空间高度的同时，保证机电各专业的有序施工，综合排布协调了机电与土建、精装修等各专业的施工冲突。

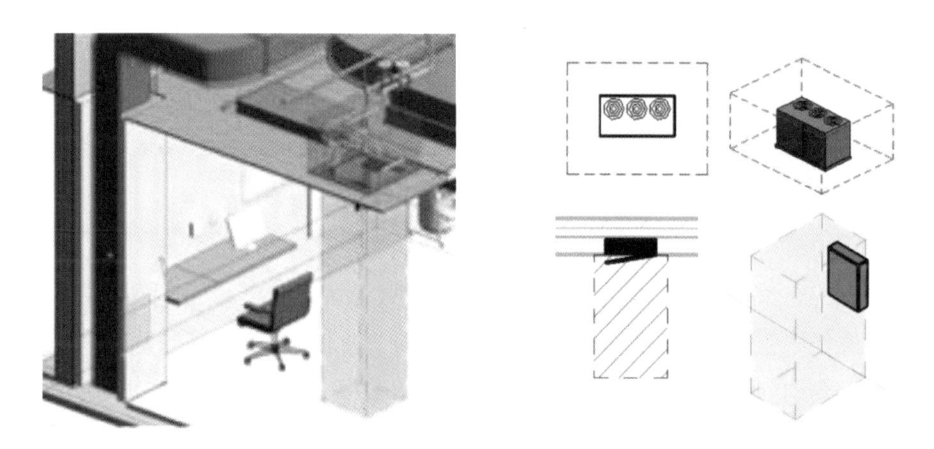
模型创建体现后期维护的预留空间

合理布置各专业机房的设备位置，保证设备的运行维修、安装等工作有足够的平面空间和垂直空间。综合协调竖向管井的管线布置，使管线的安装工作顺利完成，并能保证有足够多的空间完成各种管线的检修和更换工作。确定管线和预留洞的精确定位，弥补原设计在预留方面的不足，减少后期对结构施工的影响。

在机电专业的建模过程中，设定设备的相关参数设置，可以提出完善的设备清单，核对各种设备的性能参数，确定订货技术要求，便于采购部门的采购。同时将数据传达给设计以检查设备基础、支吊架是否符合要求，协助结构设计绘制大型设备基础图。

按照综合管线排布完成的现场和模型对比

对于管道交汇的地方在进行管线综合时，为确保管线之间的空间距离符合规定，可以在项目设计阶段添加一个空间管理，用来监测是否有管道碰到空间的边缘。在进行模型绘制时，管道如碰到空间壁，系统会提示相关问题。在模型完成前可以创建表格，在空间管理部分表格中列出管道部分存在空间距离不足的范围。

管线之间空间的布置在进行综合布置前，除了需要考虑管线完成时的空间距离要求，还要充分考虑管线施工的操作空间和后期的维护空间。因此，对于空间的要求需要全面地考虑，尤其是重点部位或管线较多的部位。

在空调系统中，需要考虑的不光是管道的大小，还要考虑管道的外包材料，所以在划分区域的时候要根据管道中的介质种类来确定，预留管道的管径空间有足够的位置，不会碰到其他系统。

在一般的模型绘制中，会对不同专业的管线区分不同的颜色，使得错综复杂的管线比较容易辨别。如下图所示图例，给水排水、消防及喷淋水、空调水、强电、弱电、消防电气管线用不同的色线绘制，叠加在通风空调图纸上。对于不同的系统使用不同的颜色，也能更加明确地在图上看到不同系统的分布，例如防火系统使用红色，脏水系统使用棕色，干净水使用深蓝色，电系统使用天蓝色，空调系统使用绿色。对于用颜色区分各个系统也有利于快速从图中提取有用的信息。

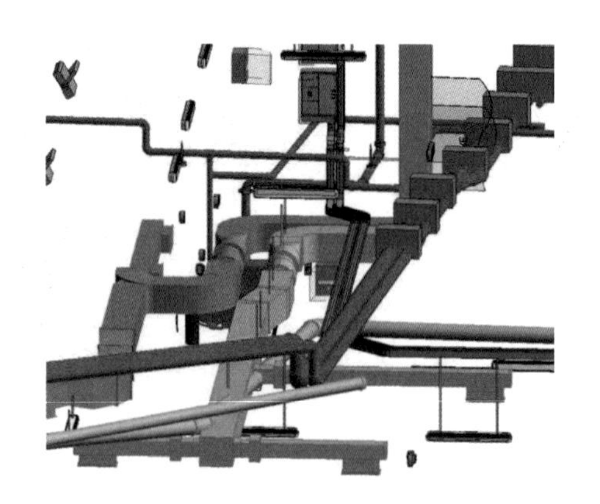

模型创建复杂部分截图

管线综合在 BIM 应用中因其效率高而应用越来越广泛。因为管线的施工需要综合设计和施工以及设备专业的协调，如上文所述，空间位置的预留是非常重要的部分，建议可以在前期规划好相关位置，各个专业在各自的位置进行布置，避免碰撞。

标准模型材质库设置

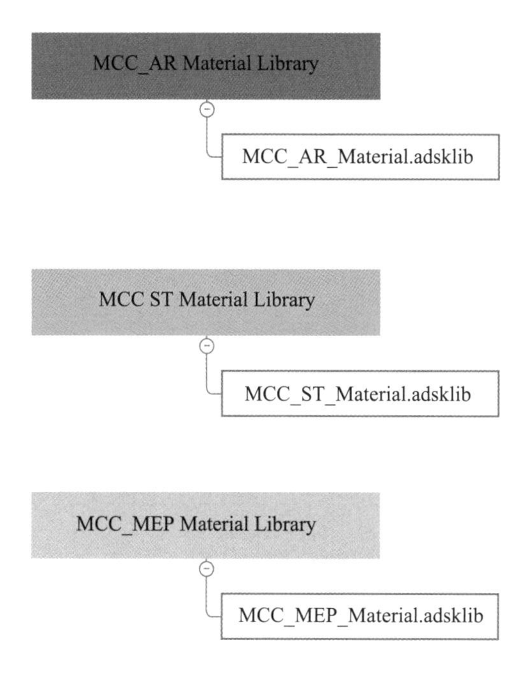

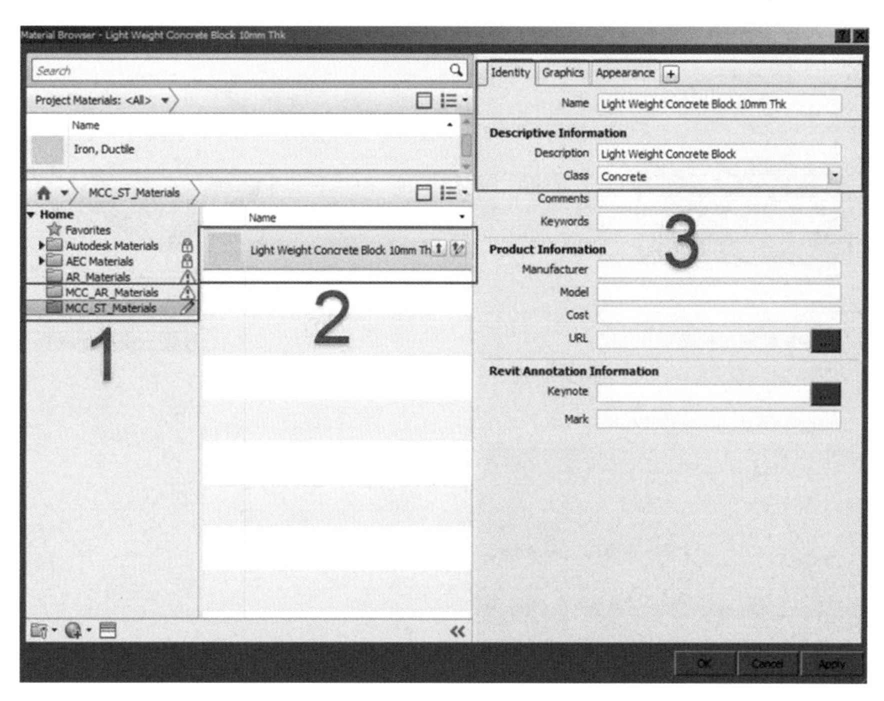

项目标准化材质库设置和规则

2.3 BIM 模型标准构件设置

BIM 模型标准是实现 BIM 4D、BIM 5D 的基础，本节针对一般 BIM 模型，对不同专业的标准构件基本设置进行了案例展示。模型的关键信息需要以参数的形式体现在类型元素中，其中族和类型的定义是建模初期十分重要的步骤。如果使用外部工具来创建复杂的元素，那么这些元素应该按照“类型”进行分组和识别。

结构板模型标准件设置

基本信息	参数形式
族	板
类型	现浇板 / 预制板
型号	SL-01/PSL-(H/S)-01
材质	混凝土 / 轻质混凝土
材质编码	G40
现浇尺寸（长）	可变
现浇尺寸（宽）	可变
预制尺寸（长）	可变
预制尺寸（宽）	定制宽度

现浇板模型截面　　　　现浇板模型三维截面模板

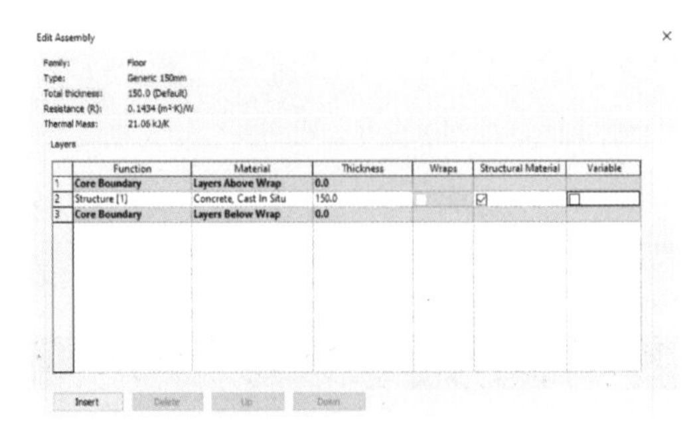

现浇板模型标准参数设置

结构板模型标准件设置

空心预制板模型截面　　　　空心预制板模型三维截面模板

Edit Assembly

Family: Floor
Type: Generic 150mm
Total thickness: 150.0 (Default)
Resistance (R): 0.1434 (m²·K)/W
Thermal Mass: 21.06 kJ/K

Layers

	Function	Material	Thickness	Wraps	Structural Material	Variable
1	Finish 1 [4]	Concrete, Sand/Cement	10.0	☐	☐	☐
2	**Core Boundary**	**Layers Above Wrap**	**0.0**			
3	Structure [1]	Concrete, Cast In Situ	150.0	☐	☑	☐
4	**Core Boundary**	**Layers Below Wrap**	**0.0**			

Insert　Delete　Up　Down

空心预制板模型标准参数设置

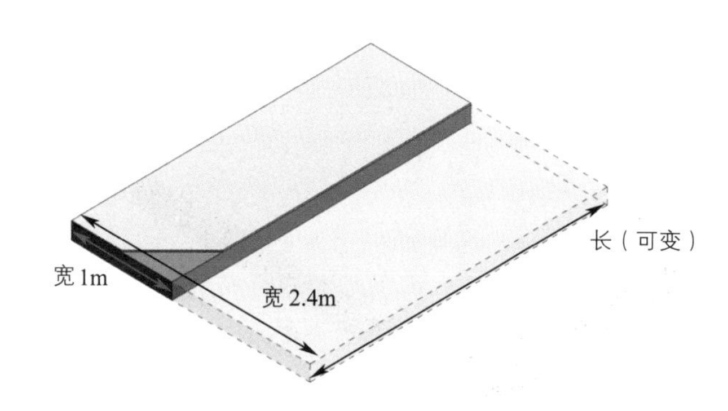

Constraints	
Moves With Nearby Elements	☐
Room Bounding	☑
Structural	
Rebar Cover	Rebar Cover 1 <25 mm>
Dimensions	
宽（固定）	1000.0
长（可变）	30000.0

预制板模型标准参数设置

结构板模型标准件设置

空心预制板模型截面　　空心预制板模型三维截面模板

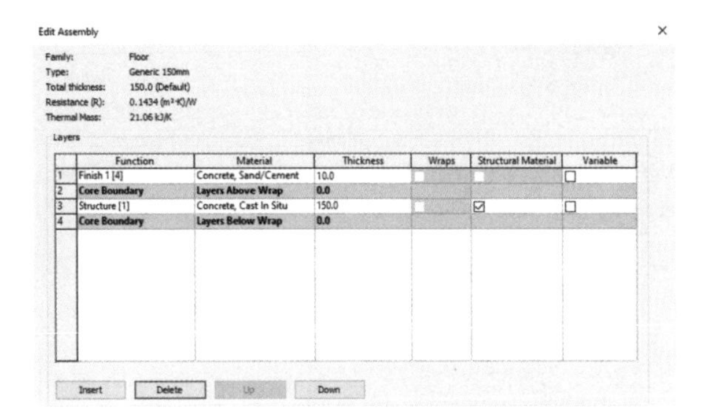
Edit Assembly

Family: Floor
Type: Generic 150mm
Total thickness: 150.0 (Default)
Resistance (R): 0.1434 (m²·K)/W
Thermal Mass: 21.06 kJ/K

Layers

	Function	Material	Thickness	Wraps	Structural Material	Variable
1	Finish 1 [4]	Concrete, Sand/Cement	10.0	☐	☐	☐
2	**Core Boundary**	**Layers Above Wrap**	**0.0**			
3	Structure [1]	Concrete, Cast In Situ	150.0	☐	☑	☐
4	**Core Boundary**	**Layers Below Wrap**	**0.0**			

Insert　Delete　Up　Down

空心预制板模型标准参数设置

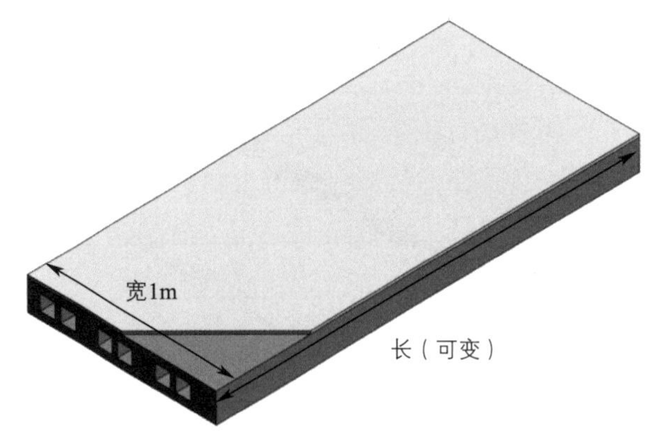

Constraints	
Moves With Nearby Elements	☐
Room Bounding	☑
Structural	
Rebar Cover	Rebar Cover 1 <25 mm>
Dimensions	
宽（固定）	1000.0
长（可变）	2500.0

空心预制板模型标准参数设置

结构柱及墙类模型标准件设置

自定义常用的矩形柱、圆形柱、钢柱、结构墙和防震墙，可以大幅提高模型的标准，并且能够统计出精确的数量，保证模型的质量。通过把关键的信息设置到这些标准化的族库中，是创建模型的最基础的步骤。

基本信息	参数形式
族	墙 / 柱
类型	混凝土墙 / 混凝土柱 / 钢柱
型号	CW-01/C-01/SS-01
材质	混凝土 / 不锈钢
材质编码	G50/SS-02
长	可变
宽	可变
高	可变

混凝土柱、墙模型截面　　　　混凝土柱、墙模型三维截面模板

Edit Assembly

Family: Basic Wall
Type: Generic - 200mm
Total thickness: 100.0
Resistance (R): 0.0769 (m²·K)/W
Thermal Mass: 14.05 kJ/K

Sample Height: 6000.0

Layers

EXTERIOR SIDE

	Function	Material	Thickness	Wraps	Structural Material
1	**Core Boundary**	**Layers Above Wrap**	**0.0**		
2	Structure [1]	Concrete Masonry Units	100.0	☐	☐
3	**Core Boundary**	**Layers Below Wrap**	**0.0**		

INTERIOR SIDE

Insert　Delete　Up　Down

混凝土柱、墙模型标准参数设置

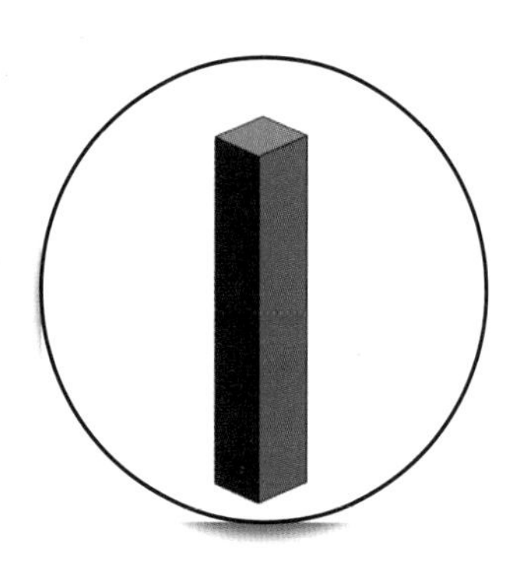

基础混凝土柱标准模型

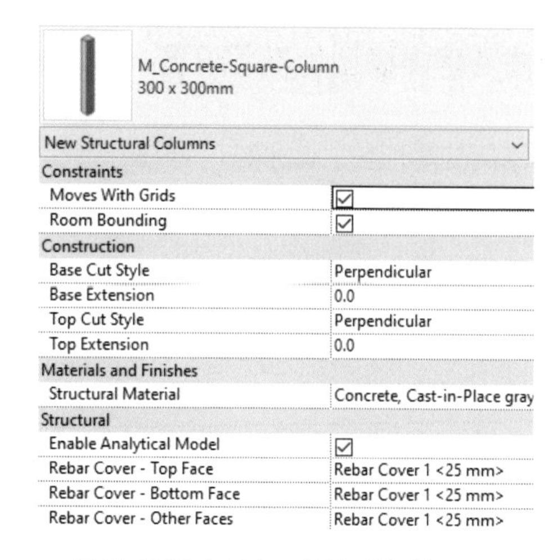

M_Concrete-Square-Column
300 x 300mm

New Structural Columns

Constraints	
Moves With Grids	☑
Room Bounding	☑
Construction	
Base Cut Style	Perpendicular
Base Extension	0.0
Top Cut Style	Perpendicular
Top Extension	0.0
Materials and Finishes	
Structural Material	Concrete, Cast-in-Place gray
Structural	
Enable Analytical Model	☑
Rebar Cover - Top Face	Rebar Cover 1 <25 mm>
Rebar Cover - Bottom Face	Rebar Cover 1 <25 mm>
Rebar Cover - Other Faces	Rebar Cover 1 <25 mm>

基础混凝土柱标准模型参数

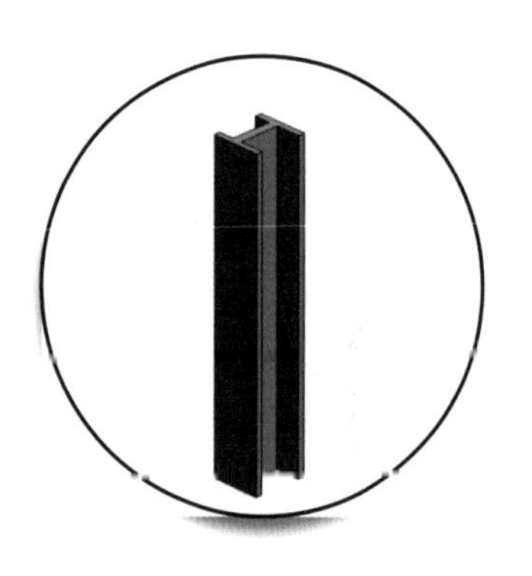

基础钢柱标准模型

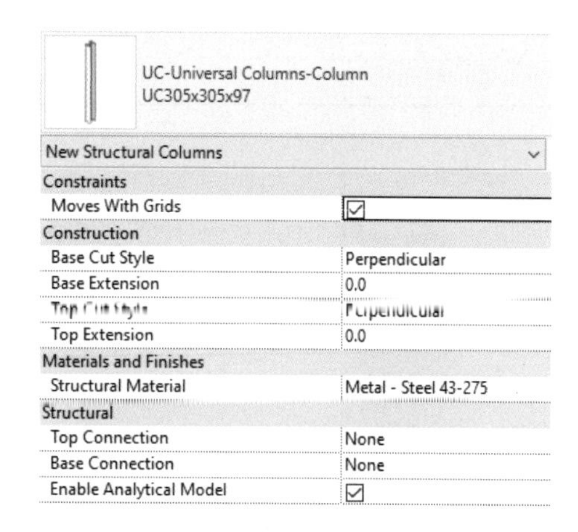

UC-Universal Columns-Column
UC305x305x97

New Structural Columns

Constraints	
Moves With Grids	☑
Construction	
Base Cut Style	Perpendicular
Base Extension	0.0
Top Cut Style	Perpendicular
Top Extension	0.0
Materials and Finishes	
Structural Material	Metal - Steel 43-275
Structural	
Top Connection	None
Base Connection	None
Enable Analytical Model	☑

基础钢柱标准模型参数

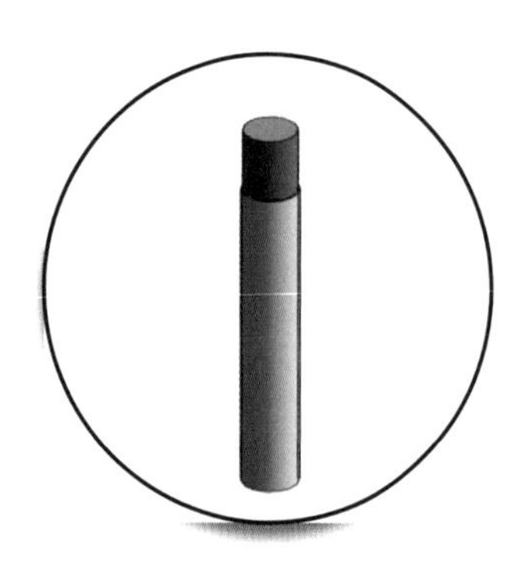

基础预应力柱标准模型

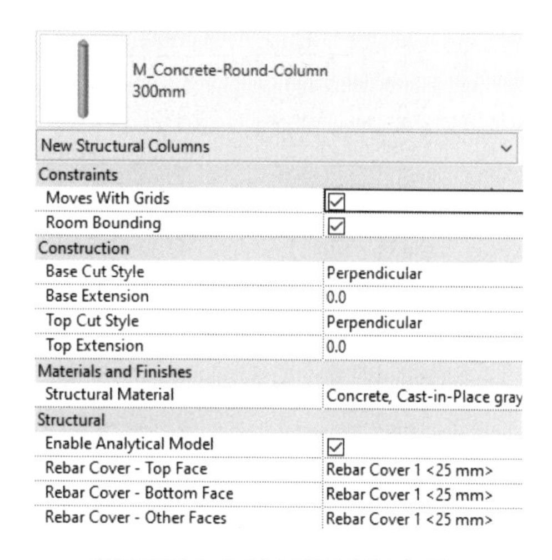

M_Concrete-Round-Column
300mm

New Structural Columns

Constraints	
Moves With Grids	☑
Room Bounding	☑
Construction	
Base Cut Style	Perpendicular
Base Extension	0.0
Top Cut Style	Perpendicular
Top Extension	0.0
Materials and Finishes	
Structural Material	Concrete, Cast-in-Place gray
Structural	
Enable Analytical Model	☑
Rebar Cover - Top Face	Rebar Cover 1 <25 mm>
Rebar Cover - Bottom Face	Rebar Cover 1 <25 mm>
Rebar Cover - Other Faces	Rebar Cover 1 <25 mm>

基础预应力柱标准模型参数

结构梁模型标准件设置

对于三维结构梁，在建模时会存在与板的扣减关系。通过对自有梁族库的设置，可以让模型绘制员在创建模型时不需要考虑相关问题，只需要通过对常用的族库进行参数化设置和调整，即可满足扣减关系等的要求，这也为生产力的提升提供了技术保障。

基本信息	参数形式
族	梁
类型	现浇梁 / 预制梁
型号	BL-01/PB-01
材质	混凝土
材质编码	G40
长	可变
宽	根据设计定制
高	根据设计定制

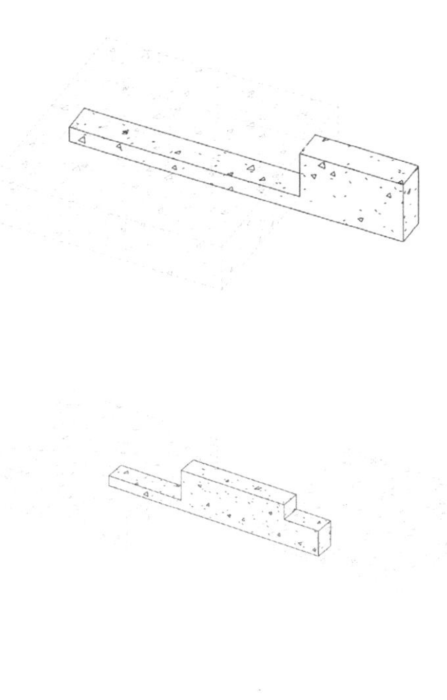

基础混凝土梁标准模型

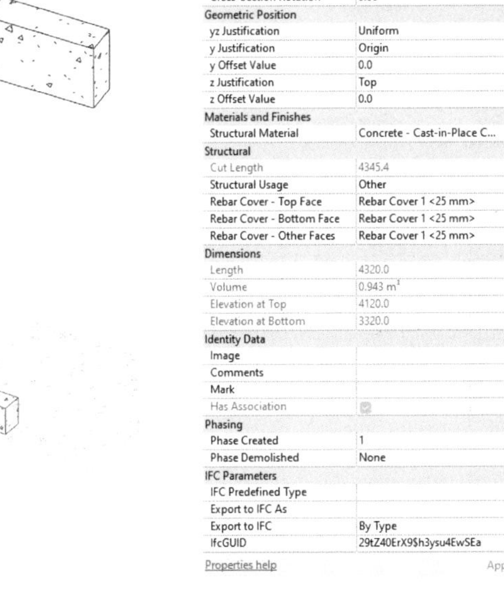

基础混凝土梁标准模型参数

建筑隔墙模型标准件设置

基本信息	参数形式
族	墙
类型	轻质混凝土墙 / 砖 / 瓷砖
型号	CW-01/PCW-01/
材质	轻质混凝土 / 不锈钢 / 瓷砖
材质编码	G40/SS-02
长	可变
宽	可变
高	可变

轻质混凝土模型截面　　轻质混凝土模型二维截面模型

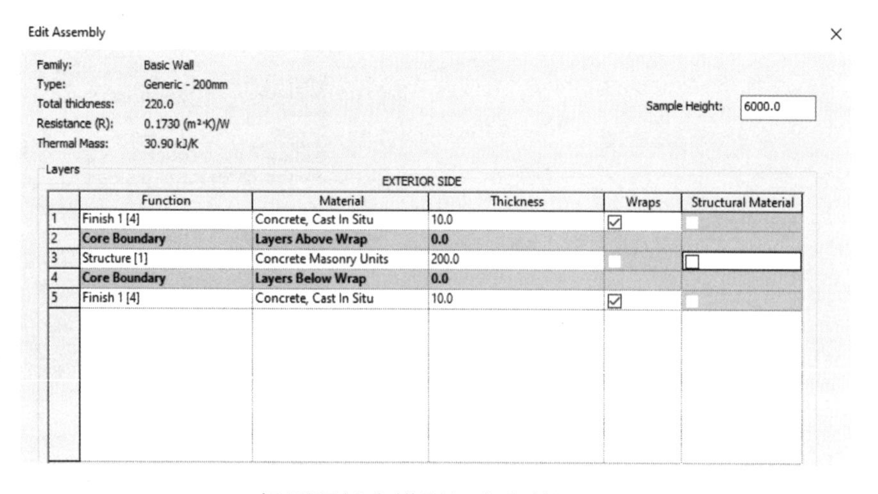

Edit Assembly

Family: Basic Wall
Type: Generic - 200mm
Total thickness: 220.0
Resistance (R): 0.1730 (m²·K)/W
Thermal Mass: 30.90 kJ/K

Sample Height: 6000.0

Layers

EXTERIOR SIDE

	Function	Material	Thickness	Wraps	Structural Material
1	Finish 1 [4]	Concrete, Cast In Situ	10.0	☑	☐
2	**Core Boundary**	**Layers Above Wrap**	**0.0**		
3	Structure [1]	Concrete Masonry Units	200.0	☐	☐
4	**Core Boundary**	**Layers Below Wrap**	**0.0**		
5	Finish 1 [4]	Concrete, Cast In Situ	10.0	☑	☐

轻质混凝土模型标准参数设置

预制隔墙模型截面　　预制隔墙模型三维截面模板

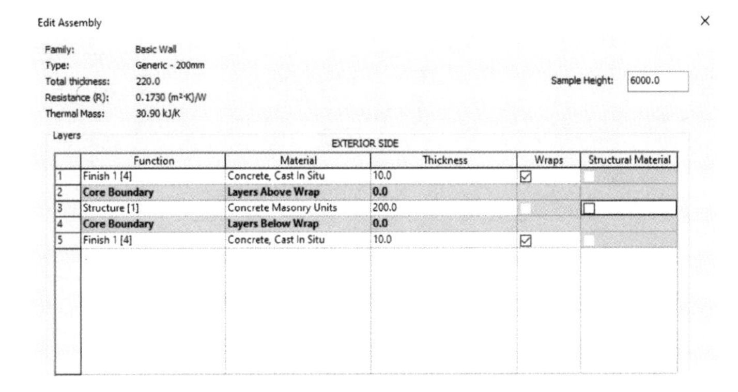

Edit Assembly

Family: Basic Wall
Type: Generic - 200mm
Total thickness: 220.0
Resistance (R): 0.1730 (m²·K)/W
Thermal Mass: 30.90 kJ/K

Sample Height: 6000.0

Layers

EXTERIOR SIDE

	Function	Material	Thickness	Wraps	Structural Material
1	Finish 1 [4]	Concrete, Cast In Situ	10.0	☑	
2	**Core Boundary**	**Layers Above Wrap**	**0.0**		
3	Structure [1]	Concrete Masonry Units	200.0		☐
4	**Core Boundary**	**Layers Below Wrap**	**0.0**		
5	Finish 1 [4]	Concrete, Cast In Situ	10.0	☑	

建筑墙模型标准参数设置

砖墙模型截面　　砖墙模型三维截面模型

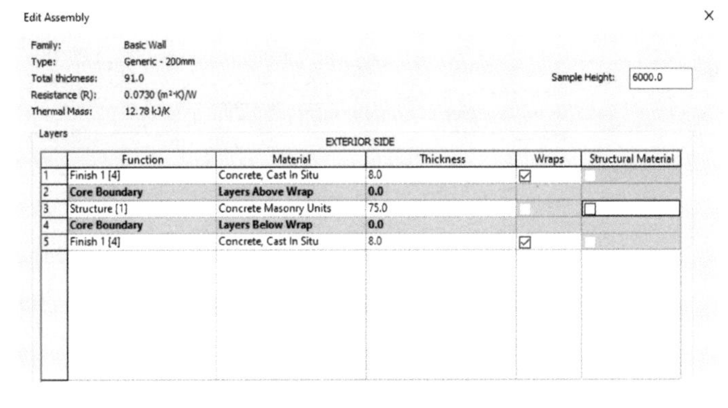

Edit Assembly

Family: Basic Wall
Type: Generic - 200mm
Total thickness: 91.0
Resistance (R): 0.0730 (m²·K)/W
Thermal Mass: 12.78 kJ/K

Sample Height: 6000.0

Layers

EXTERIOR SIDE

	Function	Material	Thickness	Wraps	Structural Material
1	Finish 1 [4]	Concrete, Cast In Situ	8.0	☑	
2	**Core Boundary**	**Layers Above Wrap**	**0.0**		
3	Structure [1]	Concrete Masonry Units	75.0		☐
4	**Core Boundary**	**Layers Below Wrap**	**0.0**		
5	Finish 1 [4]	Concrete, Cast In Situ	8.0	☑	

砖墙模型标准参数设置

建筑墙装饰面模型标准件设置

基本信息	参数形式
族	墙
类型	瓷砖 / 装饰层
型号	WT-01/DE-01
材质	瓷砖种类
材质编码	MB/GR/CT
长	可变
宽	可变
高	可变

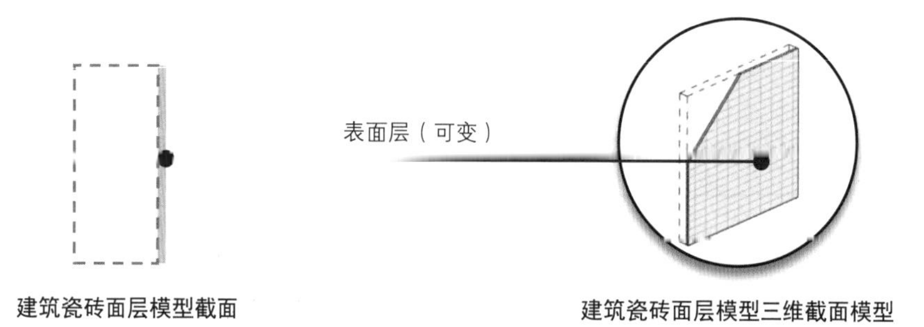

建筑瓷砖面层模型截面

建筑瓷砖面层模型三维截面模型

Edit Assembly

Family: Basic Wall
Type: Generic - 200mm
Total thickness: 83.0
Resistance (R): 0.0653 (m²·K)/W
Thermal Mass: 11.66 kJ/K

Sample Height: 6000.0

Layers

EXTERIOR SIDE

	Function	Material	Thickness	Wraps	Structural Material
1	**Core Boundary**	**Layers Above Wrap**	**0.0**		
2	Structure [1]	Concrete Masonry Units	75.0	☐	☐
3	**Core Boundary**	**Layers Below Wrap**	**0.0**		
4	Finish 1 [4]	Concrete, Cast In Situ	8.0	☑	☐

建筑瓷砖面层模型标准参数设置

建筑门窗模型标准件设置

对于建筑门窗等常用构件，使用定制的标准模型，能够控制项目模型的品质和出图标准，并且统计出精确的数量。由专门的族库模型绘图员制作标准族库是模型品控和提高效率的有效手段。

基本信息	参数形式
族	门
类型	单开门 / 双开门
型号	TD-01/GD-01/AD-01
材质	木制 / 金属制 / 玻璃
材质编码	T01/SS01/G01
长	定制选择
宽	定制宽度
高	定制高度

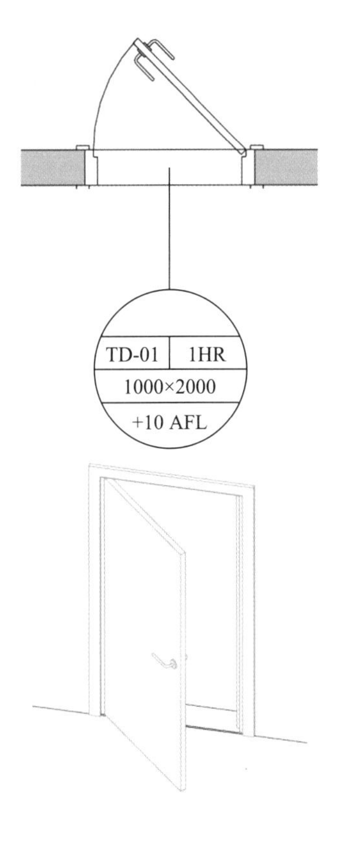

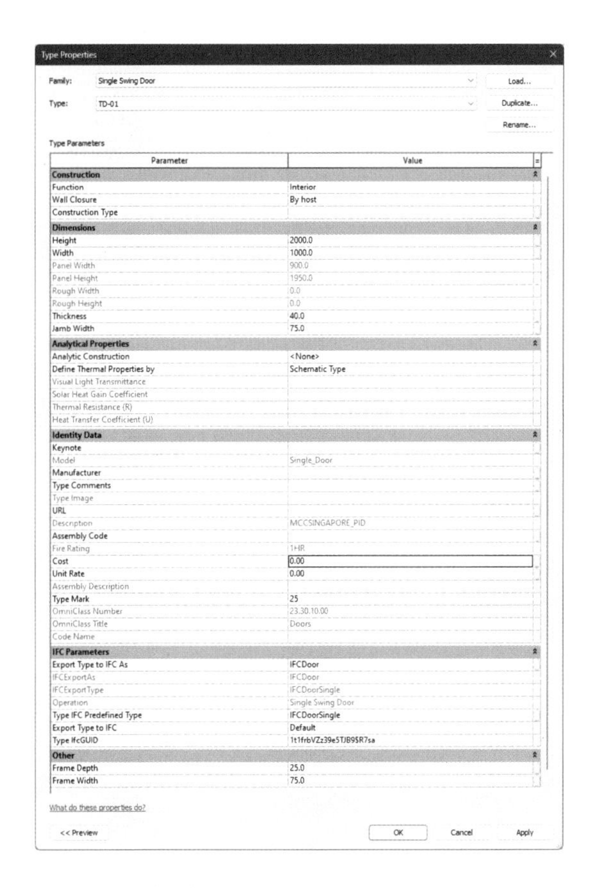

门类别模型标准和参数设置

建筑门窗模型标准件设置

基本信息	参数形式
族	窗
类型	单开窗 / 上开窗
型号	SW-01/TW-01
材质	铝制 / 塑钢
材质编码	AL01/RS01
长	定制选择
宽	定制宽度
高	定制高度

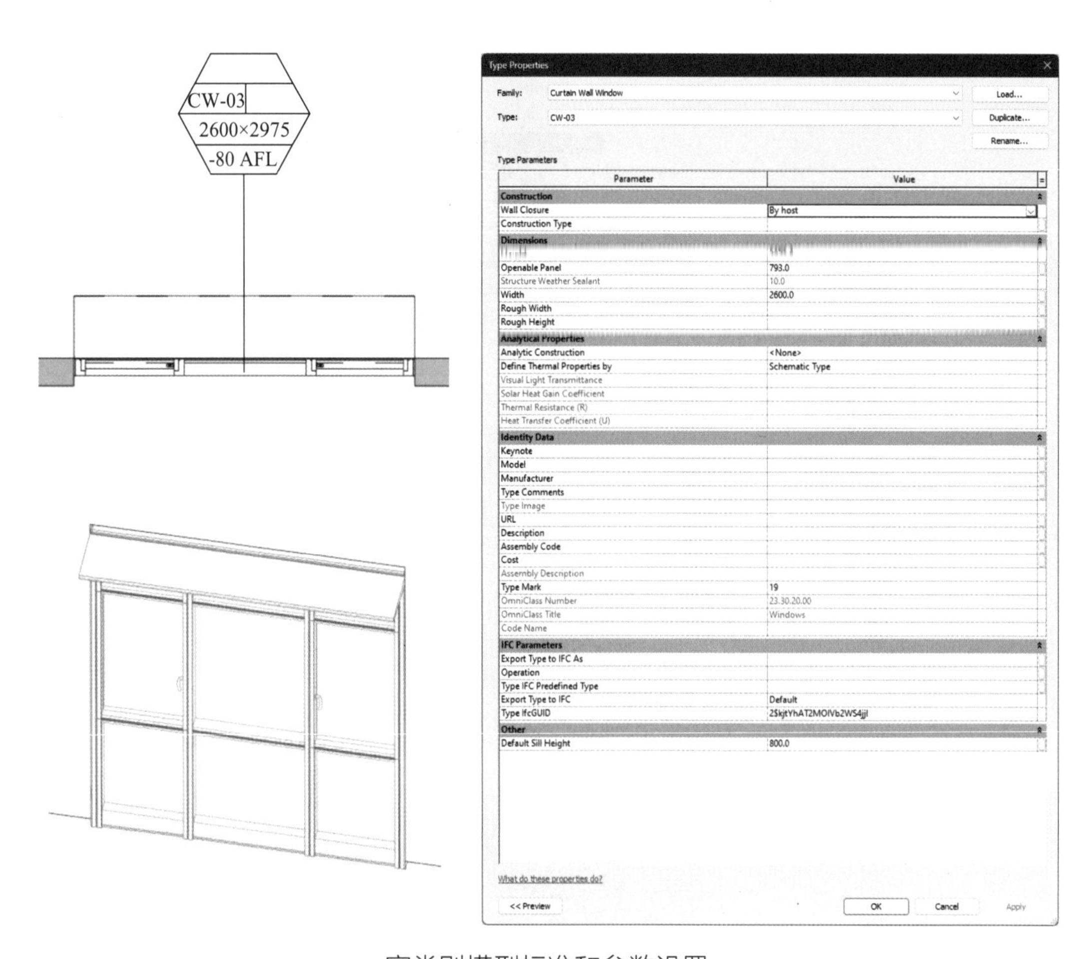

窗类别模型标准和参数设置

机电管线模型颜色代码标准件设置

在机电系统部分，需要对不同的管线及系统设置颜色的分类，使得每一个独立元素都拥有单一的颜色，其目的是在综合图纸中能更清楚地分辨机电专业和系统，迅速准确获取相应信息。

NR BIM MODEL STANDARD	Create by SuDong								
NR MEP Color Code of all Services									
Systems	Line color	Line color code	Hatch color	Hatch color code	Line Type	Line Weight	System Code	CSD COLOR	CSD CODE
Fire Protection									
Sprinkler Range Pipe (Concealed)		255,0,0		160,0,0	Continual Line	1	FIRE_SP_CONCEALED		160,0,0
Under Duct SPK		255,128,0		190,95,0	Dash 2mm, Space 1m	1	FIRE_SP_UNDER		160,0,0
Pre-Action Sprinkler Pipe		128,0,255		85,0,175	Dash 2mm, Space 1m , Dot, Space 1mm	1	FIRE_SP_Pre-Action		160,0,0
Dry Riser Pipe		255,0,0		160,0,0	Continual Line	1	FIRE_DR		160,0,0
Sprinkler Drain Pipe		255,0,0		160,0,0	Continual Line	1	FIRE_DRAIN		160,0,0
Foam System Pipe		255,0,0		160,0,0	Continual Line	1	FIRE_FOAM		160,0,0
Inert Gas Pipe		255,0,0		160,0,0	Continual Line	1	FIRE_GAS		160,0,0
Hosereel Pipe		255,0,255		175,0,175	Continual Line	1	FIRE_HR		160,0,0
Sprinkler Main Pipe		255,0,0		160,0,0	Continual Line	1	FIRE_SP_MAIN		160,0,0
Wet Riser Pipe		128,0,255		85,0,175	Continual Line	1	FIRE_WR		160,0,0
Hydrant Pipe		255,0,0		160,0,0	Continual Line	1	FIRE_HYD		160,0,0
Sprinkler Range Pipe (Exposed)		255,0,255		175,0,175	Continual Line	1	FIRE_SP_EXPOSED		160,0,0
PWCS									
Waste Pipe		200,230,230		64,128,128	Continual Line	2	Waste Pipe		0,65,0
Insulation		200,230,230		240,205,135	Diagonal cross-hatch	1			0,65,0
Haunching		155,155,155		100,100,100	Continual Line	1	Haunching		0,65,0
Linen Pipe		65,185,65		0,65,0	Continual Line	1	Linen Pipe		0,65,0
Air Pipe		255,120,255		64,0,64	Continual Line	1	Air Pipe		0,65,0
ELECTRICAL									
ELEC_EQUP & FIXTURES		35,145,255		0,40,80	Continual Line	1	ELEC_EQUP		190,95,0
Fuel Vent Pipe		30,200,35		20,115,20	Continual Line	1	ELEC_VENT		190,95,0
uVPC for Electrical Cables		0,255,255		0,65,255	Continual Line	1	ELEC_uVPC		190,95,0
Refuelling Pipe		145,200,30		95,115,20	Continual Line	1	ELEC_REFILL		190,95,0
Fuel Supply Pipe		255,90,50		140,25,0	Continual Line	1	ELEC_SUPPLY		190,95,0
Fuel Return Pipe		255,150,255		220,0,220	Continual Line	1	ELEC_RETURN		190,95,0
Genset Exhaust Air Duct		180,165,75		105,90,60	Continual Line	1	ELEC_EAD		190,95,0
Bus Duct - Gen Set		255,128,0		190,95,0	Continual Line	1	ELEC_BUSDUCT_GEN		190,95,0
Bus Duct - LV		255,128,0		190,95,0	Continual Line	1	ELEC_BUSDUCT_LV		190,95,0
Cable Tray /Trunking/Ladder		50,155,255		0,90,170	Continual Line	1	IT Fibre Optic System		190,95,0
ACMV									
Supply Air Duct		30,200,200		95,150,230	Continual Line	2	AIR_SAD		85,165,250
Exhaust Air Duct		190,170,150		150,115,90	Continual Line	2	AIR_EAD		85,165,250
Fresh Air Duct		175,215,255		85,165,250	Continual Line	2	AIR_FAD		85,165,250
Kitchen Exhaust Duct		155,155,155		55,55,55	Continual Line	2	AIR_KED		85,165,250
Kitchen Fresh Duct		125,255,0		85,165,250	Continual Line	2	AIR_KFD		85,165,250
Return Air Duct		225,225,0		125,125,0	Continual Line	2	AIR_RAD		85,165,250
Toilet Exhaust Air Duct		160,85,85		65,35,35	Continual Line	2	AIR_TEAD		85,165,250
Primary Air Duct		175,215,255		85,165,250	Continual Line	2	AIR_PAD		85,165,250
Refrigerant Trunking		90,110,250		5,30,210	Continual Line	2	ACMV_REF_TRK		85,165,250
Smoke Extract Duct		205,155,255		120,0,240	Continual Line	2	AIR_SED		85,165,250
Transfer Return Air Duct		255,65,255		220,0,220	Continual Line	2	AIR_TRAD		85,165,250
Condensate Drain Pipe		30,200,35		20,115,20	Continual Line	2	ACMV_CDP		85,165,250
Chilled Water Return		255,128,0		190,95,0	Continual Line	2	ACMV_CHWR		85,165,250
Chilled Water Supply		110,180,250		30,140,240	Continual Line	2	ACMV_CHWS		85,165,250
Refrigerant Pipe		255,128,0		190,95,0	Continual Line	2	ACMV_RFP		85,165,250
Condenser Water Return		165,70,255		85,0,175	Continual Line	2	ACMV_CWR		85,165,250
Condenser Water Supply		180,180,250		30,30,240	Continual Line	2	ACMV_CWS		85,165,250
Feed & Expansion Pipe		200,200,200		0,0,0	Continual Line	2	ACMV_F&E		85,165,250
Hot Water Return Pipe		245,130,135		190,15,25	Continual Line	2	ACMV_HWR		85,165,250
Hot Water Supply Pipe		255,205,0		140,110,0	Continual Line	2	ACMV_HWS		85,165,250
Process Cooling Water Return Pipe		250,160,245		225,10,215	Continual Line	2	ACMV_PCWR		85,165,250
Process Cooling Water Supply Pipe		180,130,75		95,75,40	Continual Line	2	ACMV_PCWS		85,165,250
MECHANICAL EQUP		65,185,65		0,65,0	Continual Line	1			85,165,250
PLUMBING									
Hot Water Return Pipe		255,105,70		240,45,0	Continual Line	1	PLUM_HWR		5,30,210
Hot Water Supply Pipe		255,0,0		160,0,0	Continual Line	1	PLUM_HWS		5,30,210
New Water Transfer Pipe		128,0,255		85,0,175	Continual Line	1	PLUM_NWTP		5,30,210
Cold Water Pipe		90,110,250		5,30,210	Continual Line	1	PLUM_CWP		5,30,210
New Water Pipe		110,180,250		30,140,240	Continual Line	1	PLUM_NWP		5,30,210
Medical Water Pipe		250,160,245		225,10,215	Continual Line	1	PLUM_MW		5,30,210
Cold Water Transfer Pipe		128,0,255		85,0,175	Continual Line	1	PLUM_CWTP		5,30,210
Overflow Drain Pipe		255,0,0		160,0,0	Continual Line	1	PLUM_D		5,30,210
Rain Water Down Pipe		255,128,0		190,95,0	Continual Line	1	RWDP		5,30,210
SANITARY									
Sanitary Waste Pipe		180,130,75		95,75,40	Continual Line	1	SANI_SWP		95,75,40
Sanitary Vent Pipe		65,185,65		0,65,0	Continual Line	1	SANI_VP		95,75,40
Ejector Discharge Pipe		255,150,255		220,0,220	Continual Line	1	SANI_EDP		95,75,40
Pump Discharge Pipe		255,150,255		220,0,220	Continual Line	1	SANI_PDP		95,75,40
Kitchen Waste Pipe		140,145,170		70,75,95	Continual Line	1	SANI_KWP		95,75,40
Sanitary Waste Stack		180,130,75		95,75,40	Continual Line	1	SANI_SWS		95,75,40
Vent Stack		65,185,65		0,65,0	Continual Line	1	SANI_VS		95,75,40
Kitchen Waste Stack		140,145,170		70,75,95	Continual Line	1	SANI_KWS		95,75,40
Ductile Iron Pipe		155,155,155		50,50,50	Continual Line	1	SANI_DIP		95,75,40
Ejector Vent Pipe		65,185,65		0,65,0	Continual Line	1	SANI_EVP		95,75,40
Gas									
Gas Pipe		255,215,100		190,145,0	Continual Line	1	GAS_PI		190,145,0
PTS									
Pneumatic Tube System		215,65,190		215,0,145	Continual Line	1	PTS		215,0,145
BMS									
Trunking		90,110,250		5,30,210	Continual Line	1	BMS		5,30,210

机电模型色码标准设置

机电管线模型标准件设置

基本信息	参数形式
族	系统内建 / 外部机电
类型	水管 / 风管 / 桥架 / 其他
种类	根据相应专业定制系统
规格	根据设计指定
材质	铸铁 / 聚氯乙烯 / 不锈钢 / 塑胶
材质编码	DI/PVC/SS/R
长	可变
宽 / 高	规格尺寸
直径	定制直径

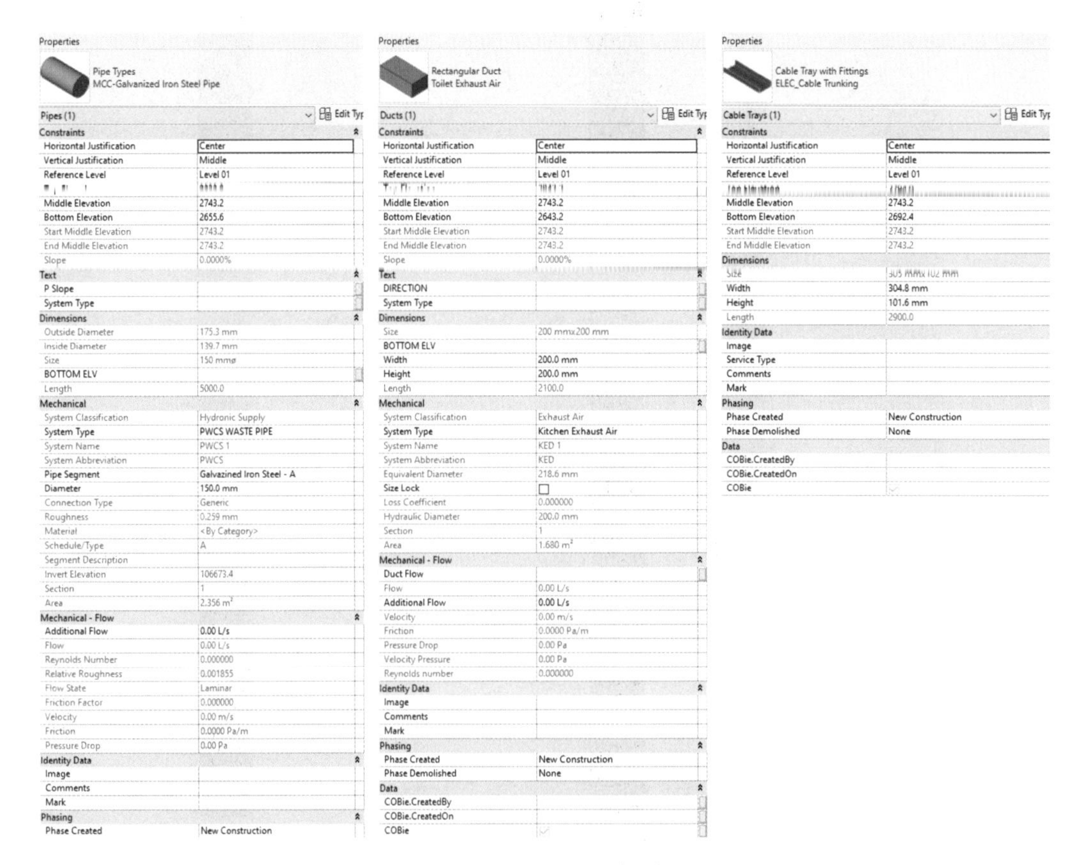

机电类别模型标准和参数设置

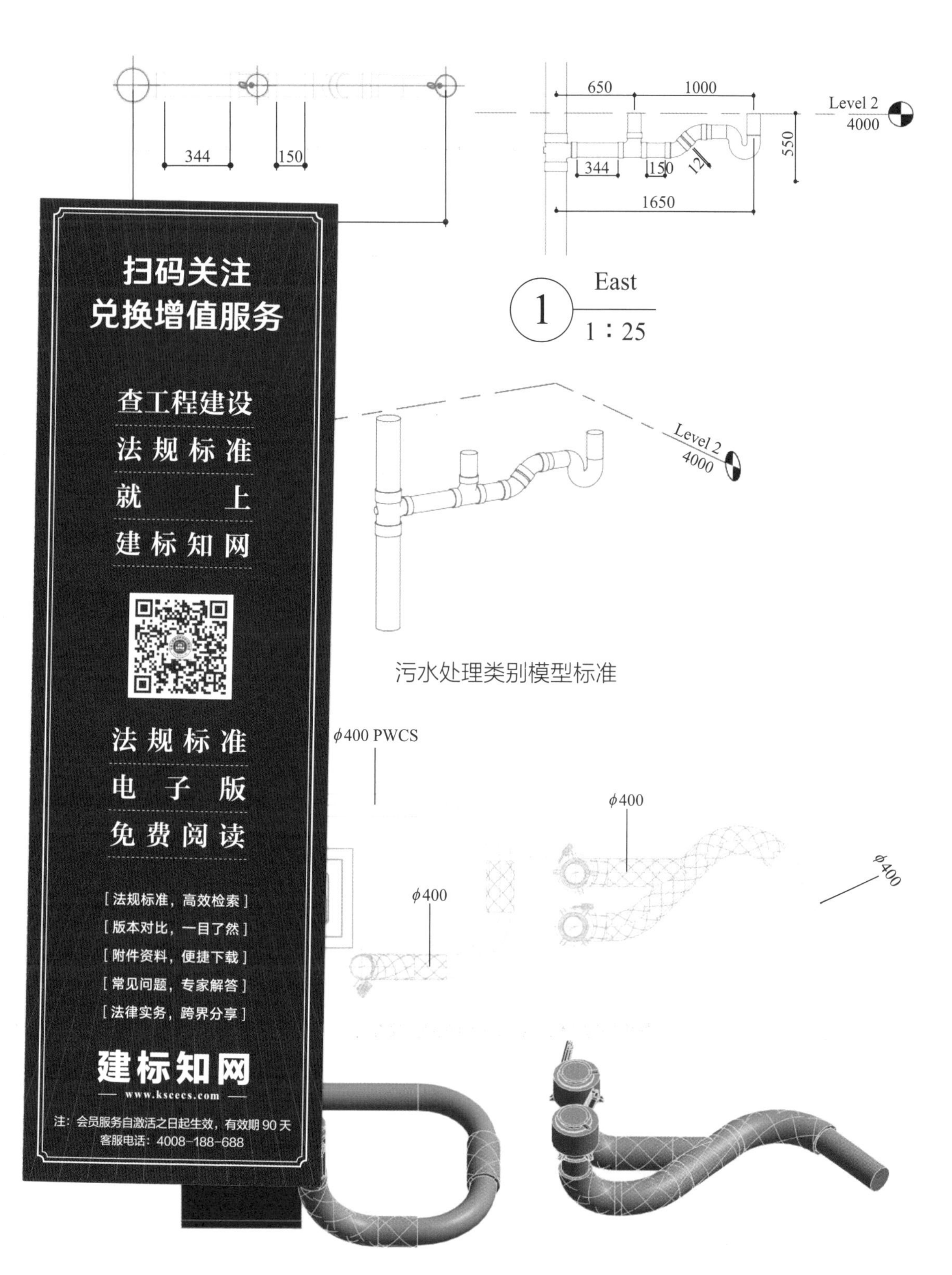

污水处理类别模型标准

压力垃圾输送类别模型标准

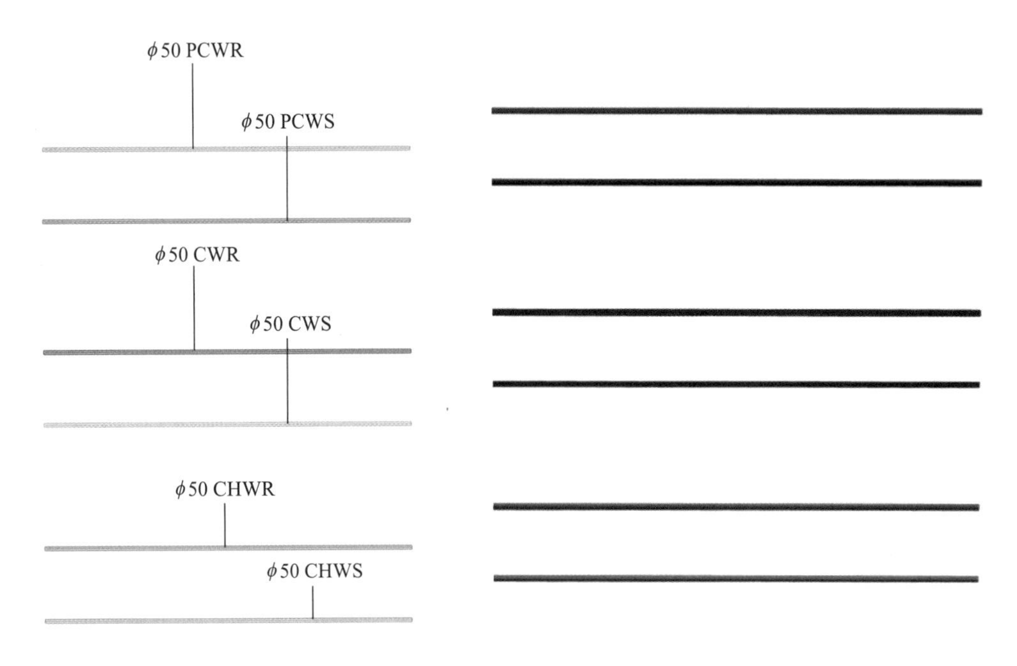

冷凝管类别模型标准

200 mm×200 mm EAD
200 mm×200 mm FAD up
200 mm×200 mm KED
200 mm×200 mm KFD
200 mm×200 mm RAD
200 mm×200 mm TED
200 mm×200 mm SAD 2500

200 mm×200 mm EAD
200 mm×200 mm FAD up
200 mm×200 mm KED
200 mm×200 mm KFD
200 mm×200 mm RAD
200 mm×200 mm TED
200 mm×200 mm SAD 2500

风管类别模型标准

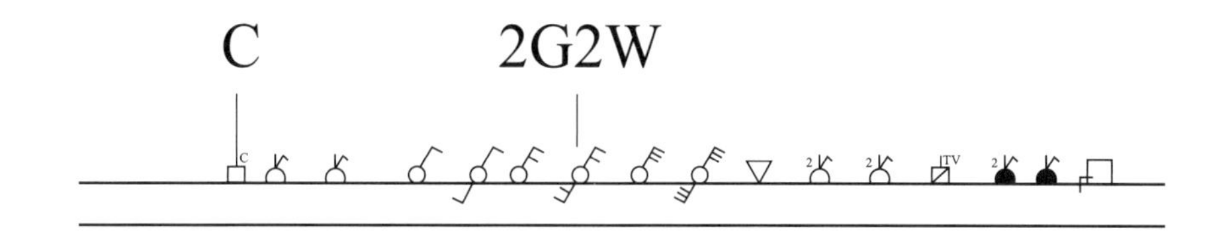

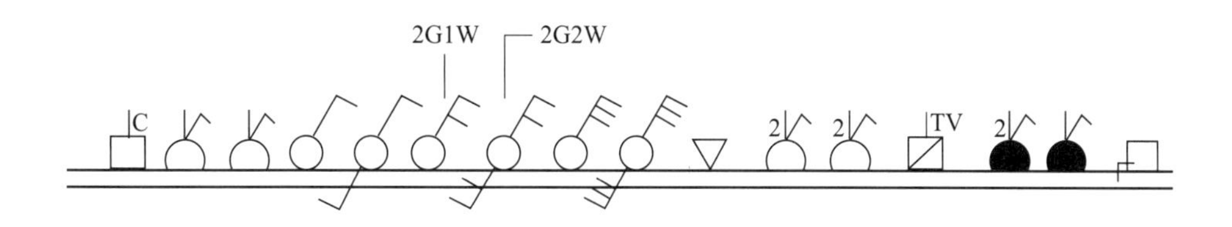

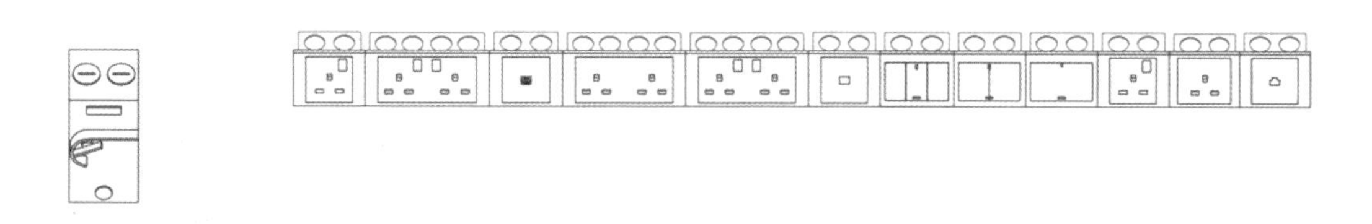

电气族库类别模型标准

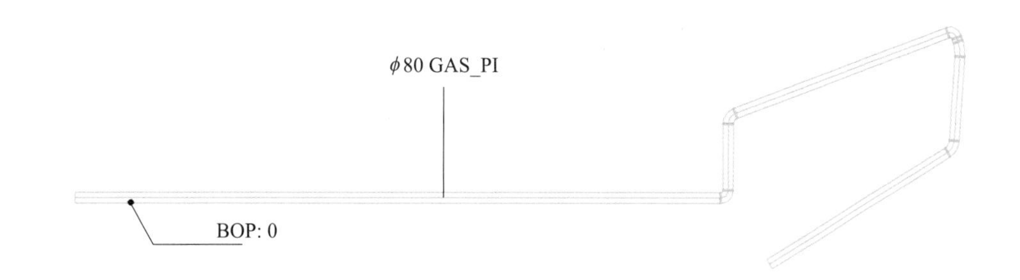

煤气管道类别模型标准

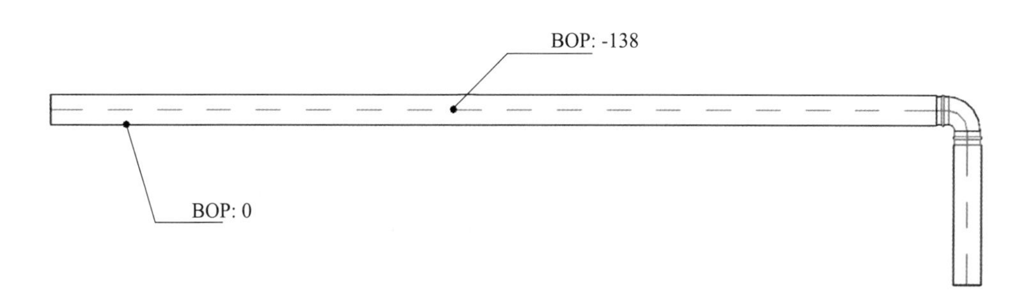

地下排污管线类别模型标准

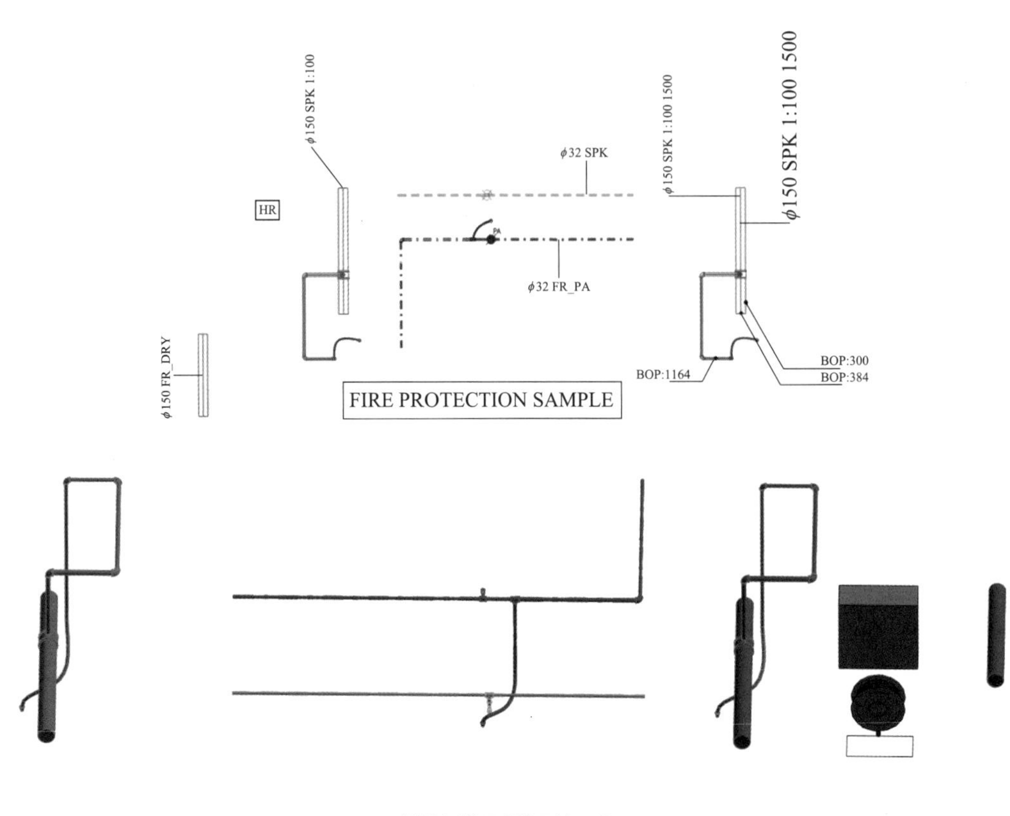

消防类别模型标准

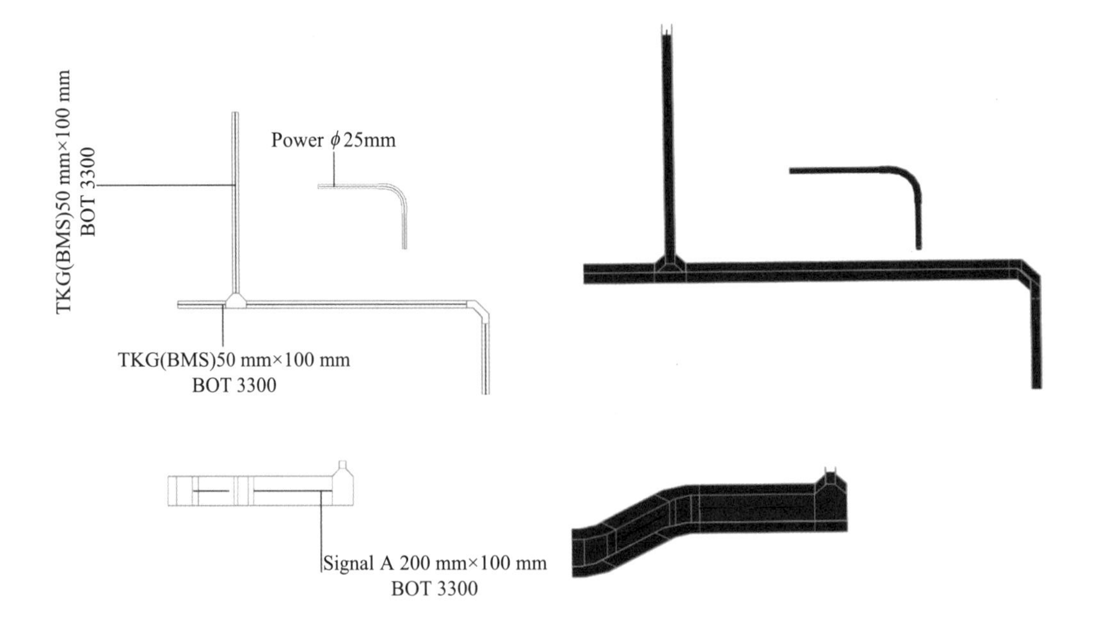

桥架类别模型标准

其他模型标准件设置

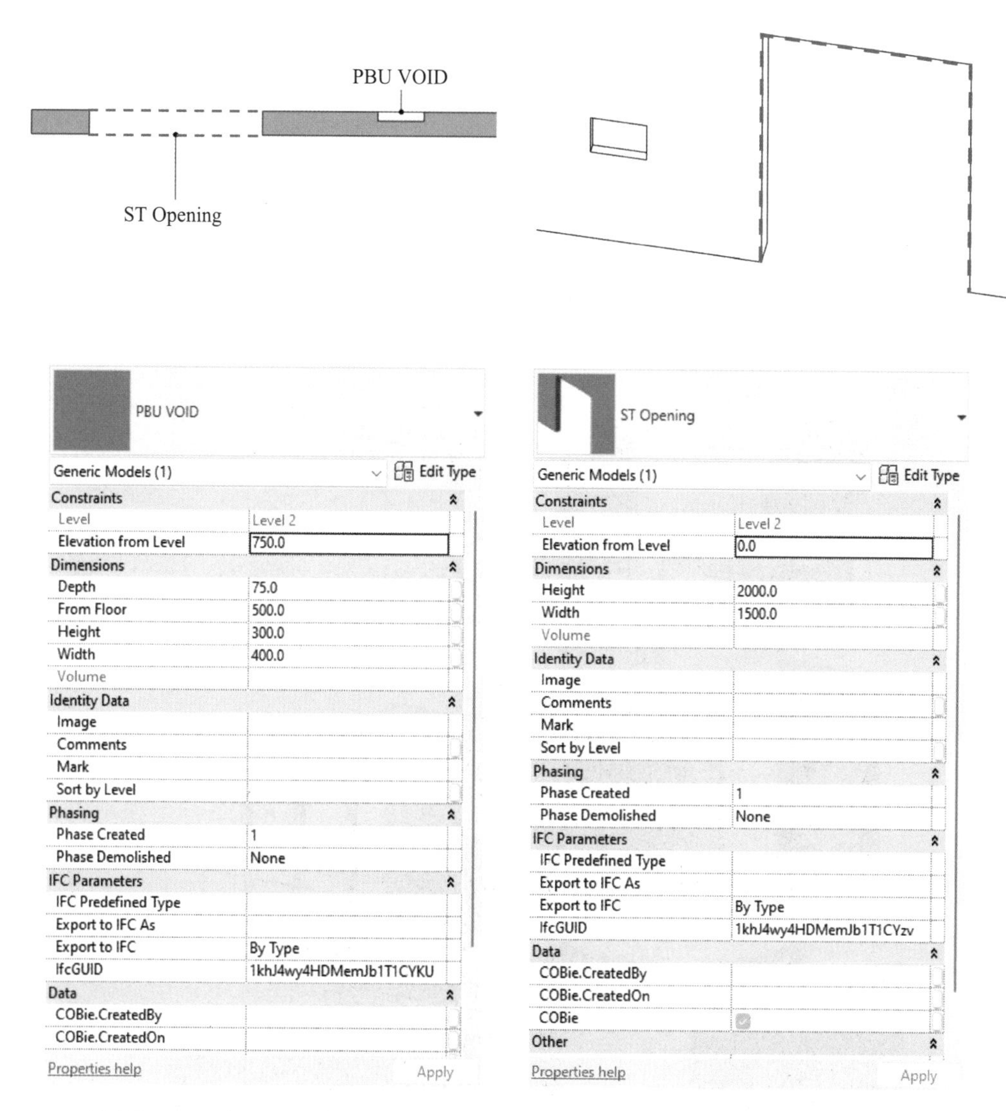

预制厕所局部洞口设置及参数　　　　结构墙体开洞模型及参数设置

通过设置预制开洞模型，可以避免使用墙修改工具造成墙类型统计上的问题，也能有效地统计出项目总开洞数量、位置、形式及大小，为整体项目数据统计提供依据。同时，能更加有效地进行洞口的细节管理。上例的洞口有为全开洞和局部凹槽洞口的模型样板和参数设置规则。

内部模块化

内部模块化主要是针对模型文件较大，在打开加载时较慢而采取的一个分块形式。在建模时对内部结构进行模块化分类，设置好每个专业的边界线，按照模块化创建模型，各专业的模型绘制员都在各自的区域创建相对应的模型。不同专业的模型通过同样的基准点进行插入，这样通过优化后提升整体运行速度。如下图，因家具模块只需要按照房间进行布置，可以在外围规划各个房间模块的范围，家具模块在使用时，在内装模块操作即可，不需要调用建筑、结构模块，同样，建筑、结构模块也不需要调用内装模块，这样整个模块更简洁清楚，也方便相关人员操作和使用。

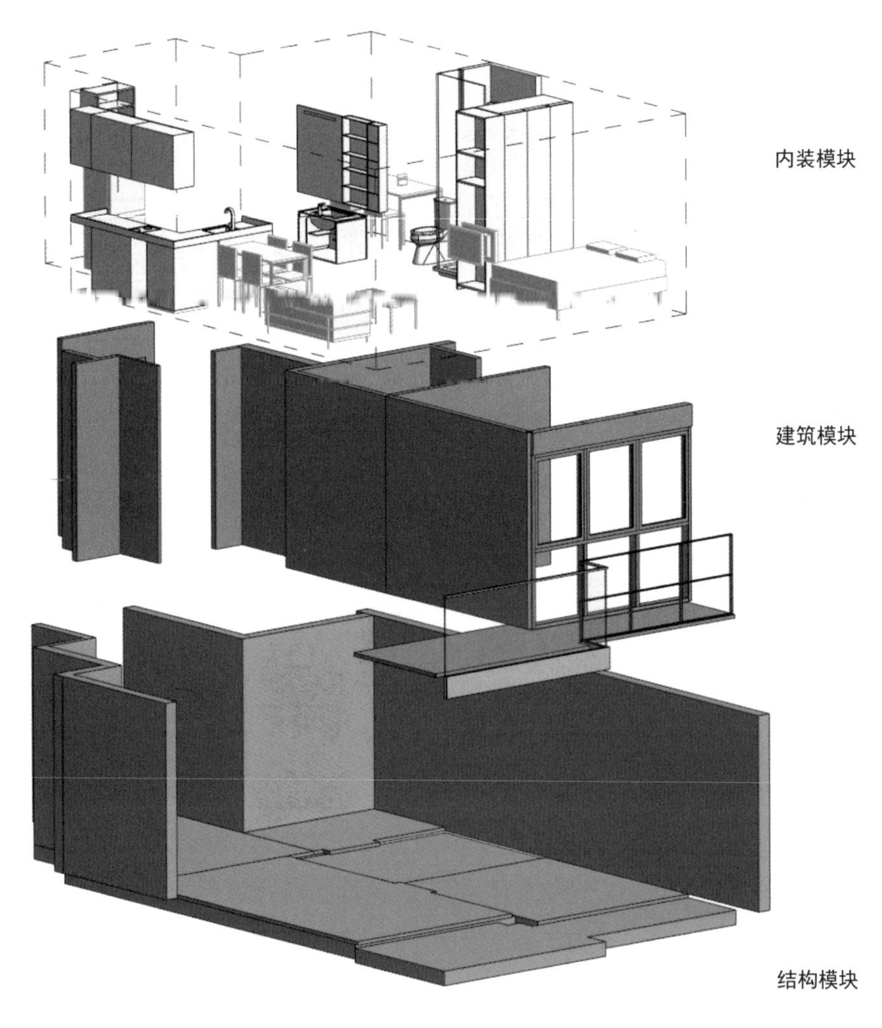

专业模块化设置规则模板

模块化预制模型

新加坡政府为了提高建筑行业生产力，大量使用了预制厕所来进行项目施工。按照这样的政策方向，可以把标准化的模型组件整合到每一个独立的预制模型当中，在后期整体建筑的模型创建中，只需要把设定好的模块链接到项目模型当中，对其位置进行矫正对齐就能快速完成项目模型的创建。

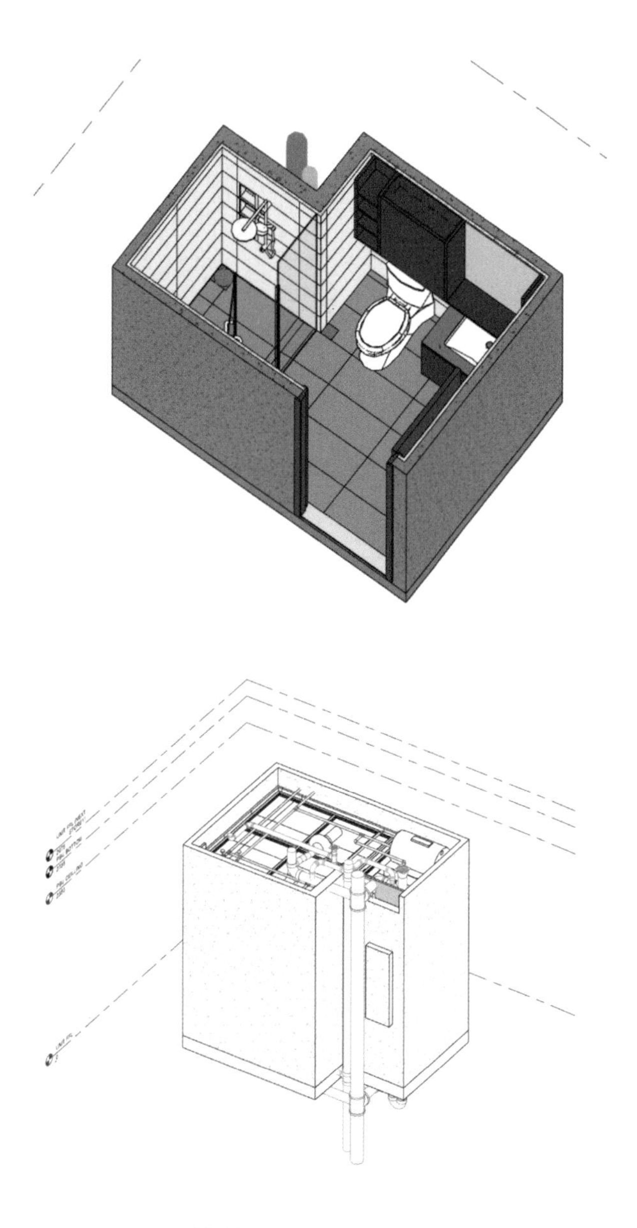

模块化预制模型模板

2.4 基于 BIM 的图纸管理及施工图应用深化

随着计算机技术和无纸化办法，BIM 也推进了建筑行业图纸的进一步提升。在设计和施工图阶段，各方对图纸的要求以及对模型标准也越来越高。

首先，在绘制模型和图纸出图过程中，除了传统的线型的粗细、虚实，对于不同部分的施工图纸，还可以采用不同颜色进行区分，使得图纸上的信息更加清楚明了。同样，对于同一工程不同信息的分类，也可以使得施工人员清楚快捷地提取到想要使用的信息。如何提升传统图纸的信息含量，也是施工图深化应用的一个重要的部分。

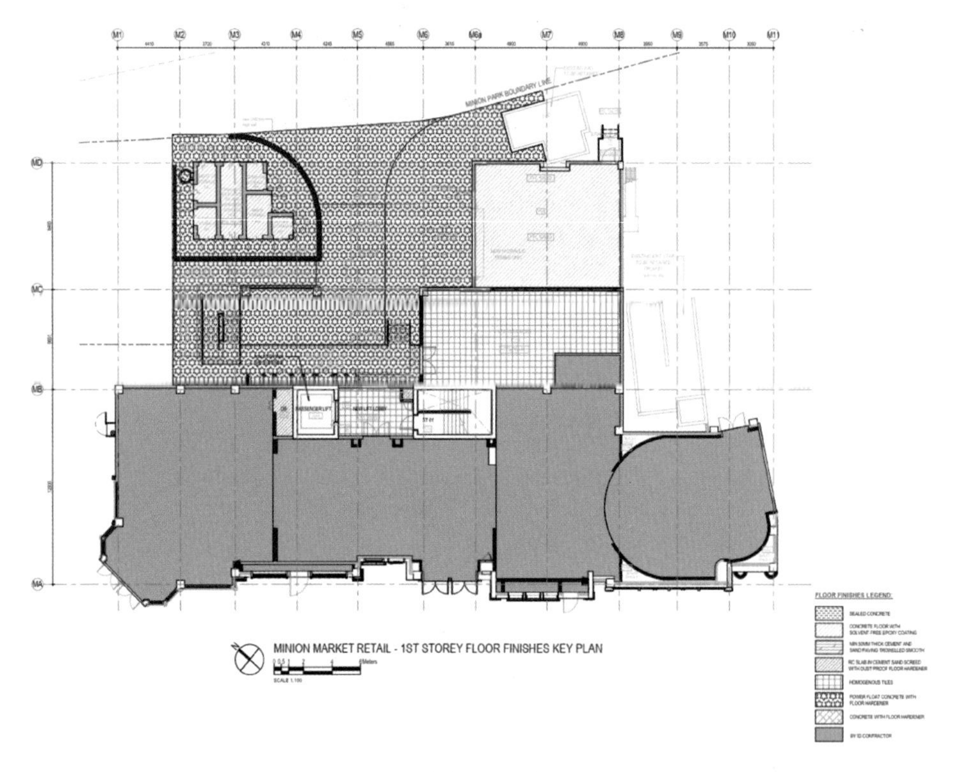

传统基本标准化图纸

在传统图纸以及模型创建方式已经逐渐不能满足现在建筑行业要求的条件下，通过实践，我们总结出更加便于施工的图纸信息展示模式。在该模式下，图纸所包含的信息维度更多，图纸从单纯的几何信息的展示，转换成项目的多数据、多信息的展示和管理。

本节主要内容为使用 BIM 后，图纸的参数信息化，以及其对施工的管理。

图纸标准化出图及视图的模板设置

通过对出图图纸和视图按照不同的比例和要求进行标准化设置，可以让项目图纸按照规范发布。具体可以根据各地不同的要求来定制。

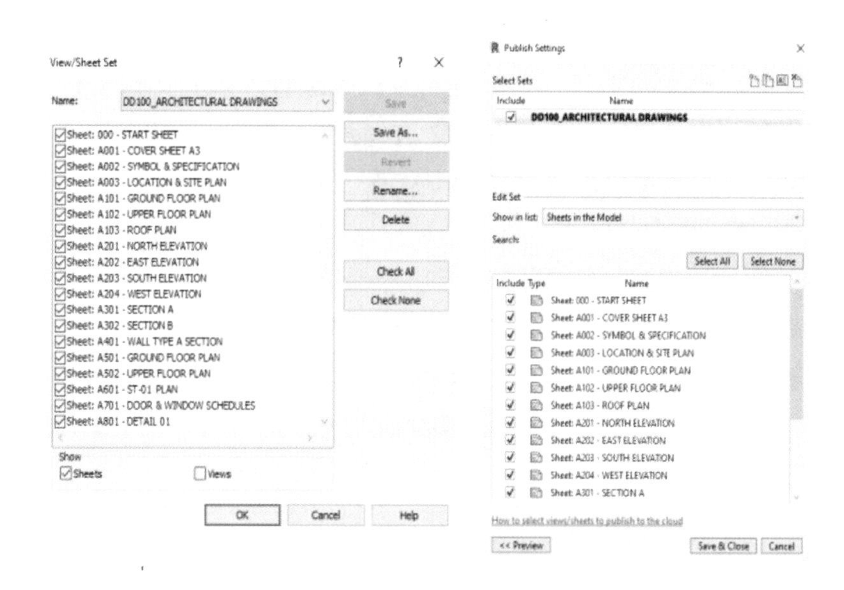

标准化出图设置

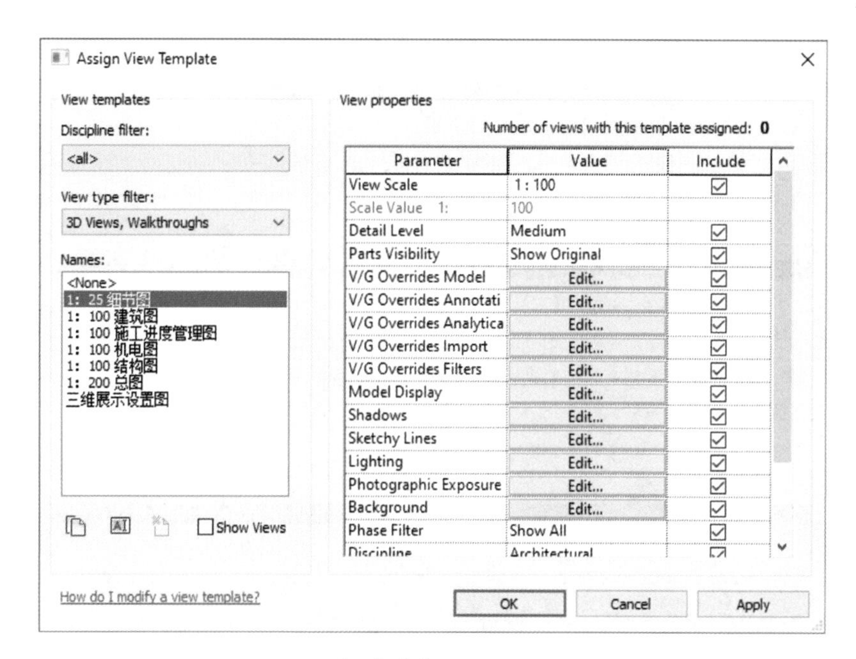

标准化视图设置

BIM 加持下的信息化图纸

在传统方式下，图纸主要表达的是建筑物的几何尺寸、位置和关系，图纸的发展也经历了从手绘到电脑绘图、BIM 建模出图的发展历程。图纸因其成本低、携带方便，是工地必备的施工依据。

在 BIM 信息化模型技术的加持下，让更多自定义数据的传递和交互变成可能，三维模型如何通过图纸展现出更多的信息，提升管理效率，使得图纸的信息展示不仅限定于尺寸、高低、类型等，让图纸不但能够体现施工现场的建筑信息，还能包含施工现场的管理信息。

当我们尝试使用 BIM 进行项目精细化管理时，在模型中设定好参数，并输入相关信息，在生成图纸的同时，使用定制好的标签，可以提取时间、成本、安装序列，对应分包的具体信息，在设置完成的视图模板中指定到需要展示的元素上，就可以在图纸上展示相关信息。有针对性地在图纸上体现出需要精细管理的部分，可以更加高效地对工作进行安排、追踪和查验。

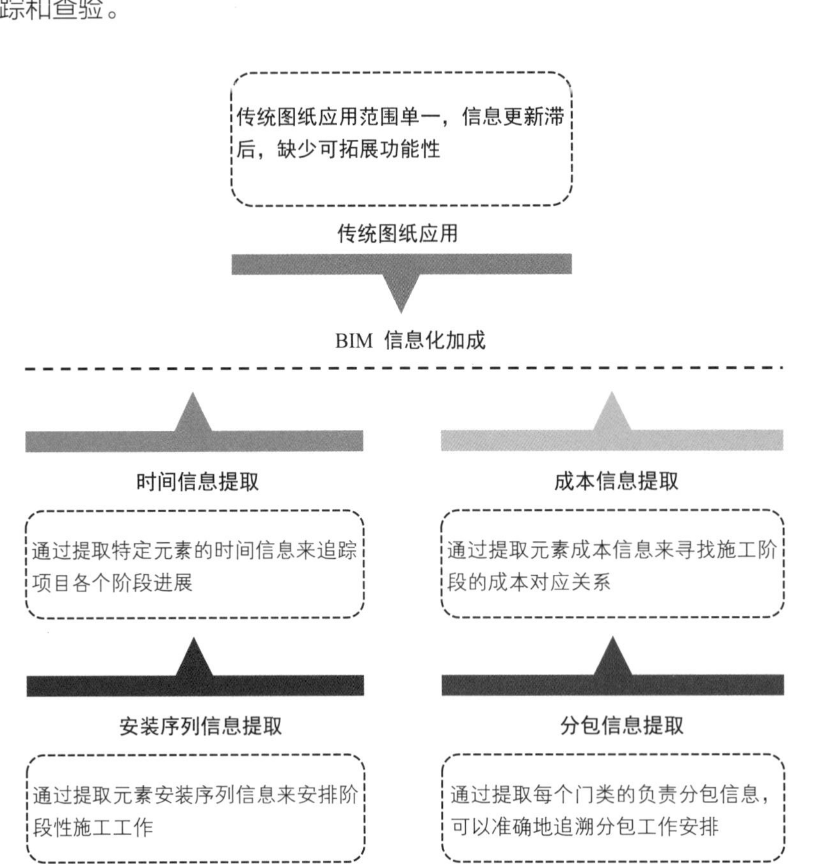

图纸加强型展示方式

3D 具象化的图纸展示，确保模型与实物细节的一一对应。在图纸中显示局部细节，再增加 3D 视图可以更加直观地展示出所表现物体的实际样式，减少看图人员对图纸的误解，加快对部件的整体理解，清楚区分细节图所对应的具体模型位置和连接方式。

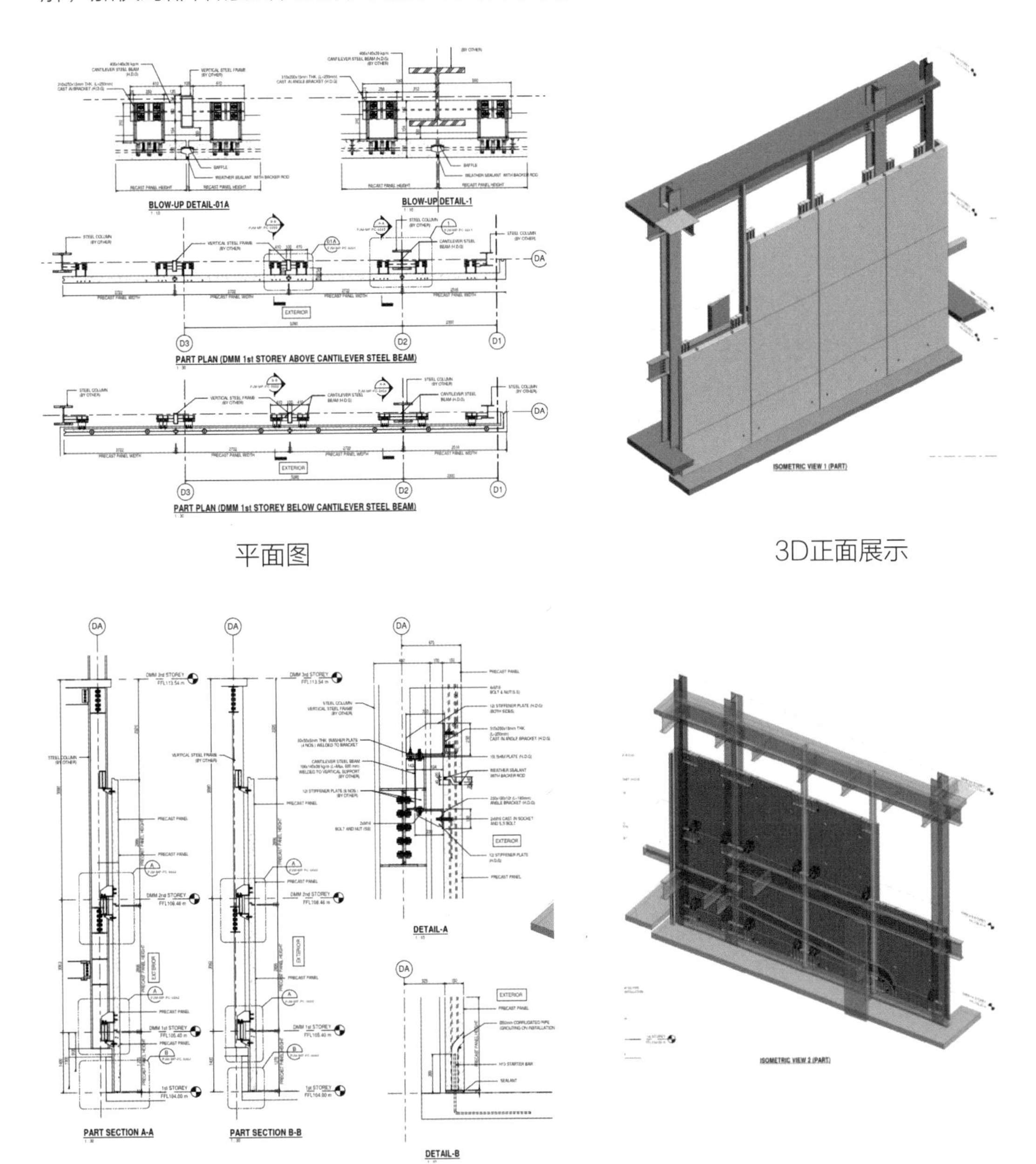

平面图

3D正面展示

立面图和界面图

3D 背面展示

模型基础属性设置规则和要求

工程案例的应用实践表明，BIM 模型标准是实现 BIM 4D、BIM 5D 的基础。按照现有的一般 BIM 模型标准，一般只能表示出基本的几何信息和较少的构件信息，如材质、颜色等。而要实现 BIM 的信息管理，需要对模型标准中的参数进行扩展和深化，保证在后期的信息传递与共享。

在一般 BIM 模型的基础上需要增加构件的属性，在属性中要体现出：

1. 预计开始安装的时间以及预计结束时间，实际开始安装的时间以及实际结束的时间，预计时间与实际时间之间需要体现出对比，可以进行可视化对比，用以监测当月施工进度以及成本反映。

2. 预算（使用公式：个数 × 预估单价）以及实际的成本价位（使用公式：个数 × 实际单价），两者之间在后期使用表格进行对比，用以监测预算与成本之间的差异。

3. 结构完成面标高以及建筑完成面标高，用以进行测量门距离地面的距离，为了确保施工人员施工时使用正确的门以及正确的高度。

4. 类的分区，用以后续施工中，便于施工人员正确划分施工区域，按时定量地完成分区区域内的工作，可以统计在规定区域内的施工量以及完成量。

5. 数量编号，以便最后进行统计。

6. 类编号，确保施工人员阅读图纸时，能得到准确明显的门类数据，从而保证施工的正确性。

基于以上的要求，后文案例为某建筑的建筑门窗参数设置和图纸展示。该模型中的门窗包含了标准的门窗信息，还有拓展的管理信息。施工方可以根据门窗类别不同、分包不同等类别的需求，设置并打印图纸，在工地现场进行管理，真正实现了信息的同步应用。

在 BIM 模型的基础上，图纸的衍生标准化是信息链条的最底层的应用。利用图纸形式，把前期的所有规划信息呈现出来，施工人员参照图纸，一目了然有计划地开展各项施工作业，协调各施工队、组、各工种、各种资源之间以及空间安排布置与时的相互关系等，提高了施工效率，避免了信息传递的失真。

标准信息化图纸使用案例

为了更好地体现信息化图纸的优势，在创建门模型和信息分类时，除了创建模型本身和基础信息外，还增加了更详尽的管理信息。下表为门的基础信息和项目管理参数信息，包括了时间和成本信息。窗的管理信息参数，设置了分包和安装顺序。通过前面定制的标准化视图和图纸规范，可以根据不同的需求，生成门、窗的图纸，在图纸中显示不同的门安装的时间，不同的窗安装的顺序。工地管理人员即可以根据图纸中的信息进行工作的分配和管理，施工人员也可以按图施工。

基础参数设置信息表

	种类	木门	铁门	玻璃门	铝门	防火门
基础信息	尺寸（mm）	1200×700	1200×700	1200×700	1200×700	1200×700
	编号	TD-01	MD-01	GD-01	AD-01	FIRE RATED
	防火（h）	0	0	0	0	2
	距地高度	50	100	50	100	100
	楼层	L1	L2	L1	L1	L1
	房间位置	卧室		厨房		
	标签	—	—	—	—	PSB
管理信息	预计安装时间	25/11/22	25/11/22	25/11/22	25/11/22	25/11/22
	实际安装时间	27/11/22	27/11/22	27/11/22	27/11/22	27/11/22
	安装时间差	2	2	2	2	2
	预计结束时间	25/12/22	25/12/22	25/12/22	25/12/22	25/12/22
	实际结束时间	28/12/22	28/12/22	28/12/22	28/12/22	28/12/22
	结束时间差	3	3	3	3	3
	预估单价	500	500	500	500	500
	实际单价	450	450	450	450	450

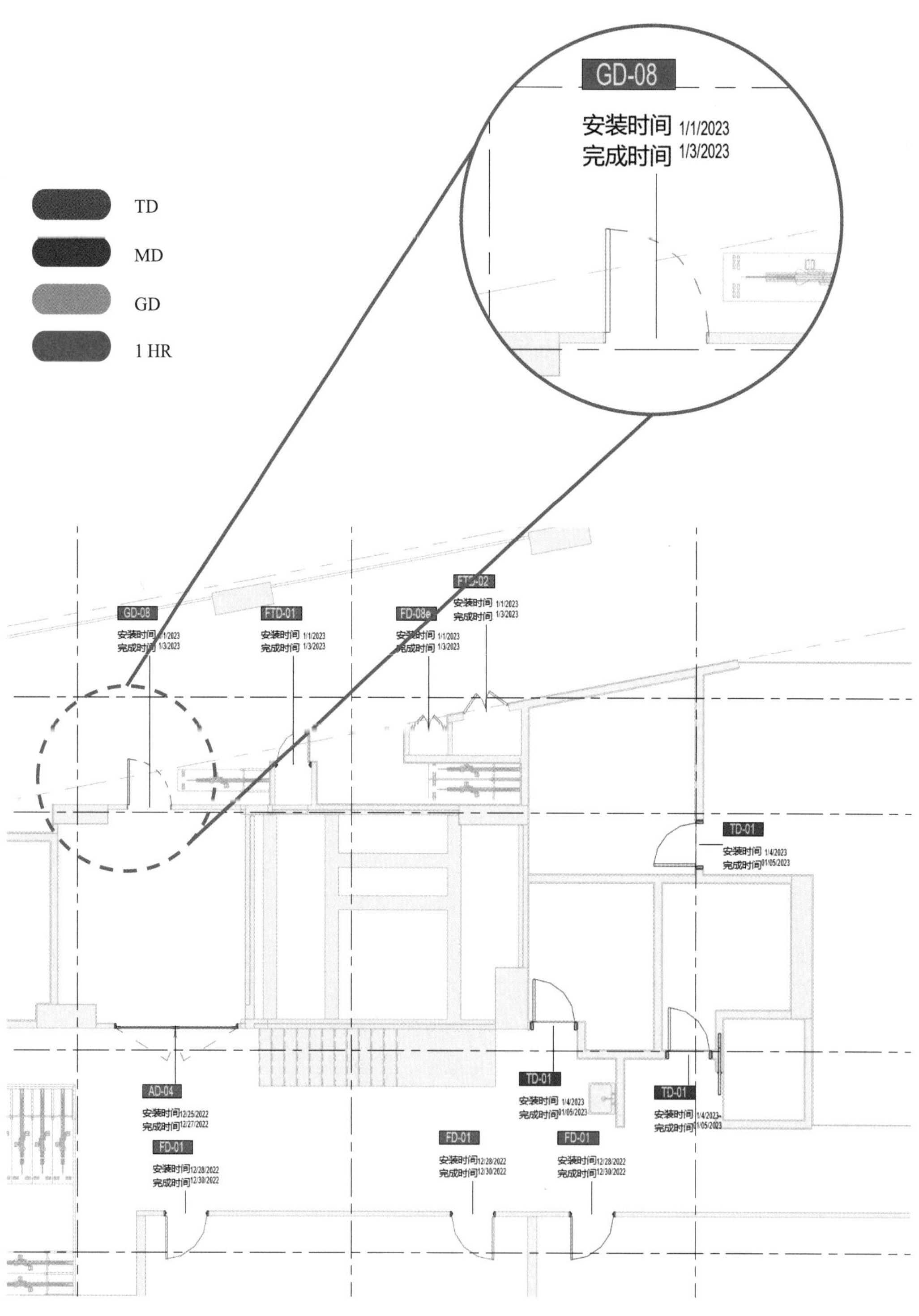

信息化图纸视图表现模板（门类别）

<门安装时间追踪>

A	B	C	D	E	F	G
楼层	门-编号	门-宽度	门-高度	安装时间	完成时间	位置
AD-04						
Level 01	AD-04	2700	2700	12/25/2022	12/27/2022	ROOM 1
AD-05						
Level 01	AD-05	1200	1500	12/25/2022	12/27/2022	ROOM 2
FD-01						
Level 01	FD-01	1000	2350	12/28/2022	12/30/2022	GUESS ROOM 1
Level 01	FD-01	1000	2350	12/28/2022	12/30/2022	GUESS ROOM 2
Level 01	FD-01	1000	2350	12/28/2022	12/30/2022	GUESS ROOM 3
FD-03						
Level 01	FD-03	1900	2300	12/28/2022	12/30/2022	STAIRCASE 1
Level 01	FD-03	1900	2300	12/28/2022	12/30/2022	STAIRCASE 2
FD-08e						
Level 01	FD-08e	850	2025	1/1/2023	1/3/2023	SUBSTATION
FTD-01						
Level 01	FTD-01	800	2350	1/1/2023	1/3/2023	MDF ROOM
FTD-02						
Level 01	FTD-02	1000	2350	1/1/2023	1/3/2023	SW ROOM
GD-04						
Level 01	GD-04	950	2350	1/1/2023	1/3/2023	LOBBY 1
GD-08						
Level 01	GD-08	960	2380	1/1/2023	1/3/2023	LOBBY 2
TD-01						
Level 01	TD-01	900	2320	1/4/2023	01/05/2023	MEETING ROOM 1
Level 01	TD-01	900	2320	1/4/2023	01/05/2023	MEETING ROOM 2
Level 01	TD-01	900	2320	1/4/2023	01/05/2023	MEETING ROOM 3
Grand total: 15						

信息化图纸信息表现模板（门类别）

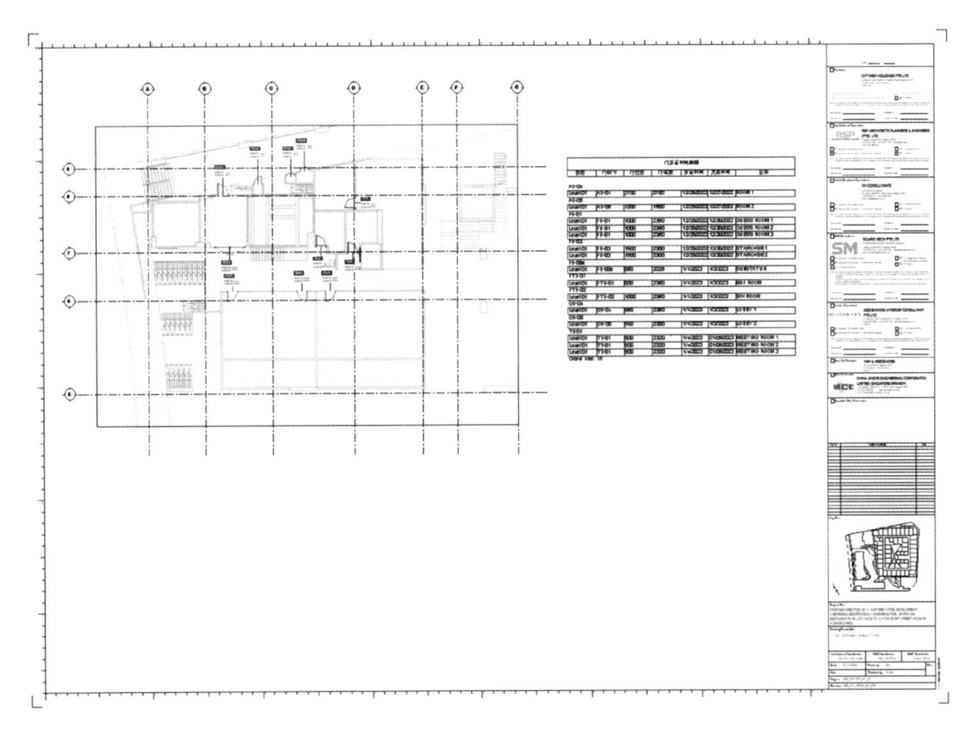

信息化图纸成图表现模板（门类别）

基础参数设置信息表

	种类	塑钢	幕墙	铝制	其他类型
基础信息	尺寸（mm）	1200×1500	1200×1500	1200×1500	1200×1500
	编号	PW-01	CW-01	AW-01	—
	防火（h）	0	0	0	0
	距地高度	1000	100	1000	—
	楼层	L1	L1	L1	L1
	房间位置	U1	U1	U1	U1
	标签	—	—	—	—
管理信息	安装顺序	S1	S2	S3	S4
	分包信息	AAA	AAA	AAA	AAA

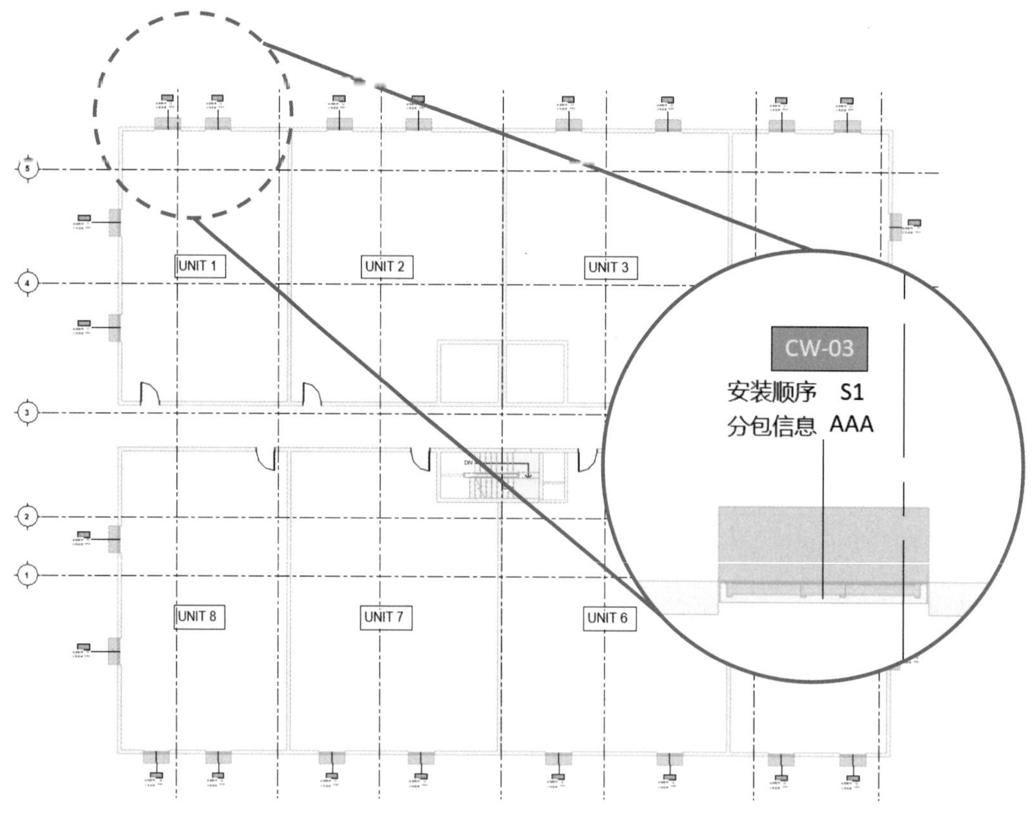

信息化图纸视图表现模板（窗类别）

<窗安装追踪>						
A	B	C	D	E	F	G
楼层	窗-材质	窗-宽度	窗-高度	位置	安装步骤	分包商
Level 01	Curtain Wall Window: CW-03	1300	2975	UNIT 1	S1	AAA
Level 01	Curtain Wall Window: CW-03	1300	2975	UNIT 1	S1	AAA
Level 01	Curtain Wall Window: CW-03	1300	2975	UNIT 1	S1	AAA
Level 01	Curtain Wall Window: CW-03	1300	2975	UNIT 1	S1	AAA
UNIT 1: 4						
Level 01	Curtain Wall Window: CW-03	1300	2975	UNIT 2	S2	AAA
Level 01	Curtain Wall Window: CW-03	1300	2975	UNIT 2	S2	AAA
UNIT 2: 2						
Level 01	Curtain Wall Window: CW-03	1300	2975	UNIT 3	S3	AAA
Level 01	Curtain Wall Window: CW-03	1300	2975	UNIT 3	S3	AAA
UNIT 3: 2						
Level 01	Curtain Wall Window: CW-03	1300	2975	UNIT 4	S4	AAA
Level 01	Curtain Wall Window: CW-03	1300	2975	UNIT 4	S4	AAA
Level 01	Curtain Wall Window: CW-03	1300	2975	UNIT 4	S4	AAA
Level 01	Curtain Wall Window: CW-03	1300	2975	UNIT 4	S4	AAA
UNIT 4: 4						
Level 01	Curtain Wall Window: CW-03	1300	2975	UNIT 5	S5	AAA
Level 01	Curtain Wall Window: CW-03	1300	2975	UNIT 5	S5	AAA
Level 01	Curtain Wall Window: CW-03	1300	2975	UNIT 5	S5	AAA
Level 01	Curtain Wall Window: CW-03	1300	2975	UNIT 5	S5	AAA
UNIT 5: 4						
Level 01	Curtain Wall Window: CW-03	1300	2975	UNIT 6	S6	AAA
Level 01	Curtain Wall Window: CW-03	1300	2975	UNIT 6	S6	AAA
UNIT 6: 2						
Level 01	Curtain Wall Window: CW-03	1300	2975	UNIT 7	S7	AAA
Level 01	Curtain Wall Window: CW-03	1300	2975	UNIT 7	S7	AAA
UNIT 7: 2						
Level 01	Curtain Wall Window: CW-03	1300	2975	UNIT 8	S8	AAA
Level 01	Curtain Wall Window: CW-03	1300	2975	UNIT 8	S8	AAA
Level 01	Curtain Wall Window: CW-03	1300	2975	UNIT 8	S8	AAA
Level 01	Curtain Wall Window: CW-03	1300	2975	UNIT 8	S8	AAA
UNIT 8: 4						

信息化图纸信息表现模板（窗类别）

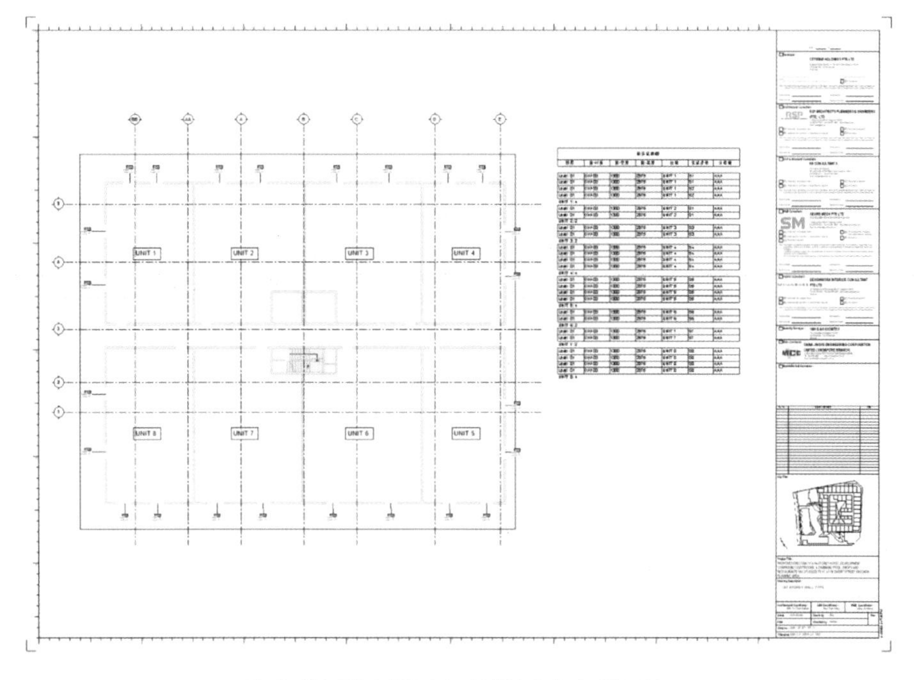

信息化图纸成图表现模板（窗类别）

利用模型的参数化设置展示施工进度

上文利用模型的参数化输出施工图纸的进度信息，施工人员只需查看图纸，即可清楚施工的人员、进度、施工顺序等信息，对于使用的人员非常便利，不需要通过多个软件或平台再进行信息的对应。项目正式开始之后，还可以加入项目实际施工的时间，与计划施工时间做对比，使用不同颜色区分，对施工进度的显示一目了然。

直接用 BIM 模型的信息进行进度展示，其优势在于：
1. 数据的修改便利，不需要重新修改全部数据即可完成。因此，在模型中的数据发生变化时，修改方便快捷，这样在使用的过程中不会因为数据修改而耗费过多的人力和时间。

2. 对于修改后的数据展示方便，不需要把数据进行转化，导入，导出到不同的软件平台，避免了数据的丢失。很多施工进度软件的数据格式需要转换，因此在修改过程中会需要数据大转化、导入等，同时，还要运行其他软件，造成在修改过程中的麻烦。

3. 由于数据修改的方便，可以作为过程数据进行跟踪，便于数据的积累和分析。

丰要在模型中各个构件参数的表格创建完成后，将表格导出成 Excel 格式，通过施工进度软件提取项目的预计开始时间以及结束时间，然后根据需要追踪的时间段，对项目内构件按照状态进行分类，还可以按月份来进行管控。

<1.Structural Framing Schedule>

A	B	C	D	E	F	G
Reference Level	Type	Family	预计开始时间	预计结束时间	项目完成状态	预估项目预算
2nd Storey	SB15	UB-Universal Beam	2022/11/25	2022/12/08	completely	
2nd Storey	SB15	UB-Universal Beam	2022/11/25	2022/12/08	completely	
2nd Storey	SB13	UB-Universal Beam	2022/11/25	2022/12/08	completely	
2nd Storey	SB13	UB-Universal Beam	2022/11/25	2022/12/08	completely	
2nd Storey	SB13	UB-Universal Beam	2022/11/25	2022/12/08	completely	
2nd Storey	SB13	UB-Universal Beam	2022/11/25	2022/12/08	completely	
2nd Storey	SB13	UB-Universal Beam	2022/11/25	2022/12/08	completely	
2nd Storey	SB13	UB-Universal Beam	2022/11/25	2022/12/08	completely	
2nd Storey	SB13	UB-Universal Beam	2022/11/25	2022/12/08	completely	
2nd Storey	SB13	UB-Universal Beam	2022/11/25	2022/12/08	completely	
2nd Storey	SB13	UB-Universal Beam	2022/11/25	2022/12/08	completely	
2nd Storey	SB13	UB-Universal Beam	2022/11/25	2022/12/08	completely	
2nd Storey	SB13	UB-Universal Beam	2022/11/25	2022/12/08	completely	
2nd Storey	SB13	UB-Universal Beam	2022/11/25	2022/12/08	completely	
2nd Storey	SB13	UB-Universal Beam	2022/11/25	2022/12/08	completely	
2nd Storey	SB15	UB-Universal Beam	2022/11/25	2022/12/08	completely	
2nd Storey	SB15	UB-Universal Beam	2022/11/25	2022/12/08	completely	

还可以根据项目的要求，对区域进行划分，对不同区域内的施工进度状态追踪。如果需要根据时间再进行细分，例如显示每周的进度，可以再添加一些更细致的分类，通过条件设定来达到追踪项目进程的目的。

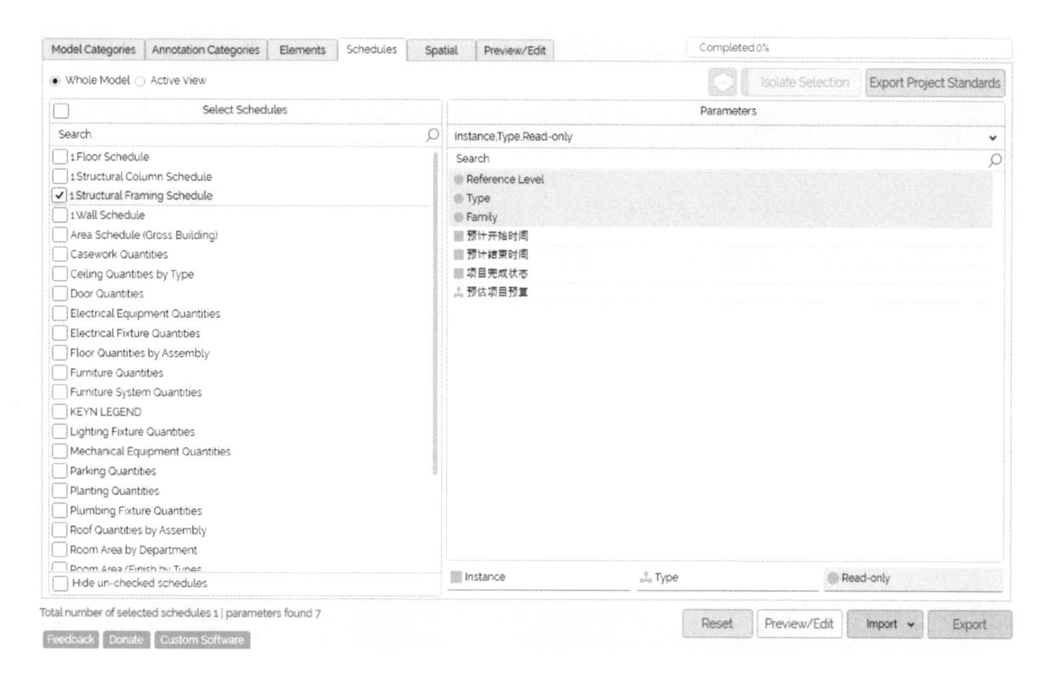

使用建筑的共享参数进行管理追踪，例如对项目完成状态的追踪，可以使项目过程更透明化，对项目进度的把控方便，具有可视化且容易管理。

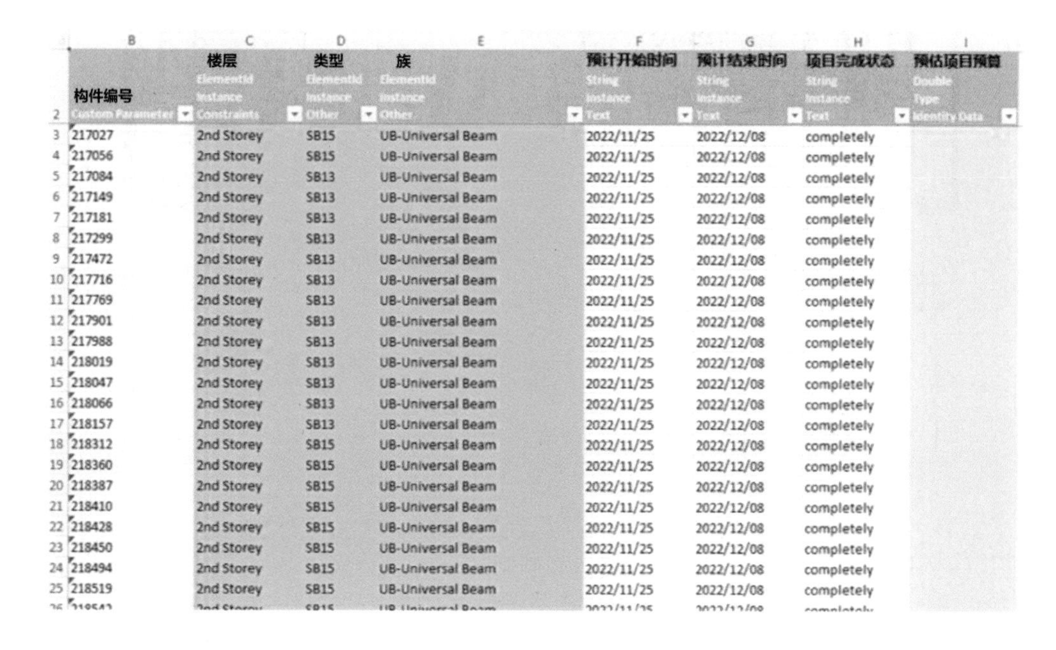

	B	C	D	E	F	G	H	I
2	构件编号 Custom Parameter	楼层 ElementId Instance Constraints	类型 ElementId Instance Other	族 ElementId Instance Other	预计开始时间 String Instance Text	预计结束时间 String Instance Text	项目完成状态 String Instance Text	预估项目预算 Double Type Identity Data
3	217027	2nd Storey	SB15	UB-Universal Beam	2022/11/25	2022/12/08	completely	
4	217056	2nd Storey	SB15	UB-Universal Beam	2022/11/25	2022/12/08	completely	
5	217084	2nd Storey	SB13	UB-Universal Beam	2022/11/25	2022/12/08	completely	
6	217149	2nd Storey	SB13	UB-Universal Beam	2022/11/25	2022/12/08	completely	
7	217181	2nd Storey	SB13	UB-Universal Beam	2022/11/25	2022/12/08	completely	
8	217299	2nd Storey	SB13	UB-Universal Beam	2022/11/25	2022/12/08	completely	
9	217472	2nd Storey	SB13	UB-Universal Beam	2022/11/25	2022/12/08	completely	
10	217716	2nd Storey	SB13	UB-Universal Beam	2022/11/25	2022/12/08	completely	
11	217769	2nd Storey	SB13	UB-Universal Beam	2022/11/25	2022/12/08	completely	
12	217901	2nd Storey	SB13	UB-Universal Beam	2022/11/25	2022/12/08	completely	
13	217988	2nd Storey	SB13	UB-Universal Beam	2022/11/25	2022/12/08	completely	
14	218019	2nd Storey	SB13	UB-Universal Beam	2022/11/25	2022/12/08	completely	
15	218047	2nd Storey	SB13	UB-Universal Beam	2022/11/25	2022/12/08	completely	
16	218066	2nd Storey	SB13	UB-Universal Beam	2022/11/25	2022/12/08	completely	
17	218157	2nd Storey	SB13	UB-Universal Beam	2022/11/25	2022/12/08	completely	
18	218312	2nd Storey	SB15	UB-Universal Beam	2022/11/25	2022/12/08	completely	
19	218360	2nd Storey	SB15	UB-Universal Beam	2022/11/25	2022/12/08	completely	
20	218387	2nd Storey	SB15	UB-Universal Beam	2022/11/25	2022/12/08	completely	
21	218410	2nd Storey	SB15	UB-Universal Beam	2022/11/25	2022/12/08	completely	
22	218428	2nd Storey	SB15	UB-Universal Beam	2022/11/25	2022/12/08	completely	
23	218450	2nd Storey	SB15	UB-Universal Beam	2022/11/25	2022/12/08	completely	
24	218494	2nd Storey	SB15	UB-Universal Beam	2022/11/25	2022/12/08	completely	
25	218519	2nd Storey	SB15	UB-Universal Beam	2022/11/25	2022/12/08	completely	

将显示时间、完成状态都按照数据格式填写在 excel 表格中，并导入项目模型文件，数据会自动补充到项目初始创建的表格中，这样，在模型数据中的时间参数就完成了。根据预制的设定条件，直接可以将模型按照时间节点设置显示成下图的三个状态：建成，建设中，将要建造部分。

在项目的 3D 界面进行条件设定，项目团队可以根据不同的施工时间点，用比较简单直接的方式看到项目的进展状况，而模型绘图员只需要使用设置好的视图就可以快速地完成这个步骤。在没有额外人力和软件成本增加的情况下更加有效地使用现有软件完成对项目现状的反映。

Name	Enable Filter	Visibility	Projection/Surface			Cut		Halftone
			Lines	Patterns	Transpare...	Lines	Patterns	
Completely	☑	☑			Override...	Override...	Override...	☑
On Going	☑	☑			20%			☐
Future	☑	☑			60%			☐

视图过滤规则设置

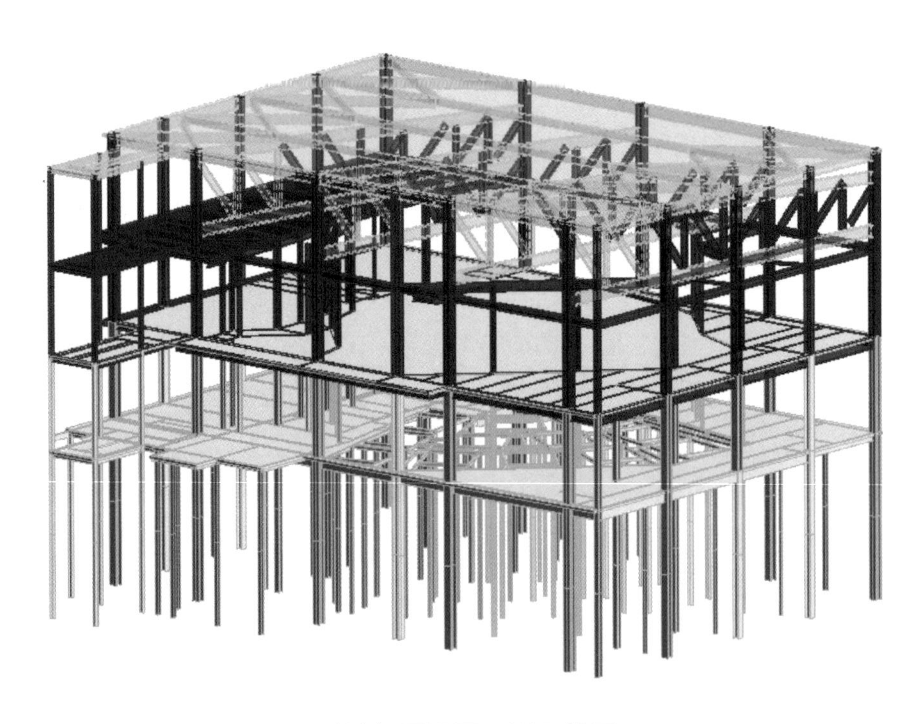

默认视图设置及显示效果

特殊模型的创建

山体模型模板

roperties

eneric Models (1) | Edit Type

onstraints	
Moves With Nearby Elements	☐
ext	
THEMING MATERIAL	
THEMING NAME	
CAVERN NAME	
PANEL NUMBER	
GRADE	
PANEL NUMBER	
imensions	
Volume	
dentity Data	
Image	
Comments	
Mark	
Workset	Ryan
Edited by	
hasing	
Phase Created	New Construction
Phase Demolished	None
FC Parameters	
IFC Predefined Type	
Export to IFC As	
Export to IFC	By Type
IfcGUID	21zfSQK2zEIQi9k2GNb974
eneral	
QC Checker Name	

山体模型模板参数

岩石模型模板

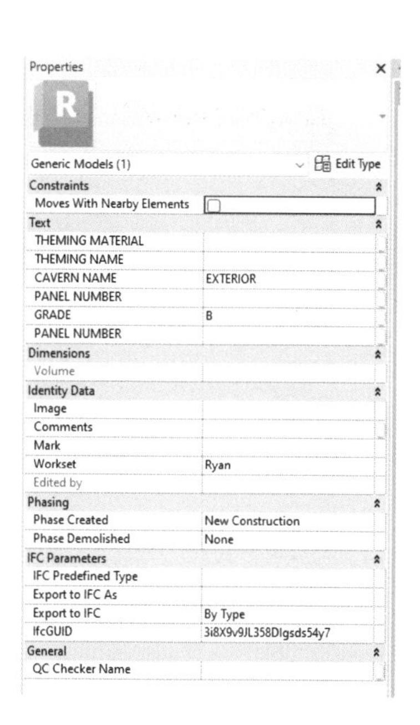

Properties

Generic Models (1) | Edit Type

Constraints	
Moves With Nearby Elements	☐
Text	
THEMING MATERIAL	
THEMING NAME	
CAVERN NAME	EXTERIOR
PANEL NUMBER	
GRADE	B
PANEL NUMBER	
Dimensions	
Volume	
Identity Data	
Image	
Comments	
Mark	
Workset	Ryan
Edited by	
Phasing	
Phase Created	New Construction
Phase Demolished	None
IFC Parameters	
IFC Predefined Type	
Export to IFC As	
Export to IFC	By Type
IfcGUID	3i8X9v9JL358DIgsds54y7
General	
QC Checker Name	

岩石模型模板参数

特殊模型的创建

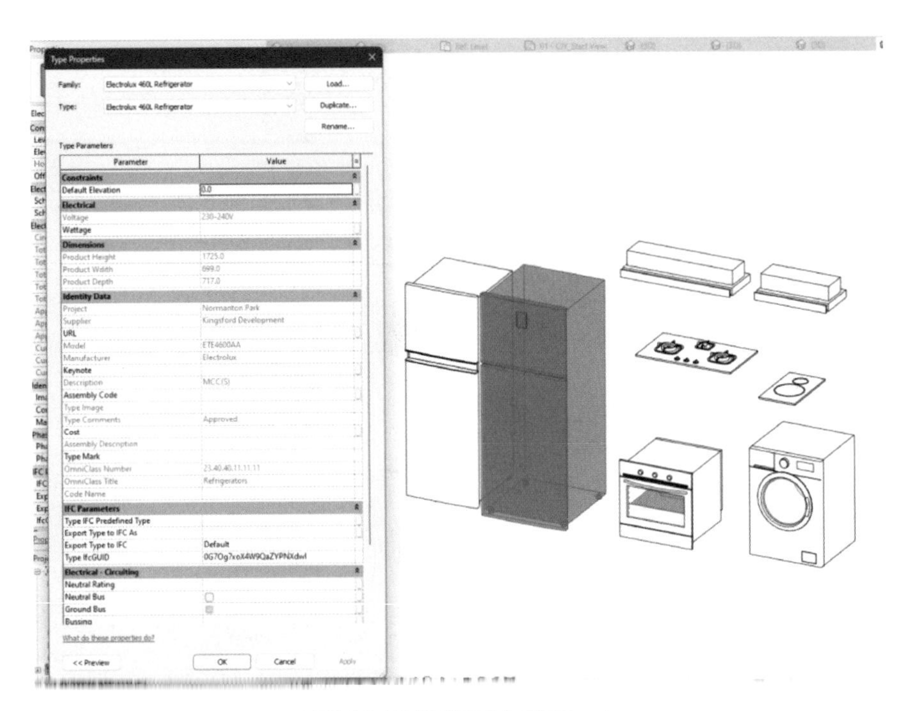

预制电器模型标准模板 -1

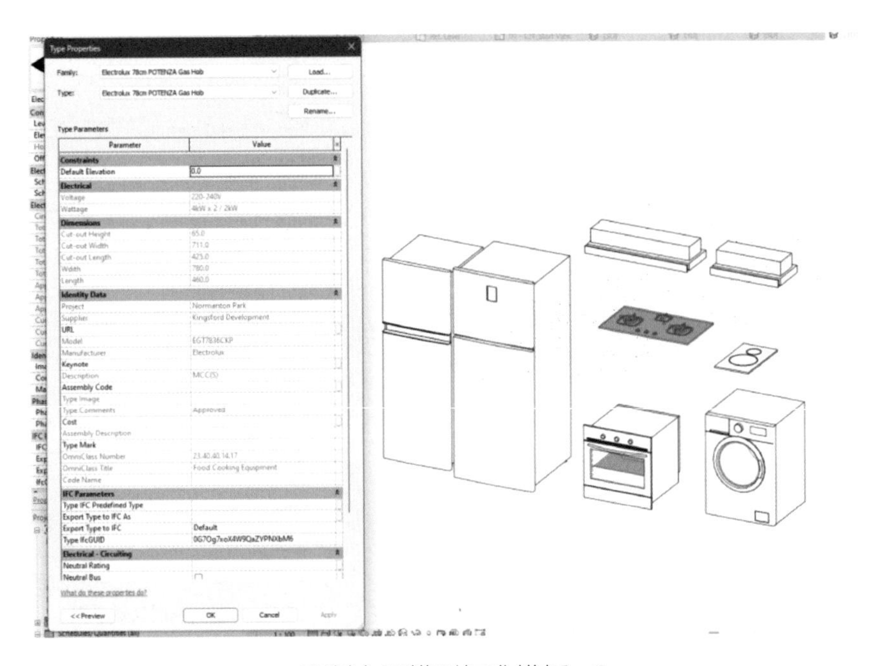

预制电器模型标准模板 -2

园林中树木的模型设置

目前，新加坡大力开发生态旅游项目，在开发旅游资源的同时进行生态保护，是国家发展旅游，提高人民生活水平的一个重要课题。一般来讲，旅游区的生态保护多是在开发后，游客进行观光的时候提出的概念。但在开发的前期，设计和施工阶段对生态的保护是非常重要的。只有保护好原始生态，才能更好地开发旅游资源，而如果将原有的生态破坏，则不仅是对自然的破坏，而且对自然旅游区来讲，也丧失了其景区的特色。

基于对特殊类型的模型和族库积累的经验，使得我们在完成主题公园设计开发项目中，融合了对树木的建模，并创建了树木的参数化模型，应用于设计和施工管理，取得了非常好的效果。本节就针对主题公园项目，全部树木参数化的应用方法进行简单的阐述。将 BIM 应用于树木的保护、环境的融合，对复杂的植被进行数字化转化，并且在不增加计算负担的情况下，尽可能保留足够多的可视化细节和树木本身的关键参数。

主题公园树木参数化的三个阶段

主体公园的树木参数化分为三个阶段，即现场扫描，计算机可视化及数字化。首先，通过对真实树木进行多角度的三维扫描，把获取到的树木的点云信息进行稀释分类，对初始点云数据进行修正和优化，最后把优化的点云模型进行单体多边形化，生成轻量化的多边形树木模型，保留树木的基本姿态，进而添加其他的各种信息到多边形树木模型当中。在应用当中可以根据不同的需要对树木进行分类，筛选，变色高亮显示，信息提取，现场比对等操作。

TPZ6

Location: Coordinates
22392.901/ 43544.469
(T3582 Location)
Zone name: Canopy climb

KEY PLAN

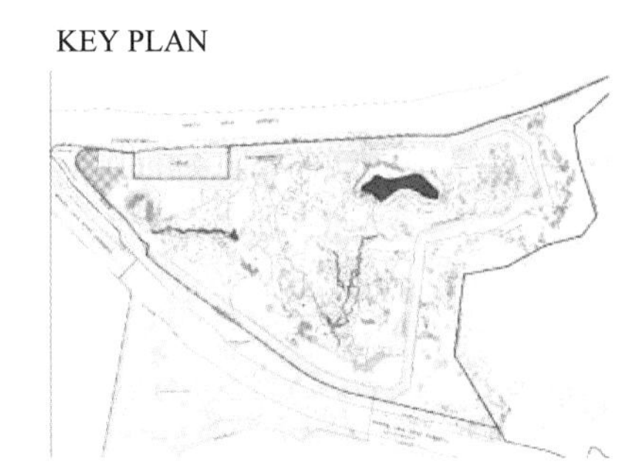

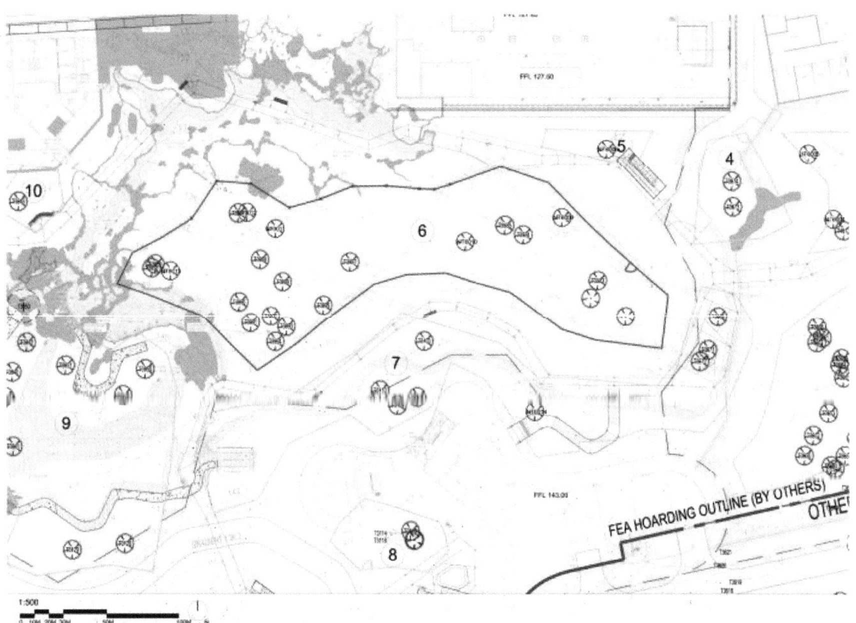

NT0009	*Durio zibethinus*	**T3094**	*Spathodea campanulata*
NT0010	*Spathodea campanulata*	**T3095**	*Cinnamomum iners*
NT0011	*Nephelium lappaceum*	**T3097**	*Vitex pinnata*
NT0012	*Macaranga gigantea*	**T3581**	*Nephelium lappaceum*
NT0013	*Cinnamomum iners*	**T3582**	*Durio zibethinus*
T3058	*Durio zibethinus*	**T3583**	*Durio zibethinus*
T3059	*Agalaea macrophylla*	**T3584**	*Durio zibethinus*
T3087	*Cinnamomum iners*	**T3585**	*Durio zibethinus*
T3088	*Syzygium polyanthum*		
T3089	*Prunus polystachya*		
T3090	*Dimocarpus longan subsp. malesianus*		
T3091	*Spathodea campanulata*		
T3092	*Spathodea campanulata*		
T3093	*Xanthophyllum affine*		

树木信息基本表 -1

上图为主题公园中树木的平面位置及树木的基本信息。根据现场需要的信息设置参数，并根据树木的编号，添加数据如树木种类、所属区域、坐标点、树木保护区编号等。

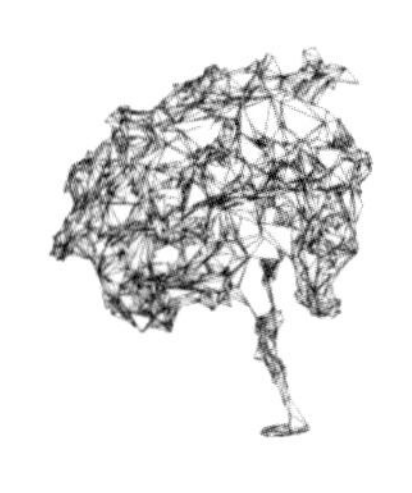

树木模型轻量化步骤

在施工阶段，还需要对树木进行生态保护，按照树木专家的要求添加树木的健康信息、是否保留、砍伐标注等。在显示优化方面，我们还进一步添加了能反映树高、树龄、树冠大小等不同的柱状体，呈现树木的不同姿态。在低精度的显示模式下，可以使用这个方式来提高显示刷新率，减少模型计算量，在遇到复杂情况时，提高显示精度，看到实际树木对周边建筑和设置的影响，从而提高模型和设计的准确性。

TPZ 6

Tree ID	Tree / Flora Species	Jul 19		Aug 19		Sep 19		Oct 19		Nov 19		Dec 19		Jan 20		Feb 20		Mar 20		Tree Condition	State of Irreversible Tree Structural Conditions	Tree Protection Zone	Recommendations / Areas for Improvement	Site walk #1_20191122 GA/Camphora	Status (20190603) GA	Status (20200309) C2F/Jacobs/Cosa
		Health	Structure	Health	Structure	Health	Structure	Health	Structure	Health	Structure	Health	Structure	Health	Structure	Health	Structure	Health	Structure							
NT0009	Durio zibethinus	NA		Fair		Fair	Fair	Fair	Fair	Fair	Fair	Fair	Fair	Fair	Fair	Fair	Fair			Sparse upper crown				No action needed	N/A	
NT0010	Spathodea campanulata	NA		Good		Good	Fair	Good	Fair	Good	Fair	Good	Fair	Good	Fair					Excessive lean to the northeast 45°. 2 m longitudinal wound on tension side main trunk	2 m longitudinal wound on tension side main trunk			Tree to fell to stump	N/A	cut to 3m, not in Feb monitoring table
NT0011	Nephelium lappaceum	NA		Good		Good	Fair	Good	Fair	Good	Fair	Good	Fair	Good	Fair	Good	Fair								N/A	
NT0012	Macaranga gigantea	NA		Good		Good	Good	Good	Good	Good	Good	Good	Good	Good	Good	Good	Good								N/A	
NT0013	Cinnamomum iners	NA		Good		Good	Fair	Good	Fair	Good	Fair	Good	Fair	Good	Fair	Good	Fair			Main trunk abutting the main stem of the adjacent T3058					N/A	
T3058	Durio zibethinus	Good		Good		Good	Fair	Good	Fair	Good	Fair	Good	Fair	Good	Fair	Good	Fair			Major deadwood				To retain	Retained	
T3059	Aglaia macrophylla	Good		Good		Good	Fair	Good	Fair	Good	Fair	Good	Fair	Good	Fair	Good	Fair								Retained	
T3087	Cinnamomum iners	Good		Good		Good	Fair	Good	Fair	Good	Fair	Good	Fair	Good	Fair	Good	Fair			Heavy crown weight to the northeast					Retained	
T3088	Syzygium polyanthum	Good		Good		Good	Fair	Good	Fair	Good	Fair	Good	Fair	Good	Fair	Good	Fair								Retained	
T3089	Prunus polystachya	Good		Good		Good	Fair	Good	Fair	Good	Fair	Good	Fair	Good	Fair	Good	Fair			Longitudinal wound with exuding sap at main union (height and girth changed)					Retained	
T3090	Dimocarpus longan subsp. malesianus	Good		Good		Good	Fair	Good	Fair	Good	Fair	Good	Fair	Good	Fair	Good	Fair			Overly extended west branch, heavy crown end weight to the west				To prune crown	Retained	
T3091	Spathodea campanulata	Good		Good		Good	Fair	Good	Fair	Good	Fair	Good	Fair	Good	Fair	Good	Fair			Rare climber population on southwest lateral branch					Retained	
T3092	Spathodea campanulata	Good		Fair		Fair	Fair	Fair	Fair	Fair	Fair	Fair	Fair	Fair	Fair	Fair	Fair			Sparse crown, abutting T3093 at base					Retained	
T3093	Xanthophyllum affine	Good		Good		Good	Fair	Good	Fair	Good	Fair	Good	Fair	Good	Fair	Good	Fair								Retained	
T3094	Spathodea campanulata	Good		Good		Good	Poor	Good	Poor	Good	Poor	Good	Poor	Good	Poor	Good	Poor			Main trunk previously failed, overly extended west branch	Main trunk previously failed				Retained	
T3095	Cinnamomum iners	Good		Good		Good	Poor	Good	Poor	Good	Poor	Good	Poor	Good	Poor	Good	Poor			Torsional main trunk lean to the southwest 45°. Heavy crown weight to the northeast. Hanging branches, with fairly tapered branches to the northwest				To reduce crown weight	Retained	
T3097	Vitex pinnata	Fair		Fair		Fair	Poor	Fair	Poor	Fair	Poor	Fair	Poor	Fair	Poor	Fair	Poor			Trifurcated trunks with major deadwood					Retained	
T3581	Nephelium lappaceum	Good		Good		Good	Fair	Good	Fair	Good	Fair	Good	Fair	Good	Fair	Good	Fair			Lean to the east 15°					Fell	
T3582	Durio zibethinus	Good		Good		Good	Good	Good	Good	Good	Good	Good	Good	Good	Good	Good	Good								Fell	
T3583	Durio zibethinus	Good		Good		Good	Fair	Good	Fair	Good	Fair	Good	Fair	Good	Fair	Good	Fair			Upright secondary crown bigger than main crown, heavy upright secondary branch fairly tapered and heavy endweight					Retained	
T3584	Durio zibethinus	Good		Good		Good	Poor	Good	Poor	Good	Poor	Good	Poor	Good	Fair	Good	Fair			Angular main stem, overly extended branch to the southeast outside TPZ, constricting vines in crown. Inspect next before mitigation					Retained	
T3585	Durio zibethinus	Good		Good		Good	Fair	Good	Fair	Good	Fair	Good	Fair	Good	Fair	Good	Fair			Overly extended north branch			REW - Reduce End Weight		Retained	

树木信息基本表 -2

A	B	C	D	E	F	G	H	I	J	K	L	M
Tree ID (CAK ver.)	Tree ID	Species	Girth Size (<= 1.0	Girth Size (> 1.0m)	Height (m)	Proposed to remov	Proposed to remov	Proposed to retain	Proposed to retain	BP approved to f	Reasons for removal / retention	Tree Location
	T2727	Ficus stricta	0	0	20	No		Yes			Not affected	Within Site Bounda
	T2728	Tabebuia rosea	0	2.5	18	Yes		No			Change in soil profile	Within Site Bounda
	T2729	Tabebuia rosea	0	1.3	12	Yes		No			Change in soil profile	Within Site Bounda
	T2730	Tabebuia rosea	0	1.8	12	Yes		No			Change in soil profile	Within Site Bounda
	T2794	Cinnamomum iners	0	1.1	10	Yes		No			Damaged by construction works, unstab	Within Site Bounda
	T2798	Lindera lucida	0.1	0	0.5	Yes		Yes			Rare species	Within Site Bounda
	T2799	Litsea firma	0.1	0	1.5	Yes		Yes			Rare species	Within Site Bounda
	T2802	Cinnamomum iners	1	0	10	No		Yes			Not affected	Within Site Bounda
	T2819	Durio zibethinus	0	1.5	12	Yes		No			Change in soil profile	Within Site Bounda
	T2840	Clerodendrum villosum	0.1	0	3	Yes		Yes			Rare species	Within Site Bounda
	T2845	Archidendron jiringa	1	0	9	Yes		No			Vehicular access, driveway, fire engine	Within Site Bounda
	T2963	Durio zibethinus	0	1.8	20	Yes		No			Outdoor facilities (i.e. open carpark, play	Within Site Bounda
	T2955	Bridelia tomentosa	1	0	12	Yes		No			Main building footprint	Within Site Bounda
	T3001	Aporosa benthamiana	0.1	0	1	No		Yes			Not affected	Within Site Bounda
	T3037	Durio zibethinus	0	1.5	22	No		Yes			Not affected	Within Site Bounda
	T3544	Durio zibethinus	1	0	12	Yes		No			Outdoor facilities (i.e. open carpark, play	Within Site Bounda
	T3547	Vitex pinnata	0	2	16	No		Yes			Not affected	Within Site Bounda
	T3552	Elaeocarpus stipularis	0	1.1	12	No		Yes			Not affected	Within Site Bounda
	T3553	Artocarpus elasticus	0	1.5	15	No		Yes			Not affected	Within Site Bounda
	T3554	Macaranga conifera	1	0	12	Yes		No			Damaged by construction works, unstab	Within Site Bounda
	T3555	Cocos nucifera	1	0	15	No		Yes			Not affected	Within Site Bounda
	T3561	Durio zibethinus with Hoya latifolia	0	3.1	18	Yes		No			Damaged by construction works, unstab	Within Site Bounda
	T3562	Artocarpus integer	0	1.2	10	Yes		No			Damaged by construction works, unstab	Within Site Bounda
	T3565	Durio zibethinus	0	2.8	18	No		Yes			Not affected	Within Site Bounda
	T3566	Durio zibethinus	0	2.6	18	No		Yes			Not affected	Within Site Bounda
	T3569	Durio zibethinus	0	1.5	10	Yes		No			Main building footprint	Within Site Bounda
	T2875		0	0	0							
	T11641	Durio zibethinus	0	0	0	Yes		No			Damaged by construction works, unstab	
	T11640	Durio zibethinus	0	0	0	Yes		No			Damaged by construction works, unstab	

树木信息基本表 -3

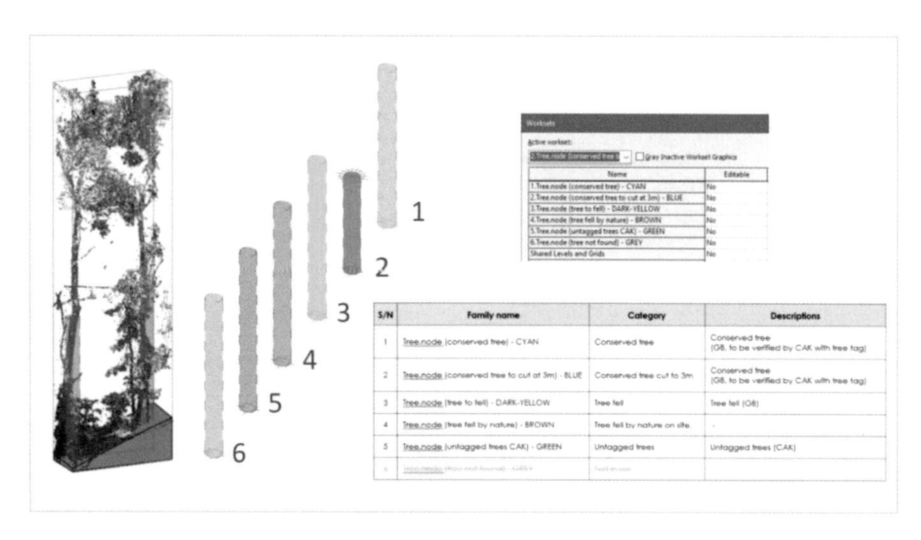

S/N	Family name	Category	Descriptions
1	Tree.node (conserved tree) - CYAN	Conserved tree	Conserved tree (GB, to be verified by CAK with tree tag)
2	Tree.node (conserved tree to cut at 3m) - BLUE	Conserved tree cut to 3m	Conserved tree (GB, to be verified by CAK with tree tag)
3	Tree.node (tree to fell) - DARK-YELLOW	Tree fell	Tree fell (GB)
4	Tree.node (tree fell by nature) - BROWN	Tree fell by nature on site.	-
5	Tree.node (untagged trees CAK) - GREEN	Untagged trees	Untagged trees (CAK)
6	[illegible]	[illegible]	

树木模型轻量化展示方式 -1

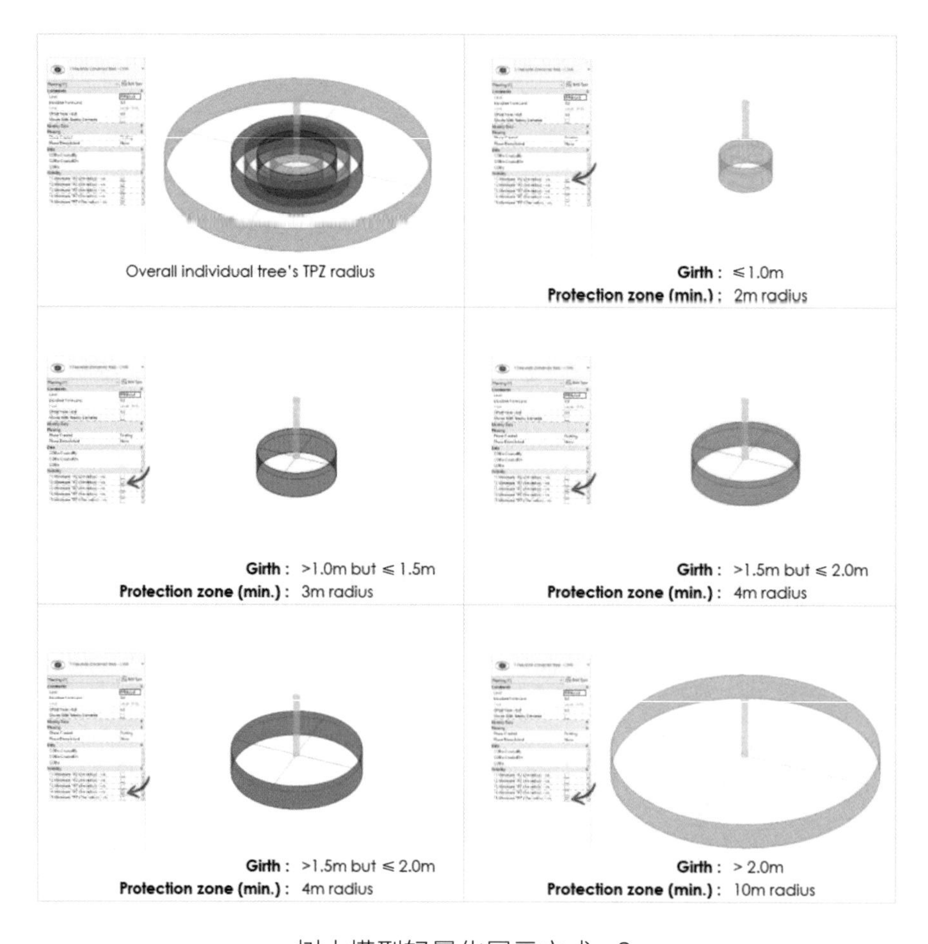

树木模型轻量化展示方式 -2

基本信息	初始状态	阶段一
编号	T3089	T3089
年龄	3.5	3.5
树冠	6m	8m
树干	0.4m	0.6m
种类	Prunus polyanthum	Prunus polyanthum
范围	6m x 7m	8m x 10m
高度	7m	10m
分布区域	6 号保护区	6 号保护区
是否稀有	是	是
是否保留	是	是
措施	保护	局部修剪

通过 BIM 方式，我们把整个场地的树木信息和保护方针措施分不同的阶段来提取和更新，确保团队在整个施工阶段都能得到最新的信息和要求。通过数据化模板的设置，让整个信息转化过程迅速便捷，在数据输入过程中，只需要按照模板设置把最新的信息通过定制插件导入模型当中即可完成更新。变更的参数会反映到设置的简化柱状体上，根据不同的状态发生大小和高度的变化。在显示时对于更新过的树木还可以设置高亮显示，确保每个项目参与人员都能快速知道哪些信息是更新完成的，哪些还需要进行检查和更新。这些数字化方式的应用对项目管理带来巨大的提升，是传统方式所不能比拟的。

管理数据量总览

2.5 关于 OpenBIM

OpenBIM 是 BIM 发展的一个必然，它是各团队使用不同软件相互交流信息的一种方式。OpenBIM 改进了数据流，通过一套共享信息的标准和工作流程，使得团队、工具和流程之间的关系更加紧密，并在施工的每个阶段都实现了相互操作的可能性。所以 OpenBIM 不是一种产品，它是一种工作方式。

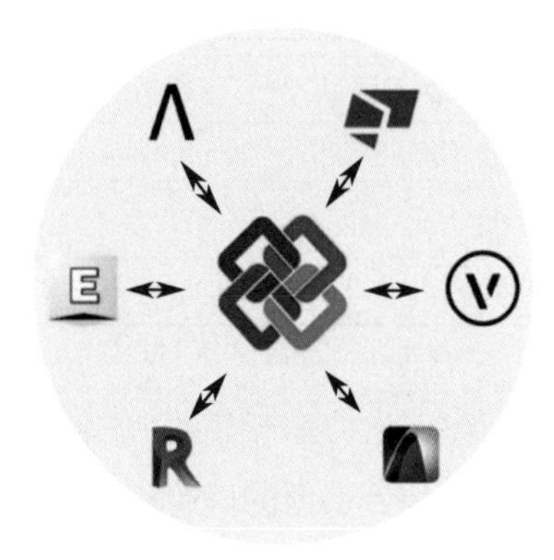

OpenBIM 如何运作？

在建造一座建筑物的整个过程中，不同学科（如建筑师、工程师和总承包商）之间需要随时进行协调。OpenBIM 创建了一种通用语言，以提高透明度并缩小沟通上的差异。参与项目的每个人都可以使用各自首选的软件，并将项目信息保存为与供应商无关的 IFC 文件。

OpenBIM 方法则通过使用 IFC 文件实现了这些不同学科之间的信息交换。

这就是 OpenBIM 和 IFC 真正开始发挥优势的地方：建筑师可以将元数据绑定到设计的某些元素。例如，建筑师在设计模型的时候就考虑到了 IFC。她把某些元数据附加到诸如墙壁的设计，因此在她导出 IFC 时，门窗的位置和材料规格等信息就会在其他特定专业工作需要参考这些信息数据时出现在恰当的位置。

OpenBIM 使不同的团队能够导出 IFC，从而与其他团队交流自己设计的目前状态。其他团队可以参照这一文件进行工作，得出良好、协调的设计。

OpenBIM 的优势：

OpenBIM 使得建筑行业具有更大的灵活性，通过将数据作为工业基础类（IFC）文件的形式导入和导出，使其他建筑类软件程序可以协同工作，使工作流程更顺畅，相互之间的协作更轻松。

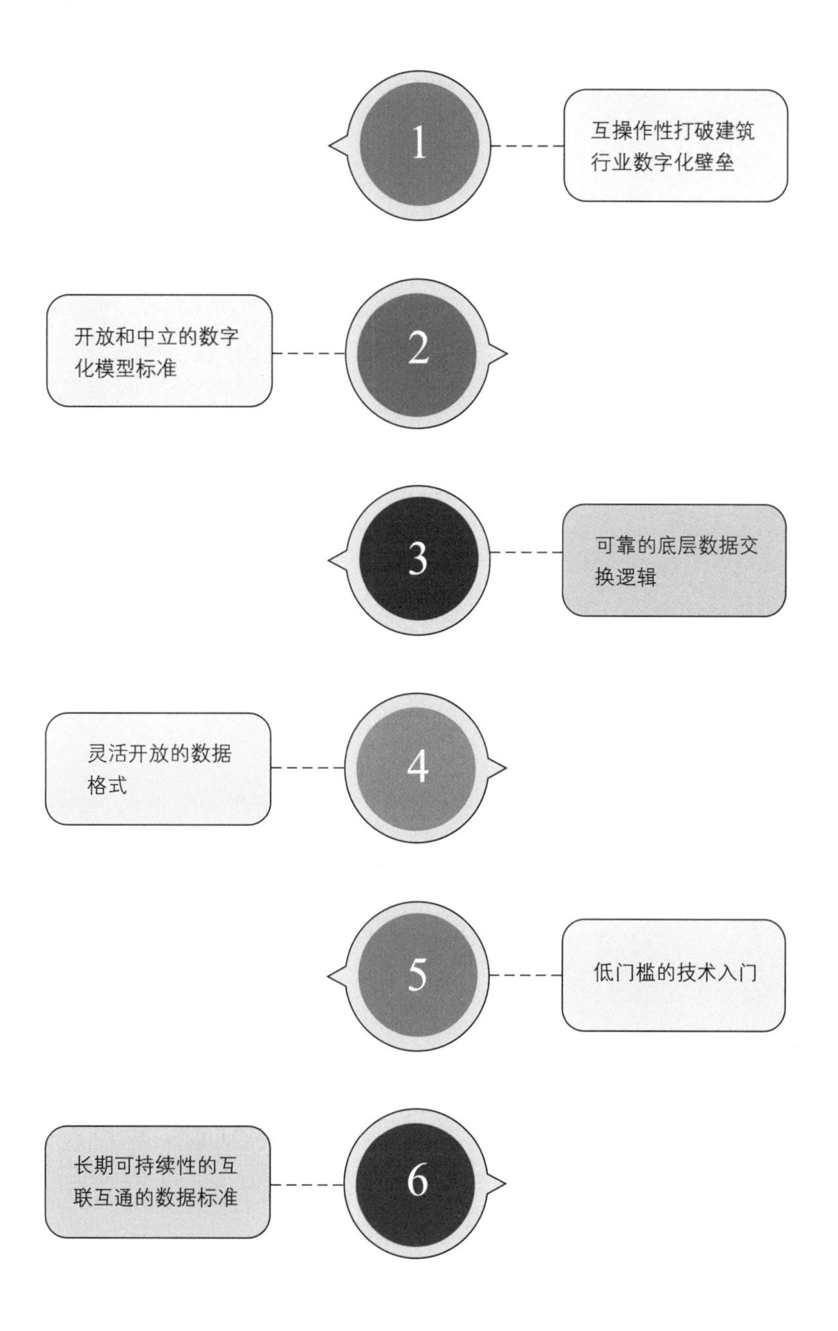

03BIM 投标应用管理

3.1 BIM 投标应用的必要性

施工项目的投标对于投标方是一个项目加速建造的过程，在响应招标文件的条件下，各专业的技术人员在一个相对而言较短的时间内，需要熟悉项目图纸、现场情况，凭借以往的经验，规划施工过程中的工作流程，发现项目的难点和关键节点，预判项目当中隐藏的风险，并且完成施工方案的优化，预估施工工期，最终得到经济合理的具有竞争力的价格。

一般来说，在施工的投标阶段，项目的初步方案设计已经完成，在这个阶段，施工方需要根据自己的经验，结合项目现场的实际情况，对建筑方案根据施工方法进一步地优化。

在传统的投标过程中，投标团队的经验对于施工的预判是非常重要的。现实的情况是，即使是非常有经验的团队，在投标阶段也只能完成一套完整的方案，而且不能确保这个方案是最适合这个项目的。即使提出新的方案，该方案是否能节省项目造价、减少建设周期、满足施工现场要求，这些都可能因为时间和条件所限，无法准确判断。

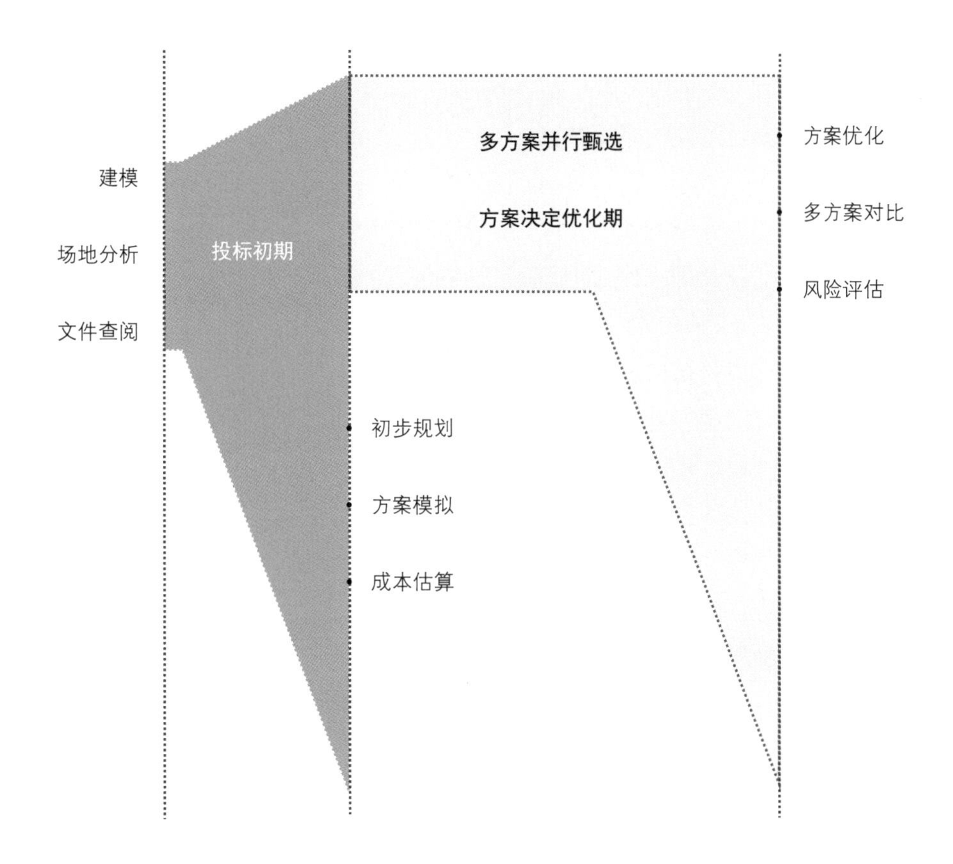

3

BIM 投标应用管理

施工项目投标主要分成技术标和经济标两个部分。在投标过程中，往往技术标和经济标是分属不同的部门来完成，因为不同部门其职责也有差别。而技术和经济又是相互影响的，技术方案的选择影响着项目的工期和造价，反过来，技术方案可能因为造价的要求进行优化，因此，投标中技术和经济是独立而又不可分割的。这样相互依存的关系要求在投标过程中，两个部门的密切沟通与协作。技术部门和造价部门的信息首先要保持一致，对于复杂的项目，就意味着相关的图纸资料信息必须实时进行同步，因此，首先要有一个信息平台，保证不同部门可以共享相同的信息。在数字化时代，数据的共享相对比较容易，如何从大量的信息中找到准确、有效、实时的信息，却是更为重要的。

项目在投标过程中提供的优化方案不但直接影响项目的成本、进度和投资，并且可能会对后期的设备采购、运维管理都带来一定的影响。随着计算机技术的发展，我们在进行投标的过程中，阶段性地融合了 BIM 的技术来对方案进行模拟和分析，不但发挥了技术人员的经验，而且可以更加高效地进行多样化的分析，使得多方案的比较成为可能。

BIM 技术在施工投标阶段，可以应用现状建模、场地分析、结合施工方案的模拟，优化施工方法。例如，利用计算机技术针对不同的施工工序和技术难点做不同的分析和模拟，反映出各个方案对项目施工难易度以及造价产生的影响。这些分析只需要在已有模型的基础上，调整相关的参数设置，进行不同的方案比较，进行施工过程中的模拟分析，提供了可视化，更具针对性的施工方案。

对于大型或者结构较为复杂的项目，因为需要协调的内容很多，各个专业需要沟通和共享的信息也非常多，采用 BIM 来进行信息的协调和共享，可以避免信息的遗漏和确保信息的时效性。通过 BIM 技术，将传统投标流程中完全依赖经验获得的信息数据化、图像化和信息化。在进行转化之后，不但可以提高分析的速度，而且在进行参数修改、对比分析的时候，可以更加准确。

对于设计施工一体化的项目，在前期的设计中可以综合考虑到项目甲方的需求，同时给出不同方案的成本估算，优化前期的设计。目前在新加坡，越来越多的投标项目都是设计和施工结合的投标。所以，在前期信息不是非常完整的情况下对项目进行更多维的模拟和信息化是减少风险的必要步骤。

应用 BIM 技术进行施工投标，已经成为项目投标中不可或缺的技术，不但能够进行多方案的比较，更可以全面清晰地展示投标方对项目的理解。获得业主方的认可。

3.2 BIM 投标应用的优势

随着 BIM 数字化在建筑行业中推广使用的价值与日俱增，目前 BIM 已经不仅是使用 3D 模型来替代 CAD，而是带领客户以及项目各方，在完整的项目数据支撑下完成项目，在整个建筑的生命周期中起着越来越关键的作用。BIM 技术融入投标工作，是建筑业发展的必然，不但可以修正传统投标方法的缺点，更为投标单位带来了竞争的优势。

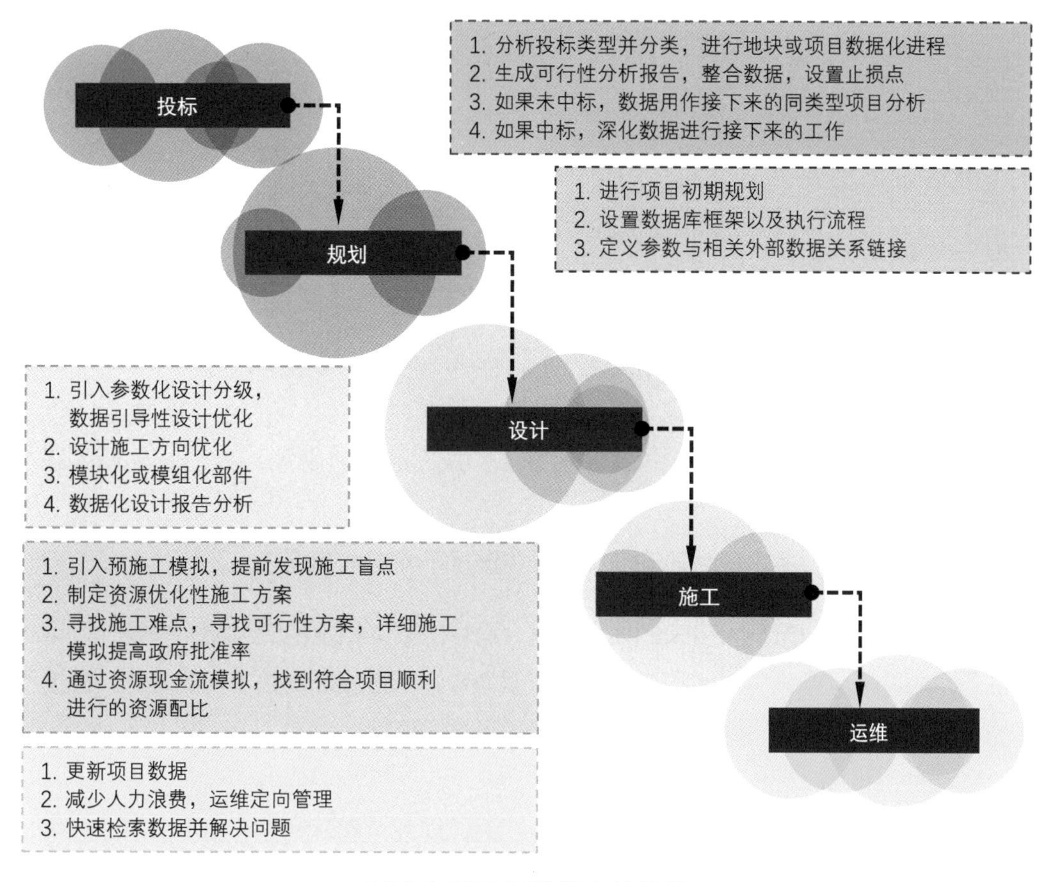

BIM 在项目各阶段中的优势

上图是房地产企业在招拍挂市场上竞标获得项目开发的流程。一般来说，在公开市场上竞价的方式获得项目，竞争都非常激烈。企业需要对后期的各项工作都有相应的预期和预判，建设项目涉及的流程时间长，影响因素多，投入的资金耗费也是巨大的，相对应的风险也就较高，这些都是影响竞标必须考虑的因素。随着竞争的加剧，房地产开发企业买地不但要控制好成本，还要控制好风险，因此，竞标价必须经过精确的计算，这也就意味着，房地产企业利用 BIM 技术，进行提前预判和规划，对产品进行多方面分析和成本的规划，是企业生存和发展的一个重要手段。

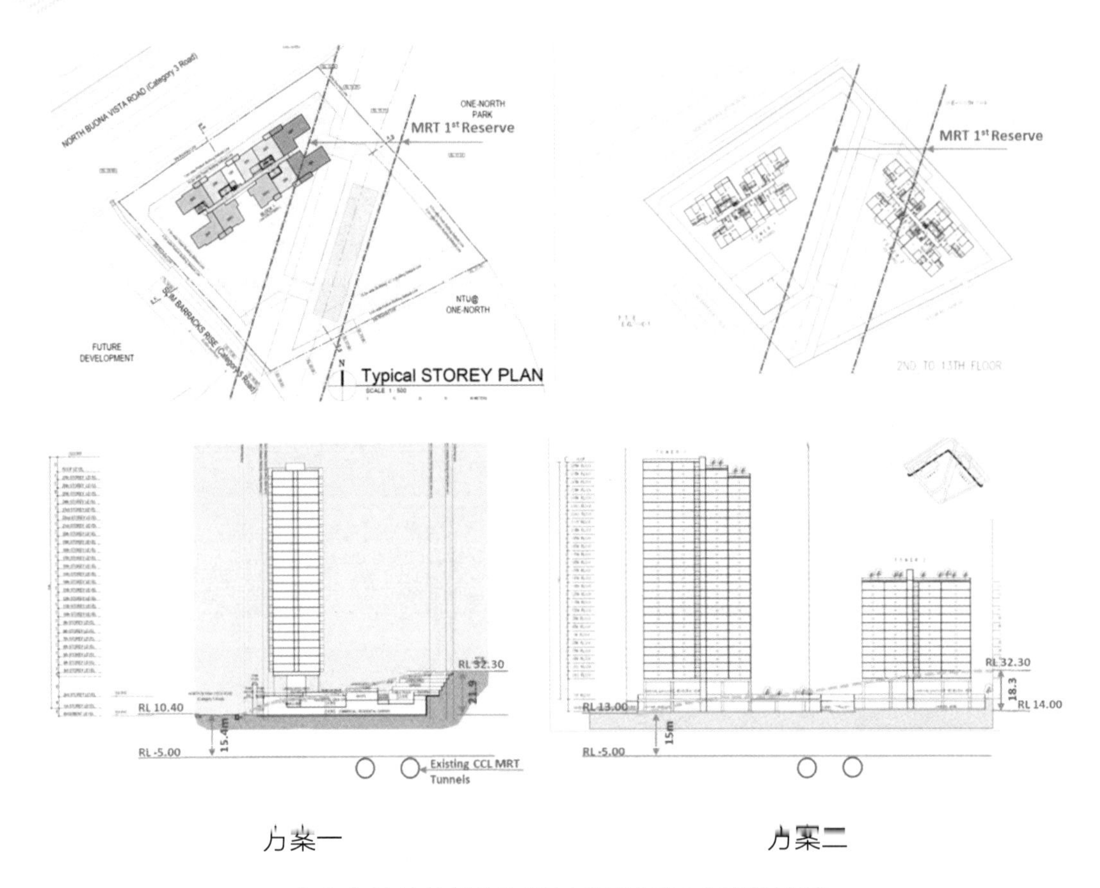

方案一　　　　　　　　方案二

房企在地块的投标过程中进行不同方案的比较

该案例中不同的规划方案，带来的项目利润、消耗的成本和承担的风险都需要经过精确的计算，才能进行准确的对比和分析。以数据为中心，企业采用数字化的方式，通过不同方案的比较，确定了不同方案实现的目标和承担的风险。

房地产建筑企业在地块投标、公开建筑投标、设计规划、建筑施工等诸多方面业务中，不断在进行数据积累和数字化转型。当积累到足够多有效数据时，它将成为公司发展的强大技术支撑。采用数据流作为驱动全产业流程，用丰富的有效数据库资源来增加企业的竞争力和风控能力。

德鲁克说，“未来不可怕，可怕的是变化的未来，我们依然沿用旧的逻辑”。BIM 正在不断渗入房地产企业的发展和改革之中，在积累中不断地发展，改变旧有的思维方式与工作方式，正是 BIM 带给企业的最根本的改变。

对于施工阶段的项目投标，技术部分的理解与展示对于投标来说是非常重要的。将BIM技术应用于投标的项目中，对整个项目的技术理解、展示和商务部分的准确可控性，都有非常大的提高和改善。

1. 技术标的理解全面、透彻

在传统的投标过程中，很多技术难点是技术人员通过2D图纸展示出来的。这为非专业人士的理解带来一定的困难. 导致很多人对其存在的技术难度和解决方案无法完全理解。甚至很多专业人士，由于对项目的了解不深，也不能在简短的汇报中抓住重点。如果使用BIM增强可视化和仿真工具，使客户能够在项目建设之前，用虚拟现实的技术使客户看到项目从无到最终成型的样子，对于投标方无疑是非常有利的。BIM降低了技术的门槛，使没有相关技术背景的人员也能轻易地明白项目诉求，从不同的角度提出各自的需求，完成协调的工作。

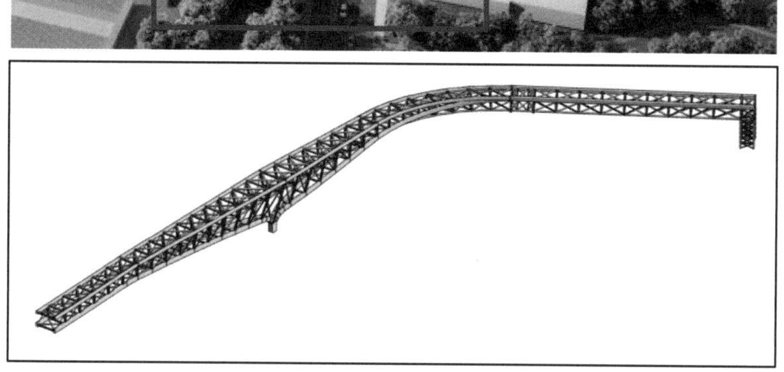

200m横跨桥梁施工方案展示

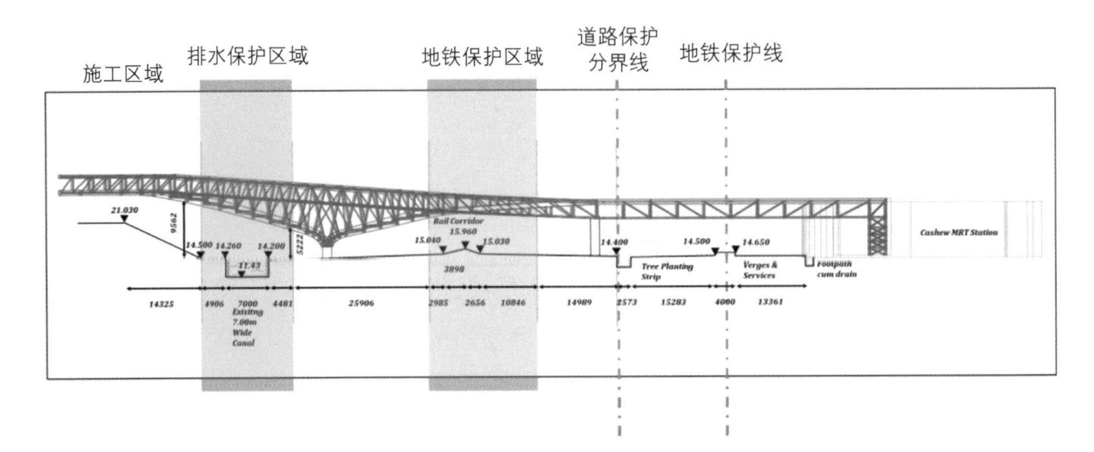

桥梁高度与周围环境关系截面图

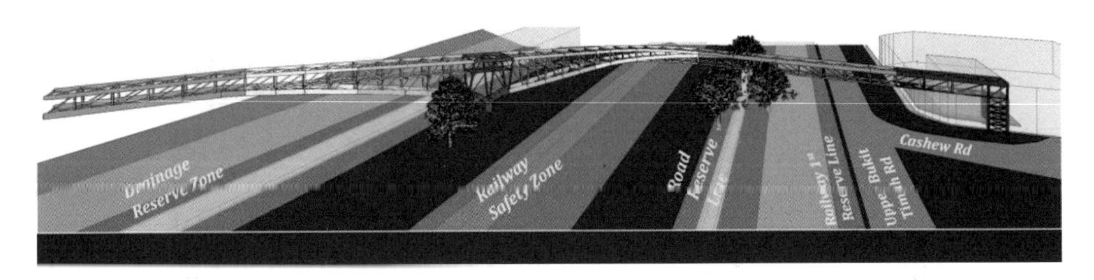

桥梁分段重量及施工分段三维图

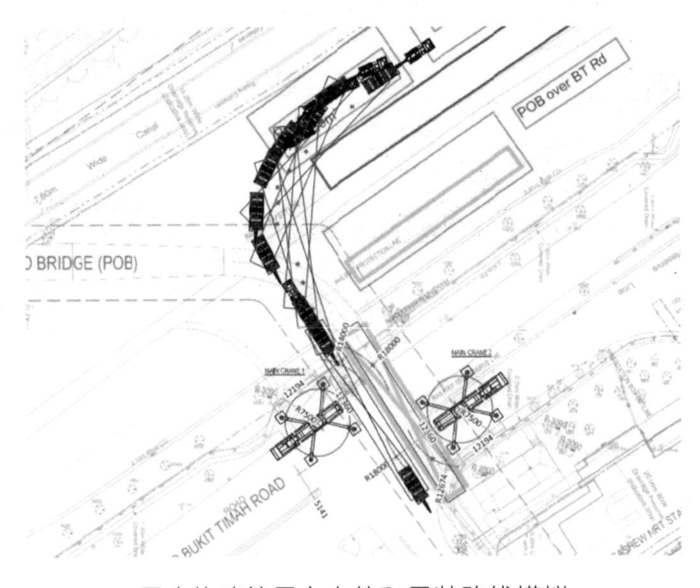

最大构建的吊车占位和吊装路线模拟

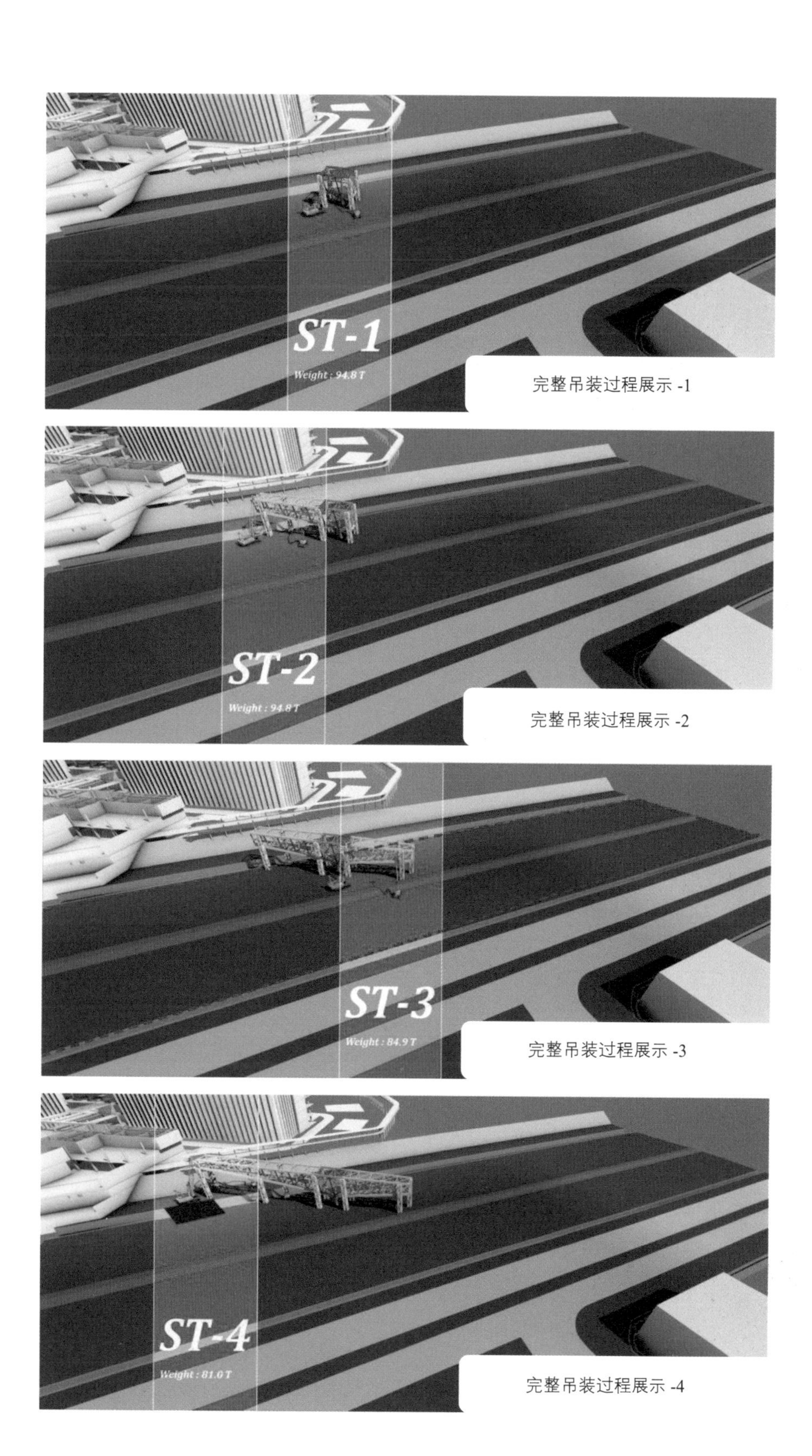

完整吊装过程展示 -1

完整吊装过程展示 -2

完整吊装过程展示 -3

完整吊装过程展示 -4

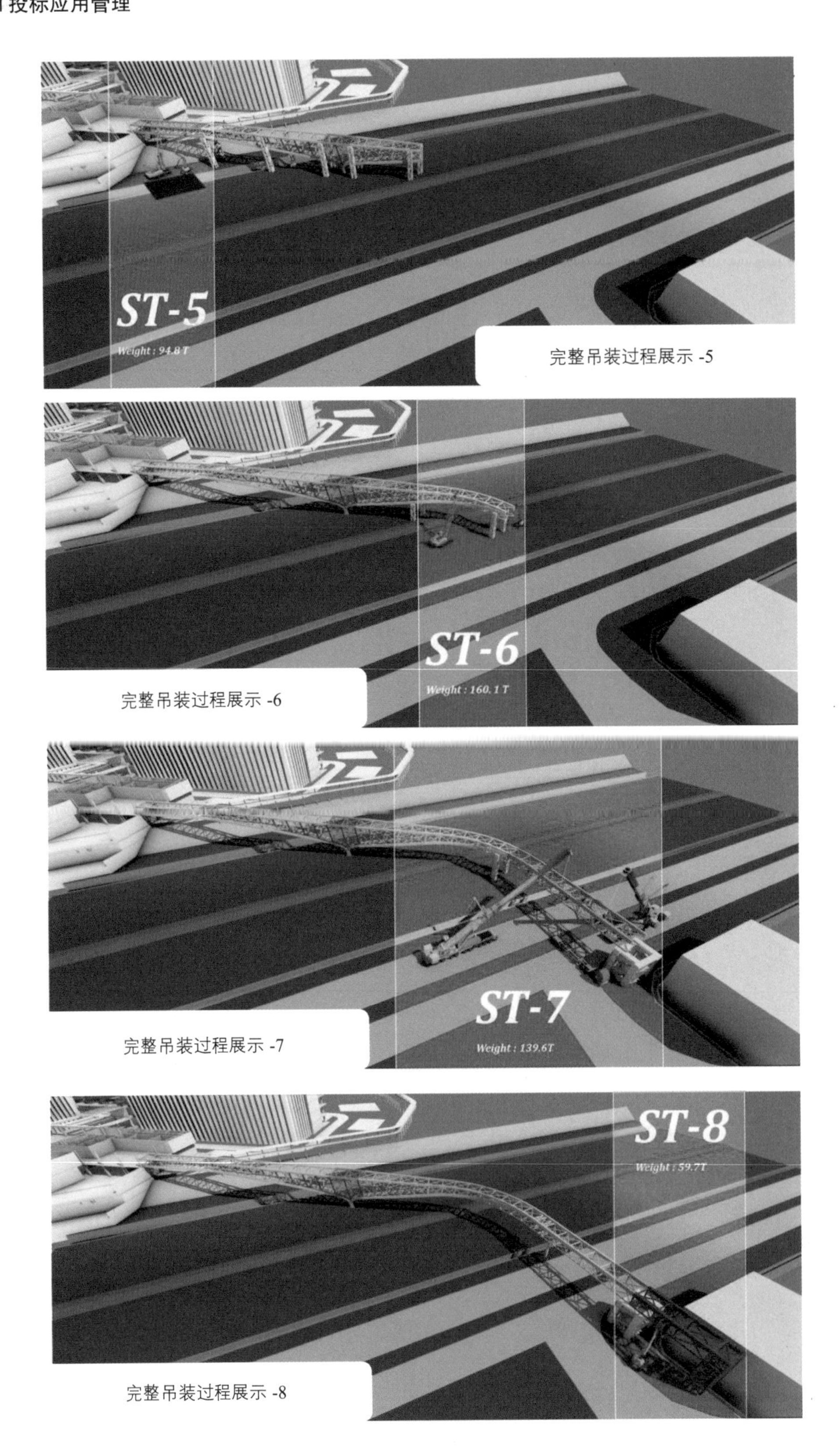

完整吊装过程展示 -5

完整吊装过程展示 -6

完整吊装过程展示 -7

完整吊装过程展示 -8

2. 技术难点和关键点的细致、深入

每个项目都存在不同的难点和关键点，这也是投标中甲方最关心的问题，如何判断和解决这些问题，也是体现企业技术水平和实力的重要环节。采用 BIM 技术对这些问题的细致、深入分析，使得技术人员对其中每一步涉及的问题都有应对措施，不但可以体现技术水平，更可以展现认真的态度。

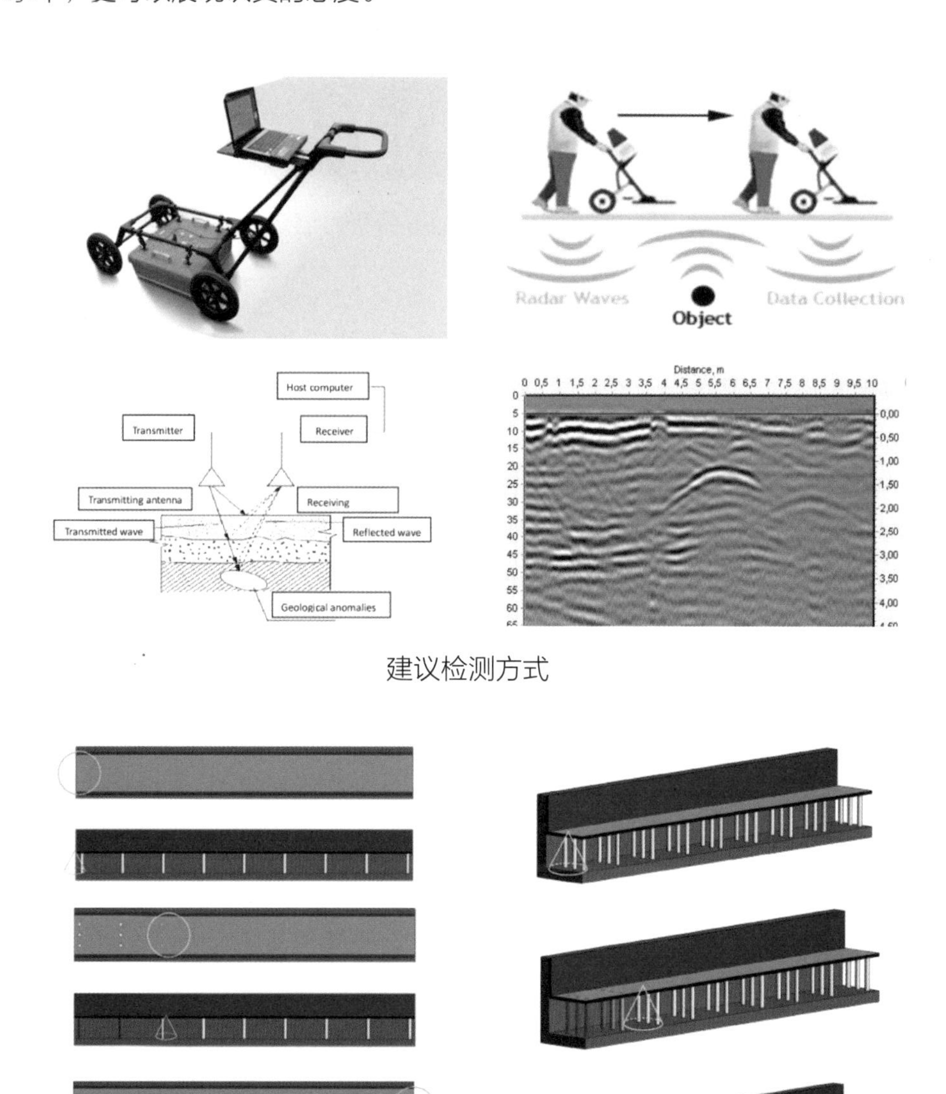

建议检测方式

检测工序推演

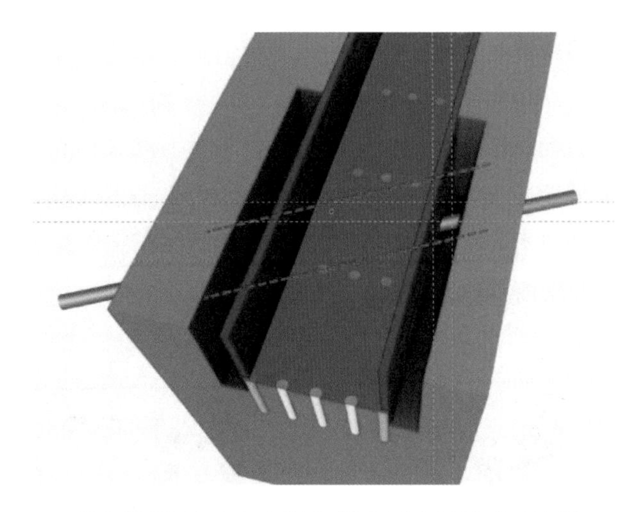

获取数据后对方案进行数据分析并展示结果

3. 商务报价准确、合理

对于任何一个投标项目，投标报价是获得项目最重要的因素。企业如何能使得自己的报价在一个准确合理的范围内，在竞争激烈的市场环境中，已经不能完全依靠人力来解决了。目前，很多软件可以通过三维模型，获得相应的工程量，再通过报价体系完成最后的报价工作。在建模后图纸的工程量的获得相对简单，工程单价和临时设施的考量成为报价的一个重要的环节。

临时设施如何考量目前还存在非常大的提高和改善的空间。即目前的报价只能根据工程量来计算，并不能反映出不同的施工方案、施工方法之间的差别，尤其是很多临时设施和现场的条件，并不会反映在图纸中，会造成遗漏。当然，在投标阶段，因为时间的要求，很多情况无法给出准确的信息。我们也尝试在投标前期通过 BIM 技术做更多的数据收集、分析的工作，让报价更加准确、合理。

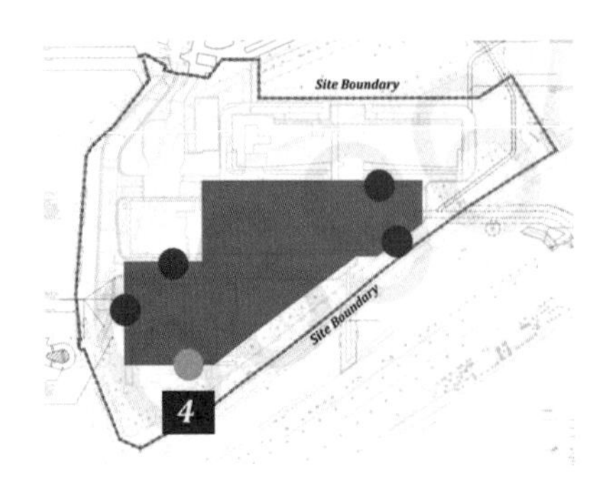

开挖位置

周边环境

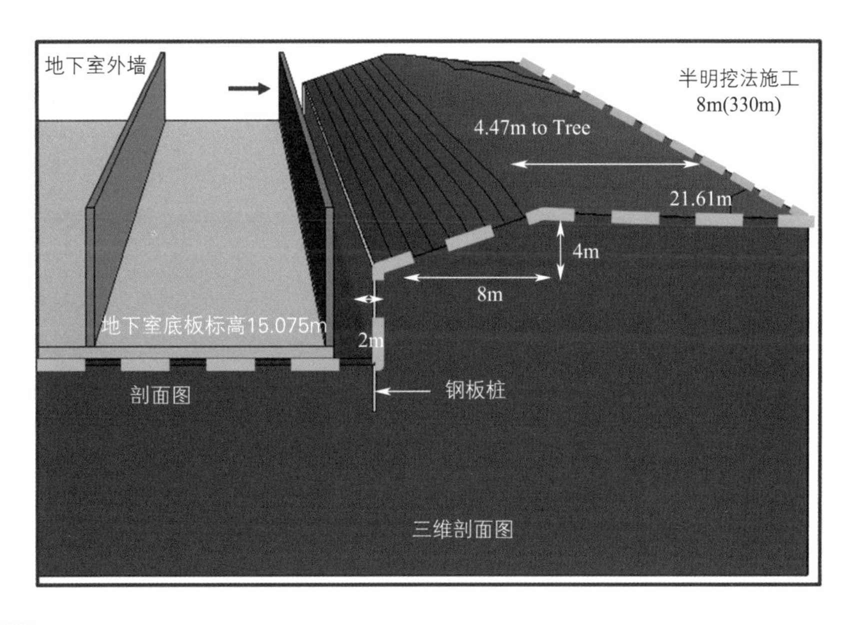

场地标高　开挖区域　剖切面

现有场地标高　剖面节点　开挖土层

开挖方案

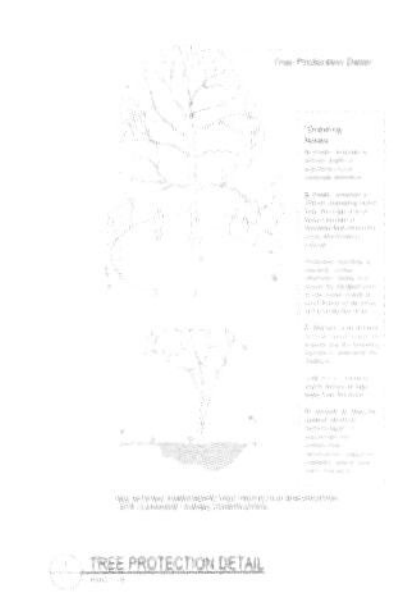

BELOW TREES TO BE CUT AND SALVAGED. TREE TRUNKS TO BE CUT INTO APPROPRIATE SEGMENTS FOR STORAGE AND RECYCLED INTO FURNITURE. (REFER TO DETAIL)

TREE TO BE SALVAGED	
T148	T169
T150	T172
T152	T174
T155	T183
T161	T186
T162	T187
T163	T188
T164	T203
T166	

数目信息查阅并标记

按照环境树木保护机构的方案实施施工前保护工作

在具体的投标实施过程中，我们主要在施工方案模拟、施工进度模拟、资源优化和资金计划三个方面进行了相关的应用。在投标中融合 BIM 技术，按照下面的步骤进行投标。

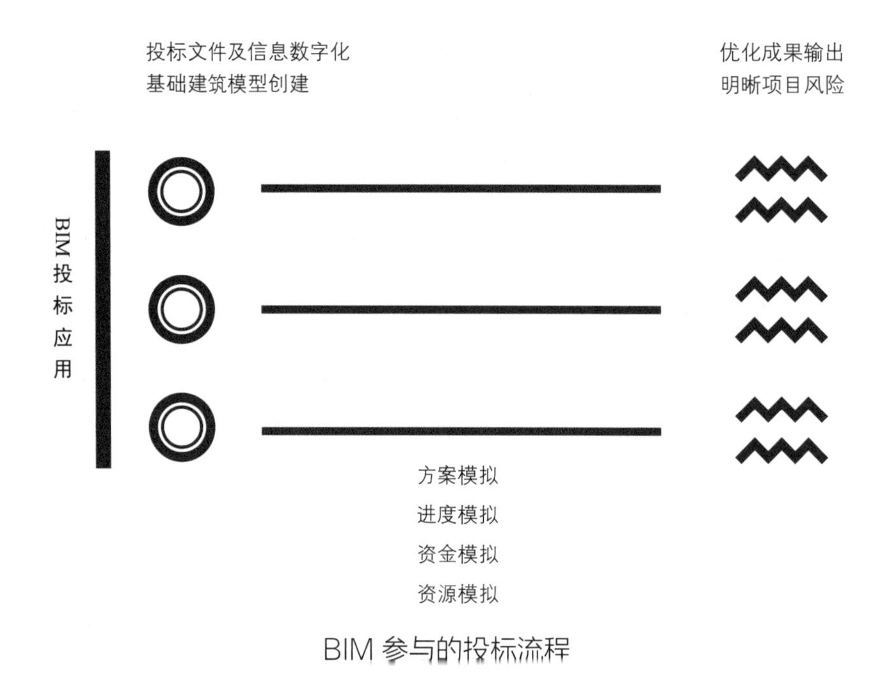

BIM 参与的投标流程

经过不断的尝试与实践，BIM 为项目投标带来了不可估量的优势。在建筑项目投标阶段引入 BIM 技术，是企业在发展中必须完成的转变。在投标初期就引入相关的设计施工规范进行核查，对影响项目的合同条款和过程中的责权进行梳理并通 BIM 引入数字化流程，采用现代施工方法辅以计算机模拟全流程等。在投标阶段采用 BIM 技术，对承建商的好处主要体现在对设计变更的快速反应，减少资源分配不均，可以进行多价格体系对比，施工顺序分析和可建造性优化。通过模型减少对项目理解的误解，减少沟通的时间成本，使投标团队始终保持信息同步，加快投标决策进程。

在项目中标后，在投标当中应用的资料技术，前期做的优化方案，进度计划以及融合的工作流发展到项目实施中，并进一步加深它的应用深度和广度。在项目进展过程中，BIM 团队也在尽量实现施工进度、成本管控、质量、安全等各个方面的数字化。在实际项目开展之前，进行数字化预施工的模拟，可以极大地减少和避免施工现场因计划不周或专业不协调等问题发生延误。

3.3 BIM 投标技术应用案例

应用案例一：场地排水系统的分区与规划

场地的平整与施工规划，对于高低差较大的项目而言，是一个繁杂的工作。尤其是对于面积大,而整个场地需要大面积开工的时候,最前期的场地平整与排水是整个项目开工的基础。

以一个土方挖掘及回填步骤举例，可以看出我们对整个数据化流程的思考以及优化。在传统工作流程中，对于场地的数据，基本就是使用表格计算或者 Autocad，Civil 3D 等单一软件来实现，只能得到现场标高的单一结果数据，并不能展开对开挖、回填等工作的实际情况的反应，对于正确性的验证也存在盲点。而且在展现方面，也有很大的局限性，并不能很好地反映出实际的现场情况。

地形平面图

上图为一个高低复杂地形的平面表示。左侧为自然地势下水势的流向，右侧为根据区域划分后，人为设置排水沟后的水势流向。在投标阶段，引入 BIM 多软件结合的方法后，我们尝试使用不同的软件结合来完成场地平整和排水路径规划等不同的任务，并把计算结果整合，形成完整的方案。

在获取了现场场地的标高信息后，首先将地坪的高差信息导入 Civil 3D 当中，对整个场地进行了分析。根据分析的结果制定出了场地排水以及水流的规划路径方案，分阶段对场地进行开挖和回填。在整个分析过程中，对不同的方案进行比对，根据不同方案的开挖的模拟数量给出施工预算。

应用案例二：复杂地块的场地平整和规划

下图为一个高差 22m 的地块投标项目的现场情况，一般情况下，会采用如下的图纸进行二维的表达。通过剖面图只能显示出该场地的高差最大 22m，而更多的信息例如在局部有地铁隧道穿过；如果挖土深度达到 15m，则有可能造成地铁隧道的上浮等问题在图纸中很难反映，而由此确定的整个场地最终地坪高度则可能因为信息遗漏而不符合项目要求。

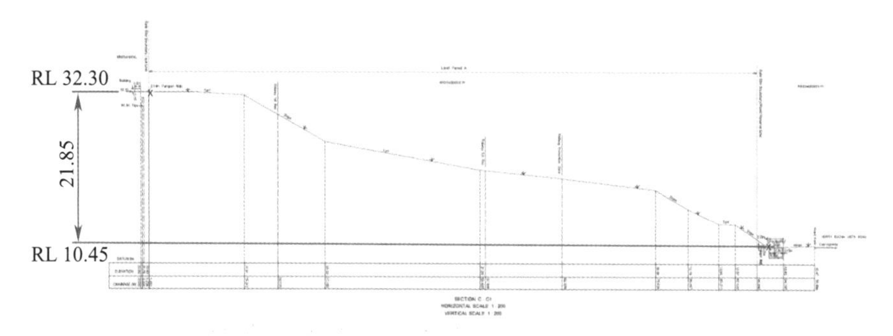

- Very hilly existing terrain with close to 22m level difference within the site
- Removing 15m soil (270kPa) above Tunnel and adding 3 level of structure (60kPa), the unloading could cause tunnel heave, which is not allowed by LTA, require soil enhancement (DSM)

场地剖面图

显而易见，如果只是通过这样一张剖面图，很难反映整个场地平整的施工过程中所要面临的问题、施工步骤以及整个项目的施工工作量。在方案规划的时候，需要将场地整平，挖土和填土与整个施工工序同步考虑，因为整个过程现场高差变化频繁，区域划分多样，对于参与项目的技术人员来说要通过 2D 图纸理解项目的进程和变化是非常耗时的。

另外，在每个阶段都需要考虑整个施工平面布置图、基坑开挖的机械进出、阶段性的回填、挡土结构施工的时间和采用的开挖方案，这些信息量随着施工的进展都是在不断变化的。

这个项目空间的复杂性以及时间的相关性，如果采用四维的参数来表达将会更加准确清晰。同时，对于工程量的计算也不是简单地通过图纸和现场的高低差进行计算，而是存在着反复开挖和回填的部分，通过 BIM 的规划和分析、展示，可以让该项目的场地平整工作清晰、准确、全面。

最后，在投标展示阶段，我们采用 BIM 的三维动画展示，让相关的参与方都明确了施工步骤、施工的关键节点以及项目的难点。

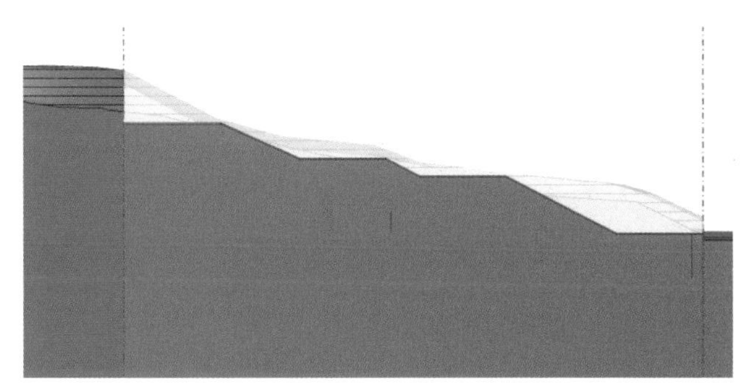

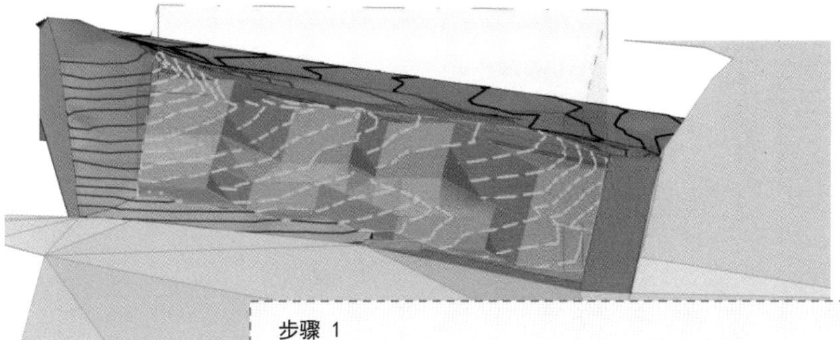

步骤 1

根据地面高差数据生成整个地块的三维模型，用不同的视图展示尽可能详细的现场情况，这里展示剖面和鸟瞰。

天蓝色部分为前期开挖土方，对应产生的具体数量反映在数据表中。

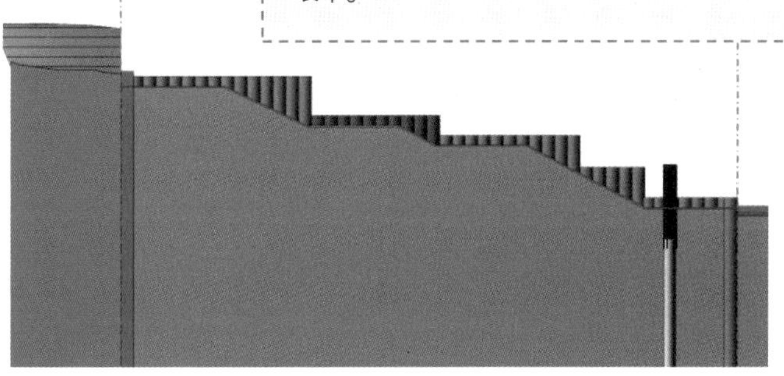

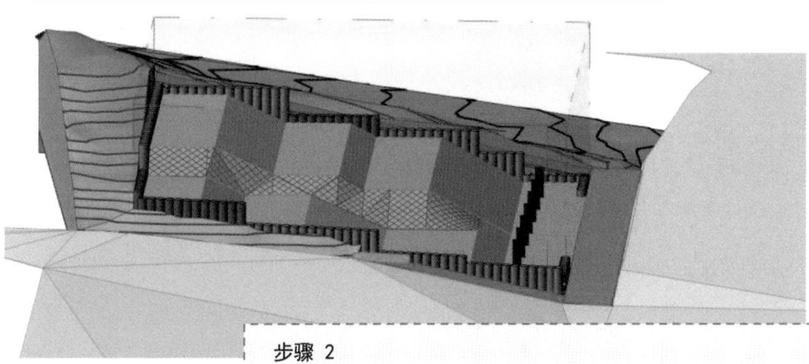

步骤 2

图示为第二次开挖完成后整个工地的地块及高差布置情况，根据整体信息规划施工道路以及接下来相应工作的前期布置。

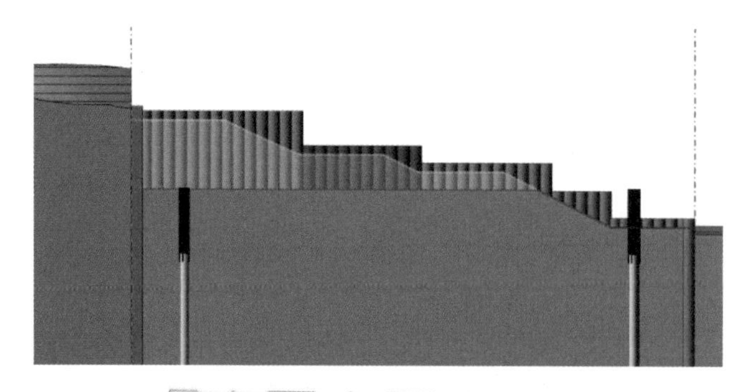

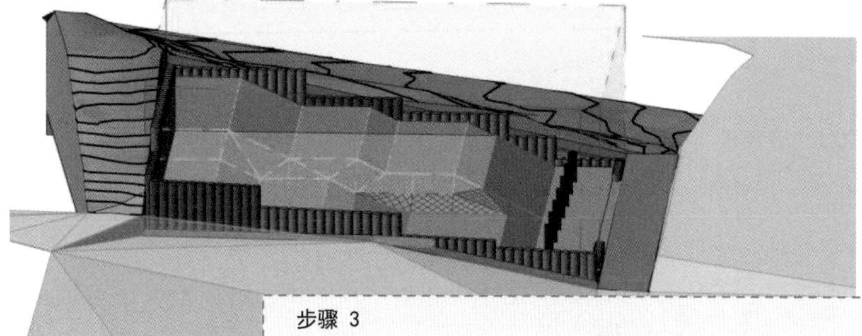

步骤 3

在二次开挖完成后，形成不同梯级的施工平台，在完成各个不同高度的相关工作后，进行第二次整体开挖。天蓝色部分为第二次向下开挖部分，具体土方量体现在数据表中。

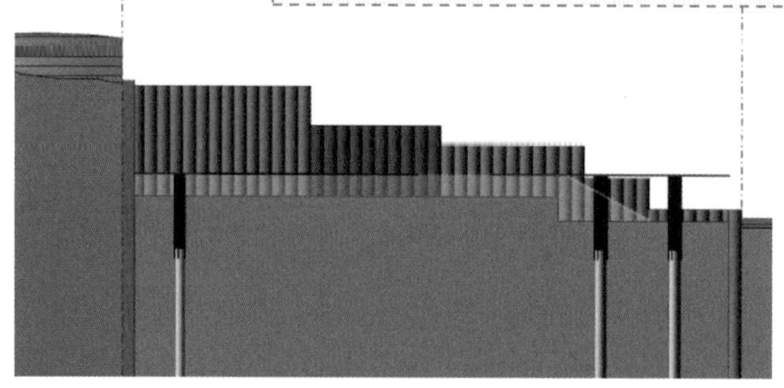

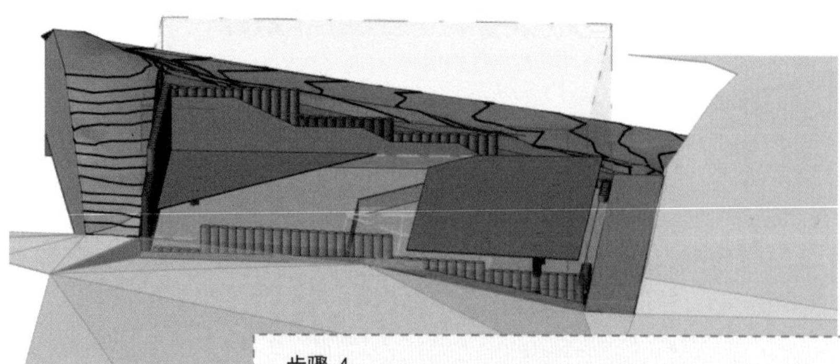

步骤 4

在完成对工地的道路布置以及完成各个不同高度的相关工作后，在建成的一楼楼板下方进行第三次向下开挖，天蓝色部分为第三次向下开挖部分，具体土方量体现在数据表中。

应用案例三：大型钢结构的施工安装

某投标项目中有一栋六层的公共建筑，在该建筑的大厅部分，为一个四层楼高的剧院式的挑空，该剧院的屋面属于多层空间桁架，如何安装多层大跨度钢结构的空间桁架是该项目的一个难点。

在初期的方案比较中，存在着两种不同的意见，即传统的现场搭脚手架层层拼接的方法以及采用液压整体提升的方案。因该结构桁架的最终传力点位于柱顶，属于下沉式桁架，如果采用传统的方案，则需要采用重型承载式脚手架，而且脚手架的高度非常高，工期长且临时费用高。

如果采用液压提升的方法，在工厂预制好后整片吊装，现场时间短，但是因属于非常规施工方案，费用估算需要考虑全面，而且可能存在一定的风险。

针对该项目以上的特点，我们在投标期间将 BIM 与施工方案相结合，综合考虑了现场的实际情况，并对施工方案进行了计算机模拟，对项目的重点和难点进行了可行性分析，规划出了合理可行的施工方案。

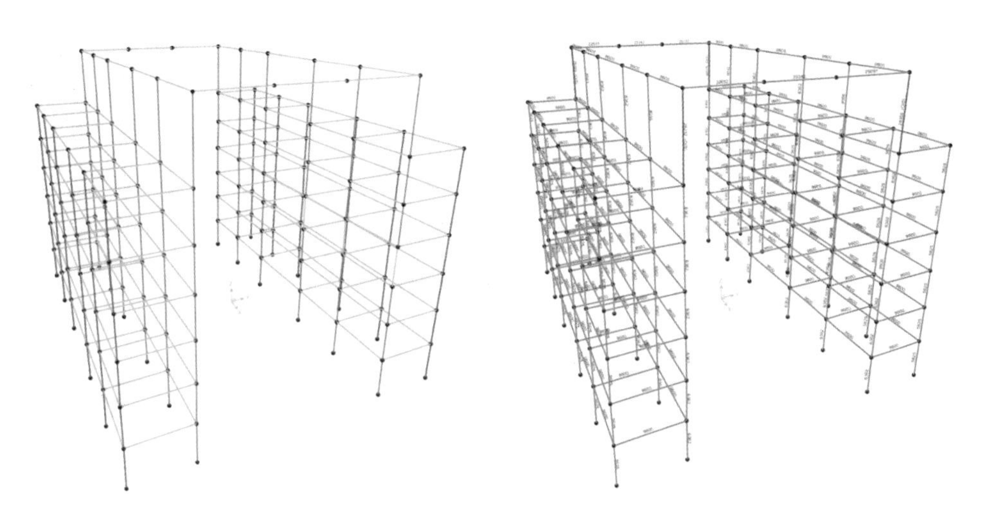

对原钢架整体结构验算及分析，确认提升方案的可行性

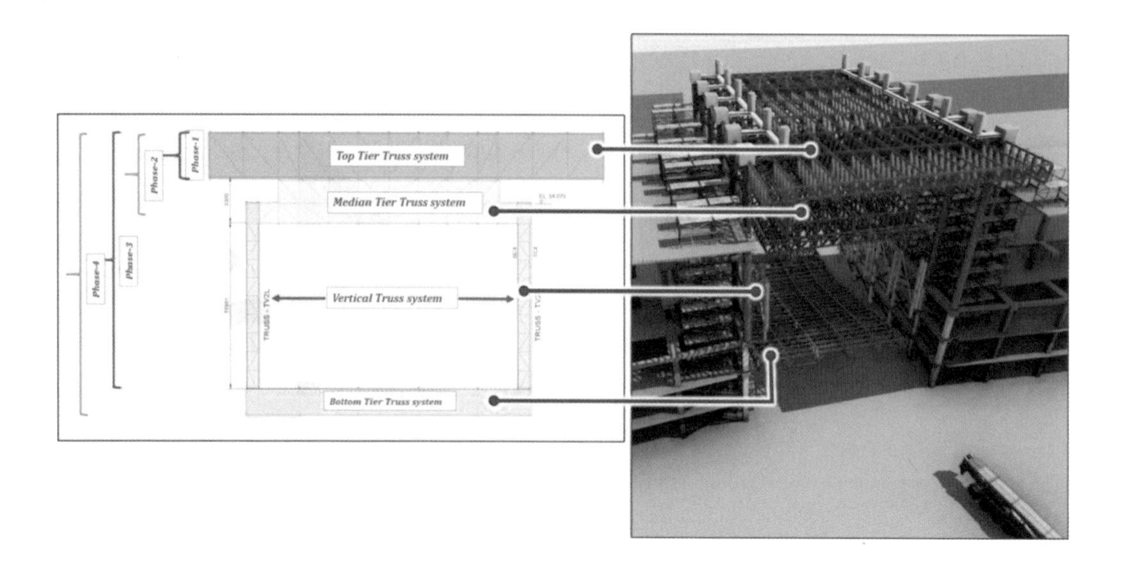

空间刚桁架尺寸为 50m × 30m × 21m，采用分层提升的方案，将桁架一共分成 4 层进行安装。

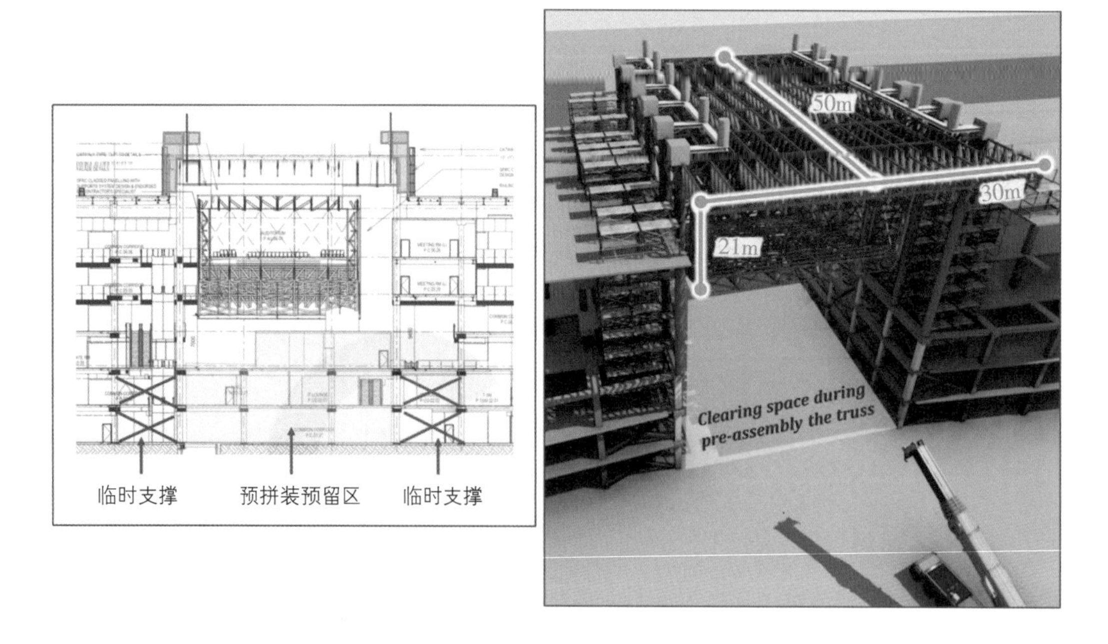

对每部分进行重量及长度进行二次验证，制定临时支护方案，最后根据方案，确定最终现场施工时，钢桁架的运输、摆放和吊装的位置及顺序。

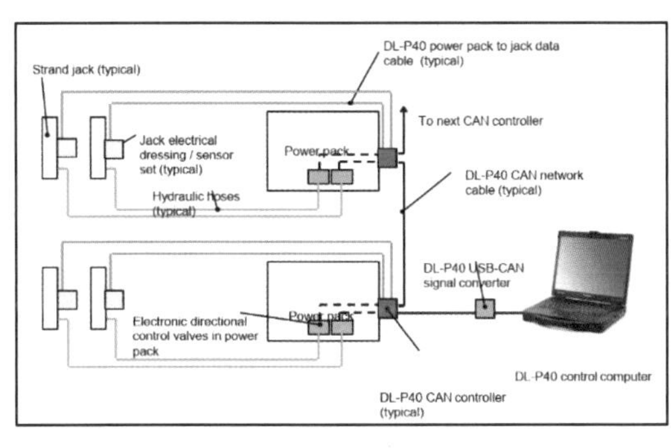

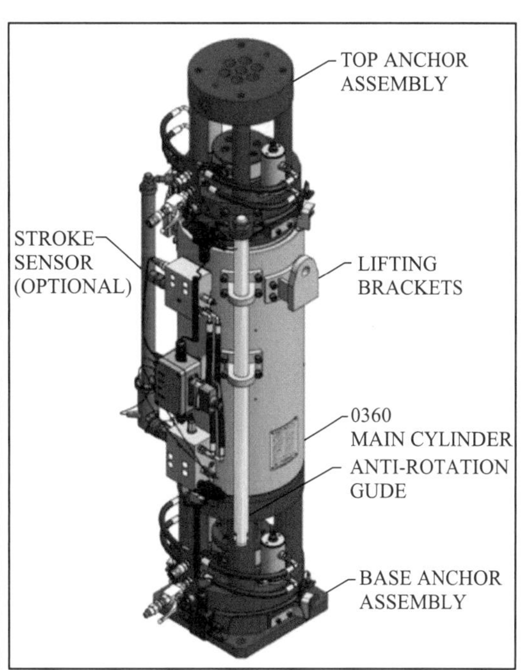

Lifting of Superheater Module in Jurong Island, Singapore

根据分层桁架的重量，吊装点及位置验算确认提升设备及系统选型。

经过 BIM 模拟分析，液压提升点确定距离柱中心 2m，需要设计液压提升支架，并对桁架的提升进行验算，保证桁架杆件的安全。

应用案例四：无人机扫描与工地三维图形构建

某项目占地面积 91890m^2，且存在较大的高差，为了更好地规划施工道路设施以及施工顺序，采用无人机对工地现场进行地形拍摄。因场地面积大，无人机是一个经济有效的工具，在采集数据的基础上，结合 BIM 模型，分析场地与拟建建筑的关系，构建整个工地的三维图形。

对该项目场地进行无人机扫描后，将建筑外形投影到三维地形图上，可以更直观地看到整个场地的高差和建筑物相对位置的关系，如下图所示。整个场地中间属于相对平整的区域，但是在北侧和南侧坡度很陡，而且有 2 栋建筑物的局部正好位于北侧地形变化较大的区域。因此，在后期的施工过程中，需要考虑基础施工土方开挖和护坡。而投标的设计图纸中，因为没有现场实勘的地形资料，在招标文件中并没有相关的施工内容。

利用无人机扫描的技术，我们还发现，在整个场地的南侧，会出现一个坡度接近 40°的大斜坡，因此，在规划整个施工道路的时候，还要考虑到整个施工场地的临时道路的位置和运输的坡度。

同时，因该场地存在的高差，在投标过程中获得数字化地形，就可以进行整个场地的土方量的分析。经过分析后发现，因场地面积比较大，而存在高差的位置多为坡度较陡的区域，如果将整个场地的标高设置在一个合适的高度，则土方的回填和开挖接近平衡，这样，不但可以提前测算出整个场地的土方量，而且可以通过优化，减少土方的运输，从而节约整个施工时间。对于场地占地面积大、地形不平整的地块，采用无人机与三维扫描的结合，可以避免在投标过程中的遗漏，提高施工报价的准确性。

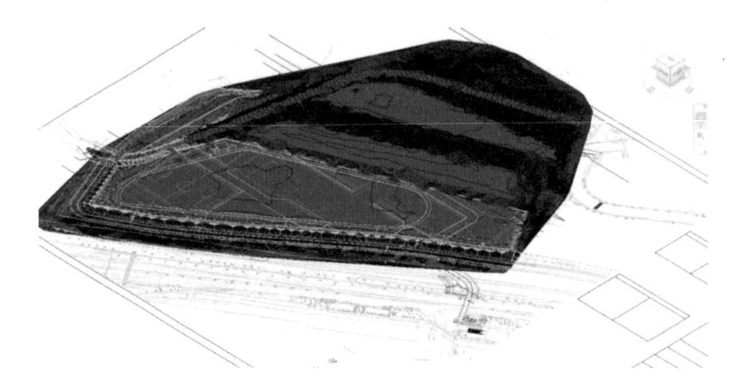

扫描数据生成的模型与图纸对应关系

应用案例五：三维扫描对基坑开挖支护方案的优化

场地同前面的案例，从上面的无人机扫描可以看出，投标项目整个场地存在较大的高差，在将建筑物轮廓与整个地形重叠以后，不但建筑物存在局部的基坑需要开挖，而且整个地下停车库的开挖因为四周场地不平整，也存在支护方案的选取问题。因地下停车库的占地面积较大，经过前期的扫描和后期的建模分析，整个地下车库的开挖深度也有较大的变化。

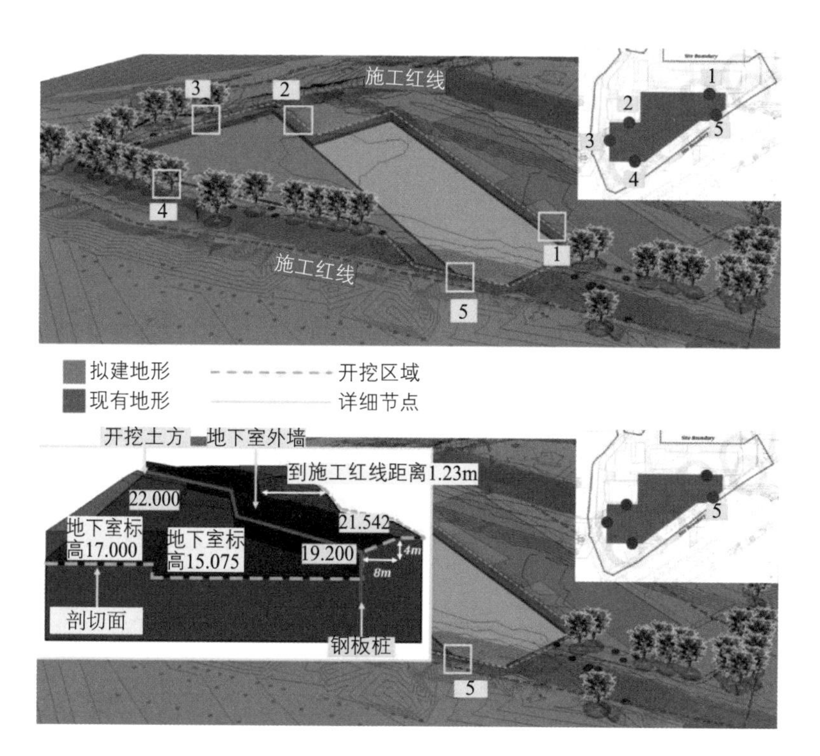

从上图可知，地下室开挖在 1 号节点处因为高差小、距离建筑物远，可以进行放坡。从 1 号节点的放坡开挖过渡到 2 号节点，2 号节点局部高差大，必须采用基坑支护。在 4 号和 5 号节点一侧不但坡度陡，而且因为部分树木需要保护而受到影响。5 号节点处因距离施工红线很近，必须采取相应的基坑支护方案才可以进行开挖。

经过对地下室周边环境、开挖深度的分析比较，最终确定，在 1 节点到距离 2 节点 3m 之间可以采用放坡，在 3 ~ 5 节点一侧的开挖，因受到场地条件的限制，可以采取放坡和钢板桩护坡两种形式的结合。通过 BIM 将三维模型与实测的数字化地形相结合，在投标期间确定地下室开挖的方案时，不但可以得到经济合理的方案，而且因为与现场的实际情况相结合，因此，可以更好地发现未来施工过程中可能存在的问题，避免在实际工作中临时修改造成的浪费。

应用案例六：对复杂地形的点阵化拓展

经过不同项目的尝试，我们逐渐摸索到在土方规划上面需要注意的事项以及如何快速准确地反映出变化量。在此基础上，我们进一步探索结合不同的方法和软件来实现土方变化量的呈现。

如果要实现开挖量的自动计算，必须将所得的数据划分成连续细分的有限元图形。因此，首先需要把模型细化，分布成均匀的点阵，这样在开挖和回填的过程中，可以根据不同的高差阶段性地反馈出变化量，并根据现场情况动态地调整出土量，达到更加精确的成本估算和控制，并且能在大型设备的投入及安排上节省浪费。

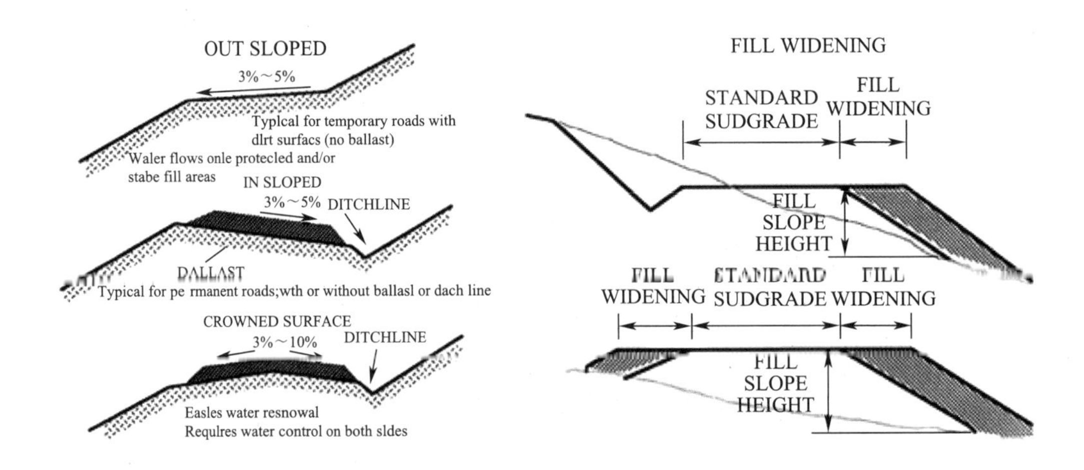

复杂地理地形情况

点阵化地形后的开挖回填对比方式

应用案例七：BIM 与 GIS 的结合应用

在热带雨林的投标项目中，由于整个项目的特殊性，大片的树林和植被的覆盖，对施工人员的行动动线规划是一个需要进行详细考虑的问题，如定位、检查位置、确定园区的施工顺序等，而且园区内还有需要保护的动物，都是我们在前期投标方案中需要面对的难题。为了应对定位的问题，在投标阶段，我们就根据图纸在 GoogleMap 上面划分好了各个树木保护区，以方便我们在整个投标阶段都能使每个团队以及外部协调人员得到最新的信息，而且在我们进行现场勘查的时候，也能定位到准确的位置，确定这些位置的现场实际情况。

BIM 和 GIS 在热带雨林公园项目中的应用

由于不同种类的建筑名称，保护区名称，以及其他的信息繁杂，我们根据最初的名称划分制定了下面的区域名称表。在表格中点击不同区域，可以标注主体位置，方便工作人员进行工作安排。在初期投标阶段，我们在参数定义时增加了建筑列表，场地范围以及树木保护区范围。项目团队在接手项目后又增加了需要树木保护区的编号，砍伐顺序以及砍伐掉的树木编号。在实施过程中，实时更新工地的进展顺序，防止树木误砍以及区域的错误识别。在后面的章节将详细阐述此应用。

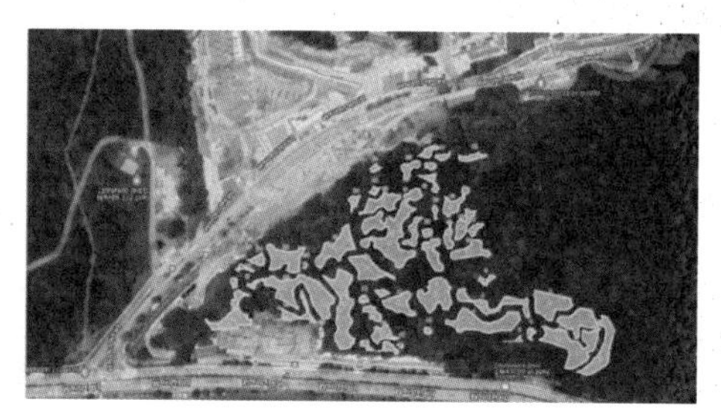

BIM 和 GIS 在热带雨林公园项目中的应用

应用案例八：数字模型与施工机械布置的优化

施工项目中施工机械的布置和优化，需要结合整个场地的地形、建筑物布置以及工期的要求等多个条件。对于热带雨林项目，在考虑塔式起重机的布置时，还需要考虑周围众多的树木对于起吊的影响。面对场地可能存在的众多遮挡，我们采用在全数字化模型上模拟重型机械可以停靠和安装的位置，如下图所示，完美地避开了需要保护的树木，并且考虑到了树木高度对吊车的影响。在进行了多次模拟后，最终确定把塔式起重机数量从初期的 6 台减少到 2 台，其余部分都由可移动吊车代替。当然在进行此部分分析时，还必须考虑现场高差和树木对运输道路的影响。此方案避免了后期吊车与树木的碰撞，从而节省了大量的设备成本。

数字化模型上的设备模拟

数字化模型上的建筑设计与周围环境模型

应用案例九：前期投标数据后期的深化处理与应用

在雨林项目前期投标时的场地的勘测中，使用了无人机获取数据与二维的测量和拍照结合来还原现场情况，这对于整个工程的施工工序的确定和场地的平面布置，起到了非常关键的作用。

在深入研究整个地形和项目特征后，针对项目中的难点——现场树木保护的问题，在投标过程中，使用了三维激光扫描技术对整个场地全部几百棵树进行了数据化扫描。在获取完整的树木点云数据后，按照扫描结果对数据进行优化，转化为轻量化的多边形模型导入 Revit 当中进行整个场地的数字化建造。

数字化技术的引入，数字化建造和管理的方案，成功地使我们获得了这个项目。这些技术的采用，也让我们在前期投标的工作过程更加透明和有效，对项目中的难点比如现场树木的保护等，均制定了详细的规划，减少了误判和冲突的问题。

在项目中标后，项目前期的数据全部移交给项目团队，团队人员从开始就无缝过渡到整个项目的管理当中，极大地提高了项目交接的效率，也使他们可以快速清晰地理解项目的重点。

现场状况

现场高差分析图和高架通道关系

无人机获取数据

在后期的项目实施过程中。项目团队按照提供的方案跟进，对全部扫描转换成数字化的树木进行分类编辑，加入了树龄、根部直径、树冠直径、高度、种类、是否保留的相关的信息，为团队在进行协调环境和建筑关系的时候提供了直观的帮助。这些对于树木信息的管理、对前期的设计方案也提供了相当的支持，而且为后期施工技术方案的可行性提供了帮助。在设计和施工过程中，可以在电脑上模拟管理整体的树木数量和位置的变化。例如砍掉不需要保护的树木后，现场的实际情况，反映出树木的变化量和位置，使得项目团队能更紧密地跟进这些工作对项目各个链条上的相关部分产生的影响。

该项目前期投标的 BIM 数据，只能满足整体的规划，在项目的具体实施过程中，还需要不断地进行补充和完善。随着项目的开展，我们还对既有流程和方式进行了进一步的调整，获取项目更多的信息。我们尝试使用了高差扫描来获取整个场地的高度趋势分布，再进行数据优化和设计比对，得到了准确的高架行人通道、地形以及树木三者在平面及高度之间的关系，为后期的设计优化工作提供数据支持。

扫描机型

现场状况

扫描结果

模型化

模型优化

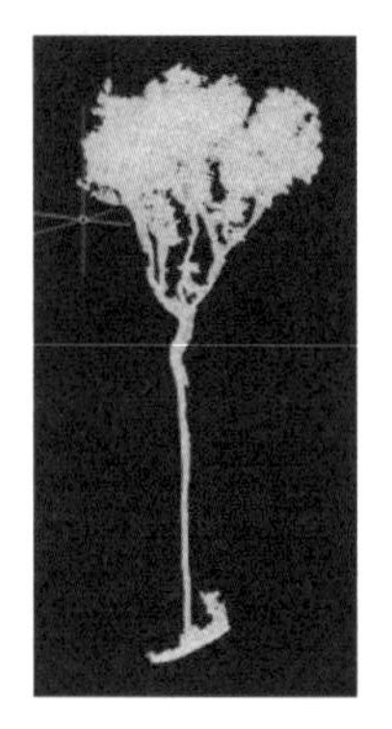

优化结果

在热带雨林项目的投标和后期的实施过程中，我们通过不断地尝试，从各个方面获取数据信息，其中包括 GIS、无人机现场扫描、三维扫描等。对获取的数据进行优化整合后，最终形成了 1：1 的现场数字化模型，给设计团队的深化设计工作提供了充足详尽的数据支持。热带雨林项目的设计需要建筑与自然的结合，其中很多的高架栈桥布置在树林中，对于设计而言，不但需要考虑最终呈现的效果，还需要考虑栈桥的结构如何施工。现场的信息为设计的合理可行提供了先决的条件，避免了未来在施工过程中的各种冲突与变更。

在该项目的实施过程中，BIM 发挥了巨大的作用，大量的数据采集、分析、轻量优化，需要建筑企业储备更多的计算机以及 BIM 人才，这也是未来建筑业的趋势。

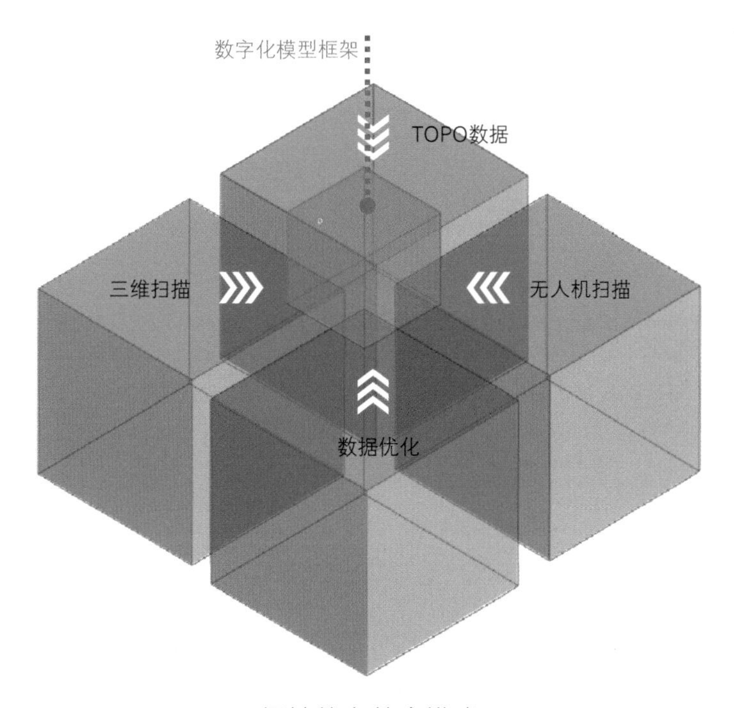

场地信息整合模式

新技术的应用，让我们成功中标了热带雨林项目，并且在中标后的深化设计和施工建设中，递进式地把传统步骤和流程有效地与数字化技术结合，解决掉了一个个难以用传统方式解决的难题。该项目在主题公园建设方面提供了很多有益的尝试，在设计阶段，主题公园内 20 余个建筑小品自然散落于高低不平的热带雨林中，假山、深潭、溪流等与自然景观相结合，最终的设计将自然树木与人工建筑相融合。在施工阶段，采用各种模拟方案（在确保树木保护的条件下，不断修改道路的坡度、位置路径、施工顺序）确定施工场地布置和施工顺序，BIM 发挥了巨大的作用。

在投标过程中，利用 BIM 投标的数字化流程方案，我们开展了多方面的工作，以下为部分案例的应用与实践。

钢结构工厂屋顶加固项目

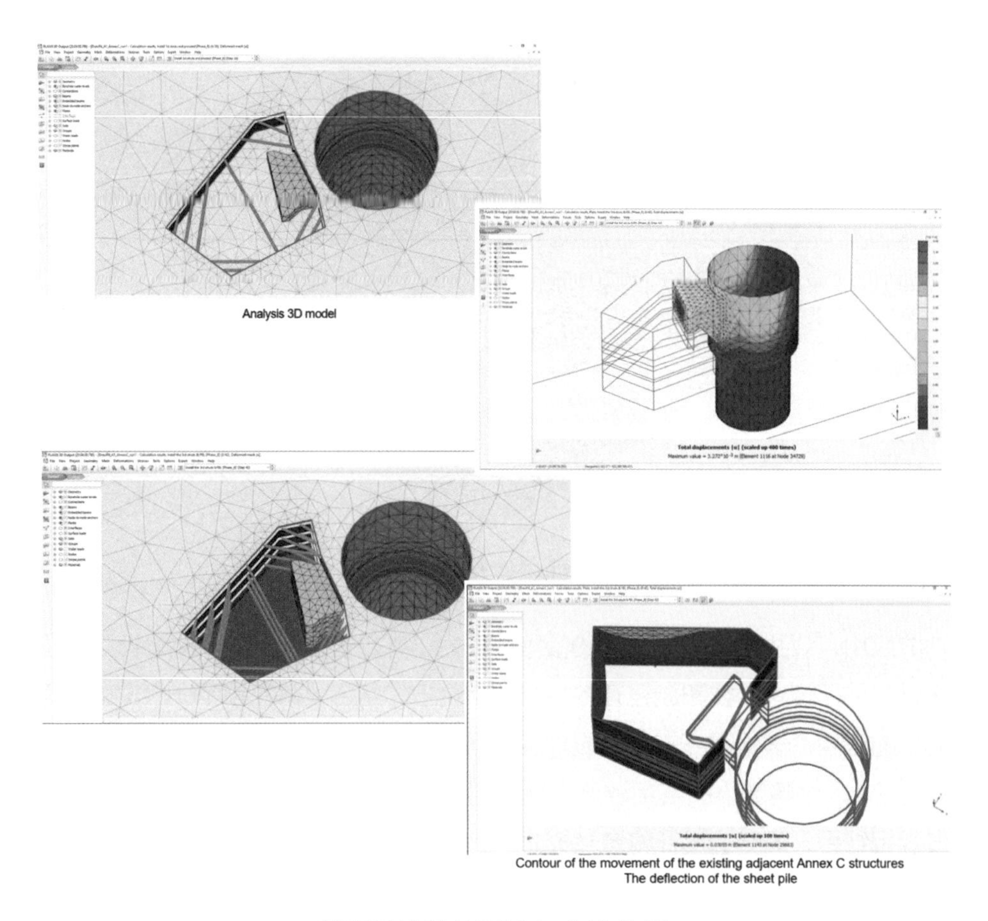

某项目的基坑开挖与支护分析

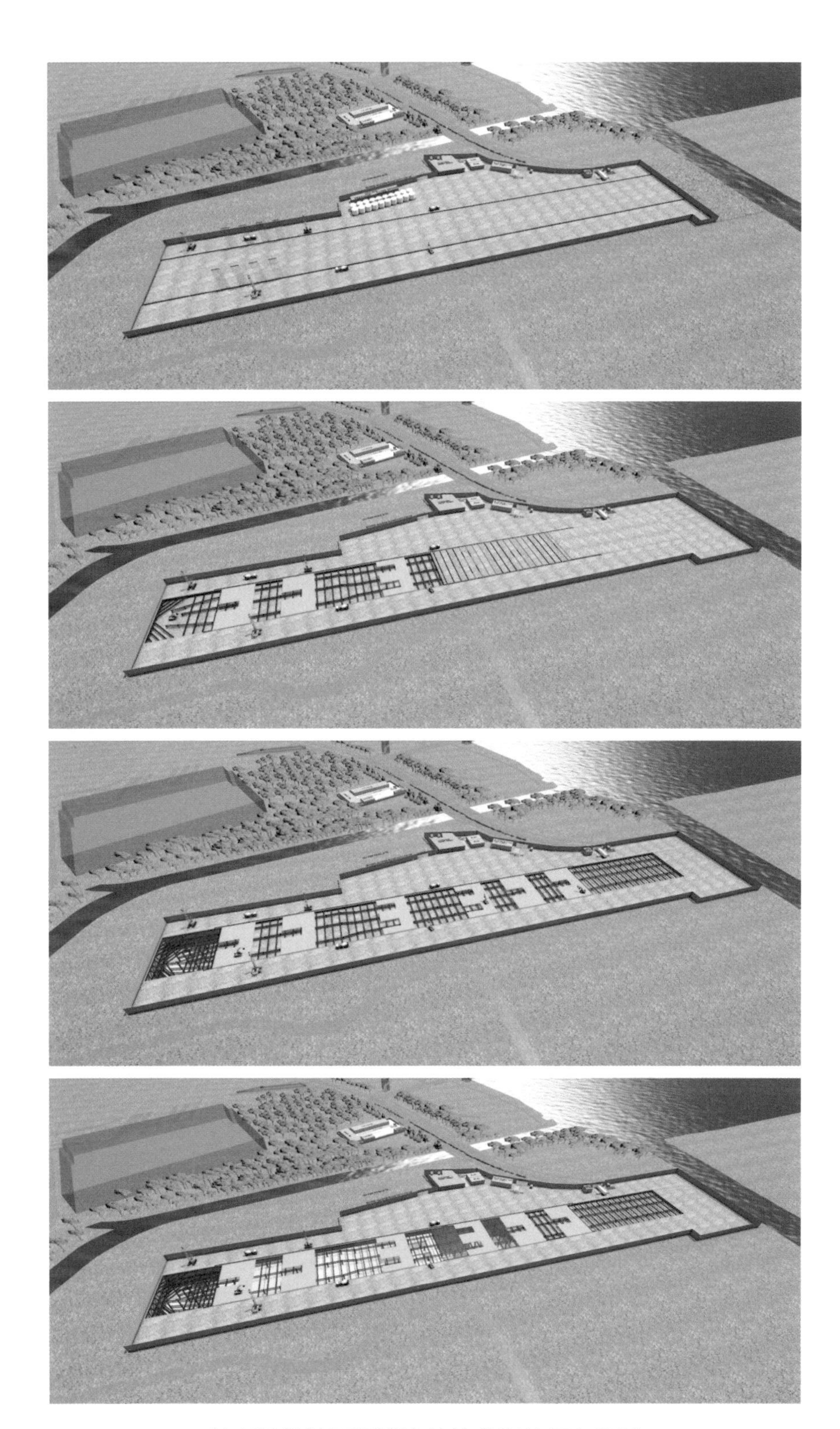

某项目的地下通道连续墙分段施工与开挖

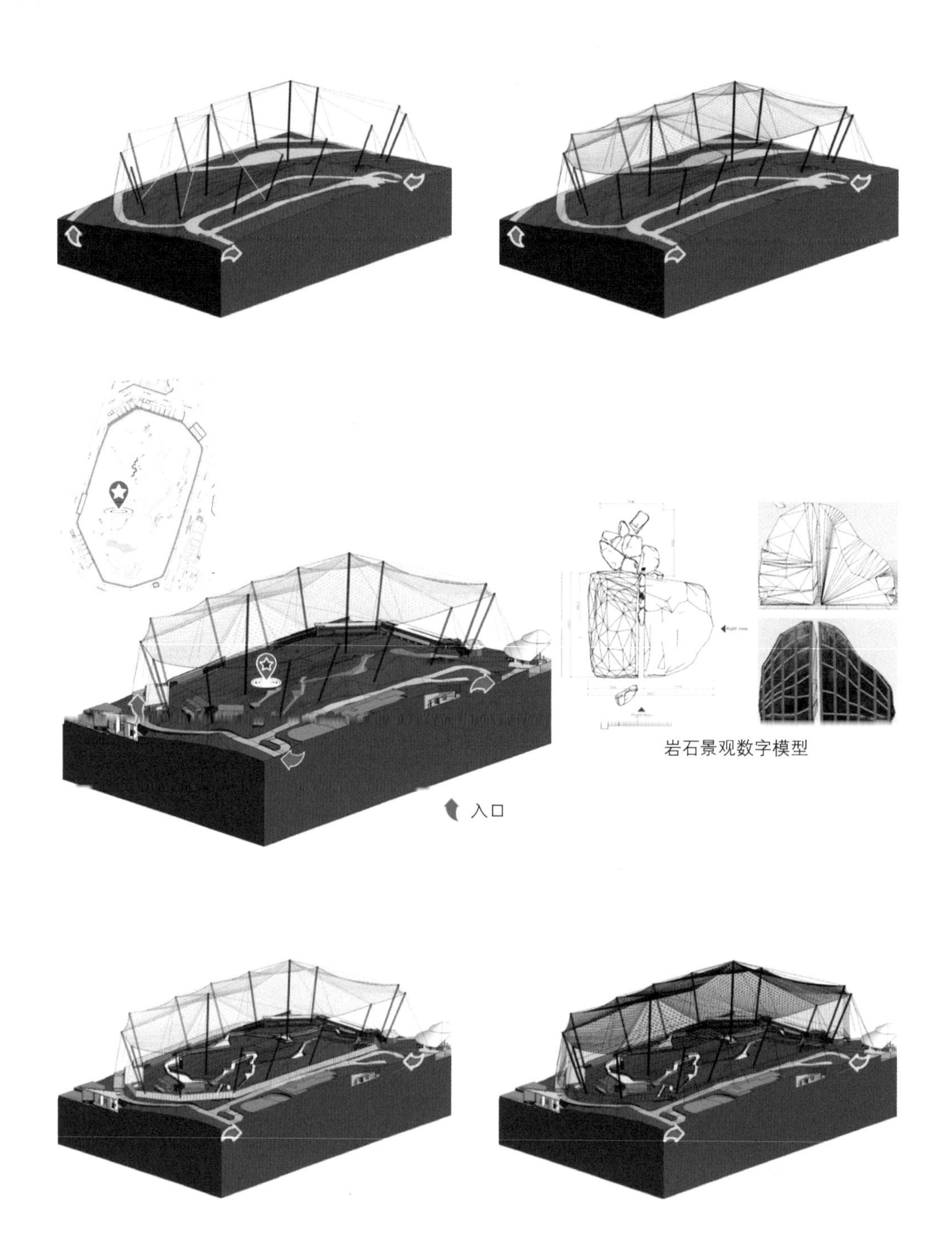

某项目的钢模结构分段施工与安装

3.4 BIM 投标方案决策

投标的技术方案不管做得多么优秀，如果不能将其反映到实际的标价当中，造成方案和标价不对等或者误差太大，多会降低中标概率，所以，如何让方案和标价对应成为数字化投标的重中之重，真实反映项目标价，既可以降低项目因报价失误中标后的风险，也能成为管理层决策的有力支撑，对提高中标率有十分重要的作用。

在这个环节上，就需要投标技术部与商务部有十分紧密的合作，对价格和数量的对应关系有严谨的态度。

在引入 BIM 数字化之前，投标报价基本都是按照 Excel 表格来指定价格体系和汇总格式，其中会设置十分繁琐的公式。然而这个繁琐的过程并不能提供有效的效率提升和结果验证，最后还是要商务部有经验的报价人员根据经验核定最终成本，中间的误差有时会非常大，而且因为涉及的数据核查量很大，寻找差异的原因也会比较困难。如何通过使用 BIM 技术解决施工技术问题的同时，把模型数据引入到报价体系中是我们现在一直在探索的。

建立数据信息沟通标准和体系

在新的投标开始时，建立数据信息沟通标准和体系是第一步。首先按照人材机的大致关系指定关键联系表，如下图。罗列出项目面临的风险，需要验证的参数、数量、价格和方案，对应到不同的负责人，并设置数据的对接点，这样相互之间的数据就可以无缝传递，所有的变更都会反映到相同的价格体系模板当中。在新加坡的投标模式中，不同的分包价格差别悬殊，会对最终价格产生较大的影响，因此需要我们有一个十分严谨的对标体系，所以前期的数字化信息数据就显得尤为重要。

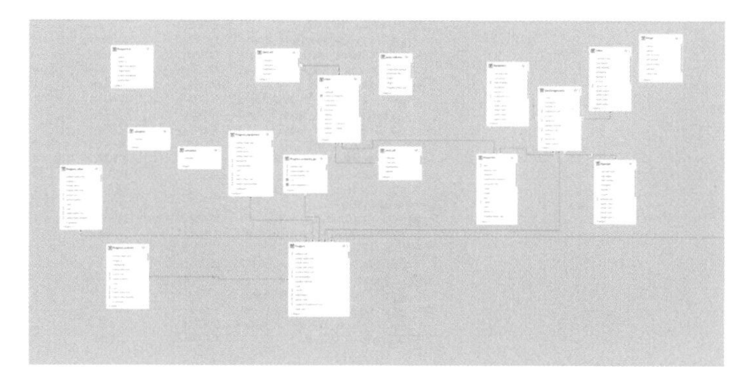

人力、设备和工程的资源优化、重新分布和匹配

这样的模式保证了项目报价的准确性，同时，也是项目在没有任何风险情况下的最低成本。如果在最低成本控制下中标，就意味着在中标后设计、建造、施工都需要有紧密的协同，更加精细且深入的工期管理，还有快速的风险反馈机制和严密的成本控制手段。在使用 BIM 投标策略伊始，整个数字化施工管理的“大船”就已经起航了，项目组成员同舟共济，都在为顺利到达而付出各自的努力。

投标报价决策流程

首先，我们会对项目模型中的工程量进行分析。如下图所示，分别展示了人、材、机各个部分的使用数量，并且会把前期成本、设备成本和分包工作按照模块分割开来，进行单独的价格分析汇总。

在每个部分都会根据不同的承包商生成对应的比对价格，这样无论哪方的价格出现调整或者变更，都可以从模型的对应模块快速找到相应的反馈，增加了核算的灵活性和准确性，避免了延误或者人为错误发生的概率。

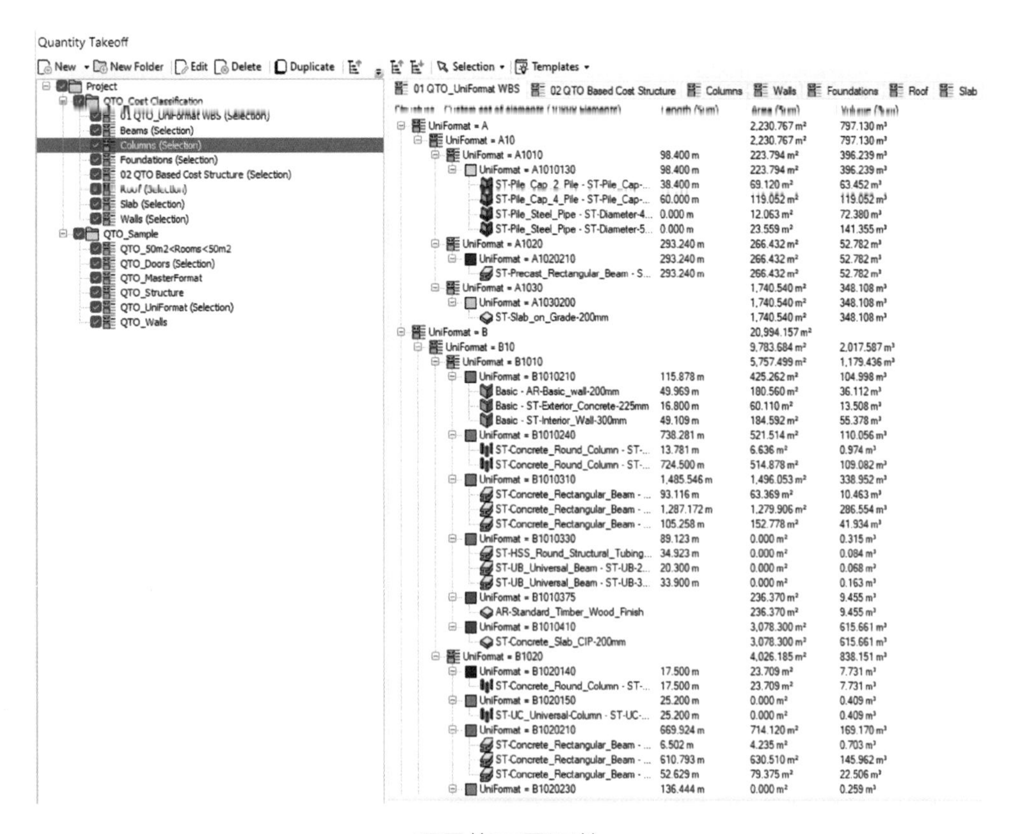

项目施工量汇总

Row Labels	Sum of Quantity
Carpenters	6386.40
Common Building Laborers	2824.77
Rodmen (Reinforcing)	4285.11
Cement Finishers	3055.41
Common Building Laborers Forman (outside)	221.09
Equipment Operators, Crane or Shovel	351.27
Pile Drivers	480.44
Equipment Operators, Oilers	110.32
Pile Drivers Forman (outside)	108.74
Welders, Structural Steel	419.89
Equipment Operators, Medium Equipment	1088.16
Equipment Operators, Light Equipment	684.90
Carpenters Forman (outside)	249.73
Structural Steel Workers	903.29
Structural Steel Workers Forman (outside)	94.97
Truck Drivers, Light	36.83
Roofers, Composition	393.35
Roofers, Composition Forman (outside)	125.18
Roofers, Helpers (Composition)	250.36
Bricklayers	828.34
Bricklayer Helpers	640.45
Sheet Metal Workers	2161.80
Glaziers	9655.73
Painters, Ordinary	1609.71
Tile Layers	330.32
Plumbers	1305.23
Plumbers Apprentice	325.25
Asbestos/Insulation Workers/Pipe Coverer	6.53
Asbestos/Insulation Workers/Pipe Coverer Apprentice	6.53
Steamfitters or Pipefitters	416.57
Electricians	1976.85
Steamfitters or Pipefitters Apprentice	285.74
Sheet Metal Workers Apprentice	776.62
Sprinkler Installers	3.43
Electricians Foreman (inside)	635.33
Boilermakers	9.00
Skilled Workers Average (35 trades)	14.02
Truck Drivers, Heavy	20.31
Bricklayers Forman (outside)	96.50
Grand Total	**43174.4205**

人工总量

Row Labels	Sum of Quantity
Gas Engine Vibrator	36.51
Gradall, 0.48m3	4.46
Crawler Crane, 40 Ton	13.59
Hammer, Diesel, 22k Ft-Lb	13.59
L.F. of Leads, 15K Ft. Lbs.	815.56
Backhoe Loader, 48 H.P.	3.11
Tandem Roller, 5 Ton	1.87
Concrete Pump (small)	10.11
Welder, gas engine, 300 amp	8.92
Lattice Boom Crane, 90 Ton	0.20
Flatbed Truck, Gas, 3 Ton	1.69
Application Equipment	15.65
Crew Truck	8.94
Tar Kettle/Pot	8.94
Welder, electric, 300 amp	6.85
Laser Transit/Level	2.00
Dozer, 200 H.P.	1.60
Dump Truck, 16 Ton, 9.17m3	2.85
Grader, 30,0.00kgs.	13.35
Vibrating plate, gas, 18"	12.70
Asphalt Paver, 130 H.P.	0.90
Roller, Pneum. Whl, 12 Ton	0.90
Tandem Roller, 10 Ton	1.60
S.P. Crane, 4x4, 12 Ton	12.06
Paint Striper, S.P.	0.03
Pickup Truck, 3/4 Ton	0.03
Flatbed Truck, Gas, 1.5 Ton	2.91
Power Mulcher (small)	2.56
Loader, Skid Steer, 22,381.29W, gas	23.01
Loader-Backhoe	58.43
Dozer, 300 H.P.	111.85
Grand Total	**1196.751484**

设备总量

人员和设备的总量会根据项目的施工工序，时间规划变动而变动。例如某个施工工序发生变化，上述对应的数据量就会发生相应的变化，结果也会在最终的总价上显示。在这样的动态流程下，我们可以在有限的时间进行多种不同的工序模拟分析，找到基于成本的最适合的项目施工计划和资源安排。

基于参数化的模型信息，可以随着数据的细化而自动跟进。通过 BIM 技术对模型中的参数化编辑，搜索和数据提取变得更容易，可以直接从连动的底层数据库中搜索和提取数据。这样对于不确定的信息，缺乏的材料标准、可变更的元素和引用的不同规范，都能通过 BIM 进行前期的规范定义，并通过索引提醒功能，在增加不同信息后，同步变更。随着项目参数增加、信息补充，模型的信息自动同步更新，避免了版本的混乱和数据的杂乱。

下图为基于 BIM 模型和初级价格体系生成的成本表，根据投标流程，投标报价的参数设置符合阶段变动价格标准体系。

一般清单报价组价方式为计算同一种类数量，获取现有市场报价，添加风险浮动百分比，形成基本投标组价。针对不同的分包报价需要单独分离分包信息，进行价格比对，缺乏组价灵活性和分析依据，成本组成维度单一且误差较大。通过 BIM 技术的介入，我们尝试增加了组价比对的维度，形成了变动价格组价方式。

在一般比对基础上，变动价格组价方式会根据市场的价格浮动，预测风险。按照项目需要定期采购量，设定多批次的浮动价格参数，并且同步于项目工期当中，形成阶段性浮动价格。这时，报价能更加准确地反映市场实际价格对投标总价的影响。另外，将分包价格按照不同的施工流程及所需人员和工期整合到比价系统当中，最终形成的比价模型会反映出不同方案对实际造价的影响，加强施工方案与投标组价的深度联系。在投标中依据公司积累的历史数据库，使用多次验证的模块化施工方案并行数据链接，以及引入阶段性变动价格体系方式，缩小价格误差，减少项目风险。

在中标后还会进行第三次数量核算，保证项目进行过程中的施工预算是合理的。同时，在项目实际成本发生时还会对现场实际用量进行反馈验证。整个流程产生的结果体现出成本控制的严谨性，每阶段的结果又会缩小规划成本和实际成本之间的差距，为新的投标项目的价格提供确实可信的价格依据。

Cost Editor

Classification Editor | Cost Item Definitions | Resources

New Classification Uniformat · Rename · Delete · Define Code · Export · Import · Hide Assigned · Filter Applicable

Collapse All · Expand All · Expand To Level · New · Creation Wizard · Delete · Edit · Auto Assign · Assigned · Check Applicable Elements · Select

Code	Name	Cost Items Count	Unit Cost	Daily Output	Quantity Type	Quantity Unit	Quantity Formula	Element Query
Uniformat	Uniformat	359						
A	Substructure	32						
A10	Foundations	32						
A1010	Standard Foundations	16						
A1010130	Pile Caps	16						['UniFormat'] = '\cA1010130'
A10101300001	Pile caps, 2 piles, 80cm x 180cm x 90cm, 120 ton capacity, 35cm column size, 473 K column	5						['Length'] = 0.8
03 11 1345 0001	C.I.P. concrete forms, pile cap, square or rectangular, plywood, 4 use, includes erecting, bracing, stripping and cleaning		$82.57	35.582	Area	m^2	2*([Width]+[Length])*0.9	[FAMILY] = '%ST-Pile_Cap_%'
03 21 1060 0000	Reinforcing steel, in place, footings, #8 to #18, A615 grade 60, incl labor for accessories, excl material for accessories		$3.13	1200	Mass	kg	[Volume]*[Reinforcement]	[FAMILY] = '%ST-Pile_Cap_%'
03 31 0535 0007	Structural concrete, ready mix, normal weight, 20.00Mpa, includes local aggregate, sand, portland cement and water, excludes all additives and treatments		$164.59	20	Volume	m^3	[Volume]	
03 31 0570 0001	Structural concrete, placing, pile caps, direct chute, under 3.83m3, includes vibrating, excludes material		$56.70	68.81	Volume	m^3	[Volume]	[FAMILY] = '%ST-Pile_Cap_2%'
31 23 1642 0000	Excavating, bulk bank measure, 0.38m3 = 22.94m3/hour, hydraulec excavator, truck mounted		$18.85	183.493	Volume	m^3	[Volume]	
A10101300002	Pile caps, 4 piles, 200cm x 200cm x 90cm, 120 ton capacity, 35cm column size, 473 K column	5						['Length'] = 2
03 11 1345 0001	C.I.P. concrete forms, pile cap, square or rectangular, plywood, 4 use, includes erecting, bracing, stripping and cleaning		$82.57	35.582	Area	m^2	2*([Width]+[Length])*0.9	[FAMILY] = '%ST-Pile_Cap_%'
03 21 1060 0000	Reinforcing steel, in place, footings, #8 to #18, A615, grade 60, incl labor for accessories, excl material for accessories		$3.13	1200	Mass	kg	[Volume]*[Reinforcement]	[FAMILY] = '%ST-Pile_Cap_%'
03 31 0535 0007	Structural concrete, ready mix, normal weight, 20.00Mpa, includes local aggregate, sand, portland cement and water, excludes all additives and treatments		$164.59	20	Volume	m^3	[Volume]	[FAMILY] = '%ST-Pile_Cap_%'
03 31 0570 0001	Structural concrete, placing, pile caps, direct chute, under 3.83m3, includes vibrating, excludes material		$56.70	68.81	Volume	m^3	[Volume]	[FAMILY] = '%ST-Pile_Cap_4%'
31 23 1642 0000	Excavating, bulk bank measure, 0.38m3 = 22.94m3/hour, hydraulec excavator, truck mounted		$18.85	183.493	Volume	m^3	[Volume]	

投标价格成本构成

从采购部得到更新的成本单价后，通过设置好的数据链接，对接到相应的模型上，实时计算出最新的项目总价，然后通过互通表格输出到合约部的模板文件中，据此生成投标报价表。整个投标报价流程可以按照设置好的关系和公式进行，所有数据会根据输入的变化同步更新，不但提高了工作效率，还避免了很多人为的操作失误。

[illegible]

成本数据反馈到合约部

以此类推，针对同一项目的不同施工方案，可以在施工方案调整后，快速获取不同方案的成本分布情况，从中寻找到最经济合理的成本方案形成最终报价。

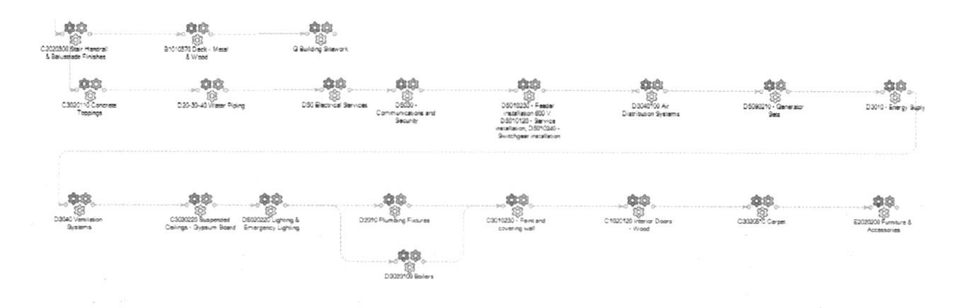

模块化的工序模拟

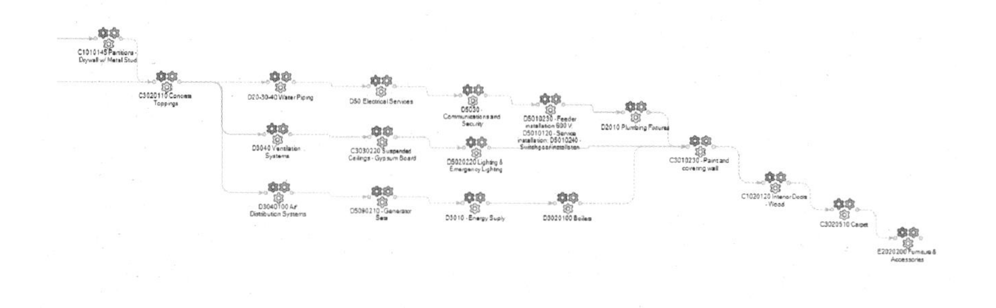

调整工序模拟

Row Labels	Quantity	Unit Cost	Material Cost	Labor Cost	Equipment Cost
Uniformat	**936,843.408**	**$109,922.67**	**$3,494,452.49**	**$3,914,622.41**	**$526,678.67**
A-Substructure	**26,633.403**	**$2,704.91**	**$355,323.34**	**$306,312.21**	**$52,631.15**
A1010-Standard Foundations	12,384.786	$2,085.42	$267,254.31	$212,678.48	$51,567.02
A1020-Special Foundations	3,541.160	$310.10	$16,261.12	$29,434.69	$300.62
A1030-Slab on Grade Walls	10,707.457	$309.39	$71,807.90	$64,199.04	$763.50
B-Shell	**303,962.762**	**$25,912.15**	**$1,527,603.80**	**$1,997,815.50**	**$28,590.66**
B1010-Floor Construction	174,035.295	$2,130.97	$305,560.59	$494,939.58	$13,340.36
B1020-Roof Construction	107,007.925	$17,567.60	$213,232.48	$236,417.65	$11,776.73
B2010-Exterior Walls	13,735.461	$1,470.84	$172,719.81	$243,763.86	$1,211.85
B2020-Exterior Windows	7,563.168	$4,717.02	$819,518.71	$999,860.94	$0.00
B3010-Roof Coverings	1,620.912	$25.71	$16,572.21	$22,833.48	$2,261.71
C-Interiors	**37,007.711**	**$3,247.83**	**$394,845.30**	**$497,806.82**	**$2,341.78**
C1010-Partitions	11,438.294	$185.38	$19,262.83	$101,722.80	$0.00
C1020-Interior Doors	1,119.126	$348.16	$21,263.18	$35,972.71	$0.00
C2010-Stair Construction	190.124	$2,058.09	$54,022.40	$24,905.05	$1,494.81
C2020-Railings	123.891	$208.89	$14,508.93	$10,727.10	$643.85
C3020-Floor Finishes	8,189.616	$360.14	$205,542.74	$113,986.02	$203.12
C3030-Ceiling Finishes	7,374.139	$69.82	$61,239.95	$80,781.07	$0.00
C3010-Wall Finishes	8,572.521	$17.35	$19,005.28	$129,712.06	$0.00
D-Services	**125,771.983**	**$67,780.45**	**$985,897.56**	**$774,510.91**	**$29,679.72**
D2010-Plumbing Fixtures	24,217.822	$5,551.23	$304,615.44	$58,797.57	$0.00
D2020-Domestic Water Distribution	74.912	$462.45	$500.04	$3,986.24	$91.51
D2030-Sanitary waste	53.900	$183.44	$1,412.35	$3,254.80	$42.11
D2040-Rain Water Drainage	9,552.729	$1.64	$7,835.24	$0.00	$0.00
D3010-Energy Suply	4,776.364	$29.20	$139,467.34	$0.00	$0.00
D3020-Heat Generating Systems	5.000	$8,675.50	$5,447.94	$3,227.56	$0.00
D3030-Cooling Generating Systems	24.000	$29,360.33	$19,731.80	$9,551.67	$76.85
D3040-Distribution Systems	13,864.152	$1,146.65	$93,140.00	$346,809.34	$809.20
D3060-Controls & Instrumentation	12.000	$10,883.44	$5,548.65	$5,294.22	$40.56
D3090-Other HVAC Systems/Equip	430.000	$4,314.95	$100,099.23	$85,443.45	$0.00
D4010-Sprinklers	9,588.351	$255.84	$57,006.81	$1,204.06	$0.00
D5010-Electrical Service/Distribution	14,493.109	$119.53	$35,167.14	$2,691.87	$0.00
D5020-Lighting and Branch Wiring	29,548.186	$3,200.98	$185,054.71	$236,214.94	$0.00
D5030-Communications and Security	14,329.093	$5.84	$27,893.47	$0.00	$0.00
D5090-Other Electrical Systems	4,802.364	$3,589.45	$2,977.39	$18,035.19	$28,619.50
E-Equipment & Furnishings	**100.000**	**$2,357.81**	**$20,732.14**	**$98.15**	**$0.00**
E2020-Moveable Furnishings	100.000	$2,357.81	$20,732.14	$98.15	$0.00
G-Building Sitework	**443,367.549**	**$7,919.53**	**$210,050.35**	**$338,078.83**	**$413,435.36**
G1010-Site Clearing	636.640	$18.85	$0.00	$5,088.04	$6,914.00
G2010-Roadways	11,154.885	$3,673.81	$115,065.78	$74,999.09	$34,414.89
G2020-Parking Lots	3,749.119	$3,687.53	$50,081.99	$30,514.12	$17,518.50
G2050-Landscaping	427,826.905	$539.34	$44,902.58	$227,477.59	$354,587.98
Grand Total	936,843.408	$109,922.67	$3,494,452.49	$3,914,622.41	$526,678.67

优化后的总报价

通过不同的工序比对和价格配比，最终选取方案中最具有竞争力的报价组合，完成最终报价。然后根据最终确定的方案和报价，整合投标期间的项目整体数据，使用 BIM 结合 power BI 可视化的优势，最终生成项目分析报告，给管理层全览整个项目，做出最终决定。

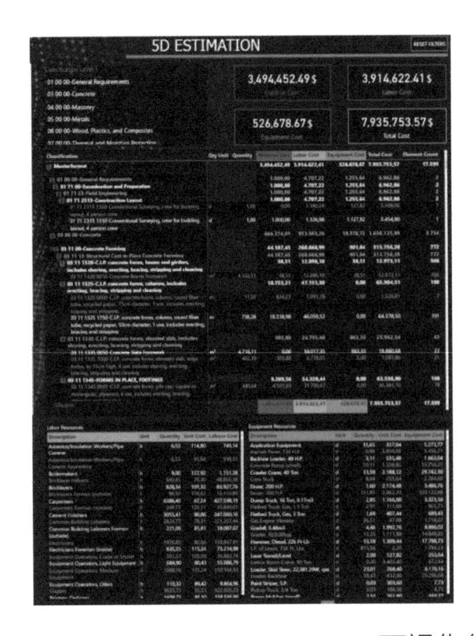

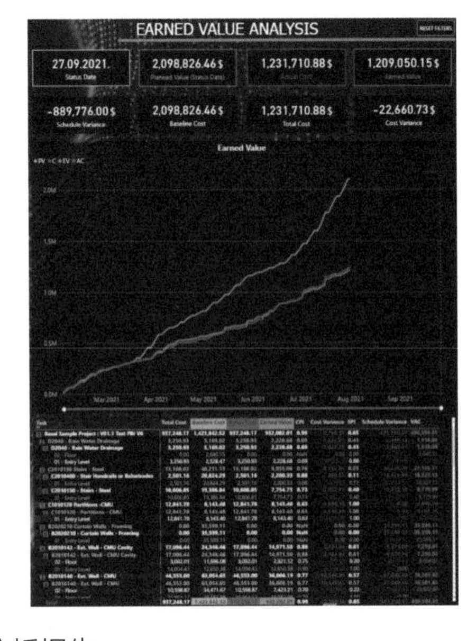

可视化分析报告

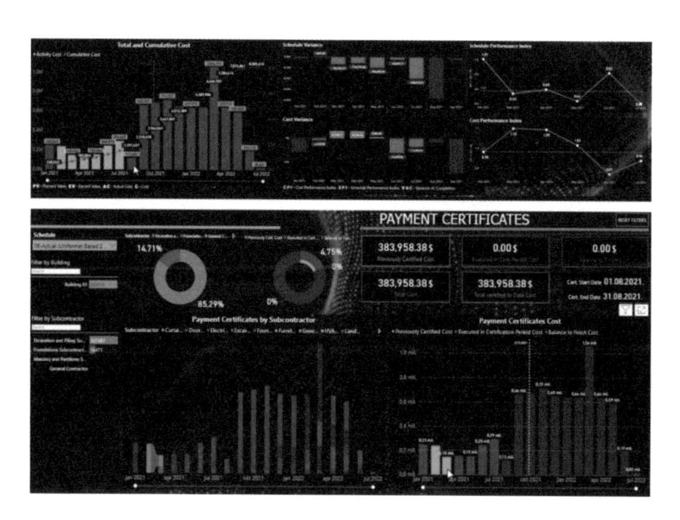

可视化分析报告

在经过最终决策后，按照投标要求，摘录并且提取项目数据生成所需要表格，如生产力参数、项目总规划、项目资源规划等，来完成最后的标书撰写提交工作。

PLANNED PRODUCTIVITY RATE

BASE TENDER

Major Item of Work	Average Production Rate		Estimated Total Quantity	
Diaphragm Walls	1	m-run/day/team	1,050	lin.m
Barrette Piles	0.33	nos/day/team	182	nos
Cross Wall	6	m-run/day/team	3,100	lin.m
Ground Improvement	100	m3/day/team	51,049	m3
Strutted Excavation	320	m3/day/team	258,365	m3
Excavation Below Slab	240	m3/day/team	238,500	m3
Strut Installation	1	nos/day/team	240	nos
Waterproofing	100	m2/day/team	44,499	m2
RC Works (Slab)	40	m3/day/team	104,060	m3
Vertical RC Works (Wall)	10	m3/day/team	20,190	m3

项目生产力参考表

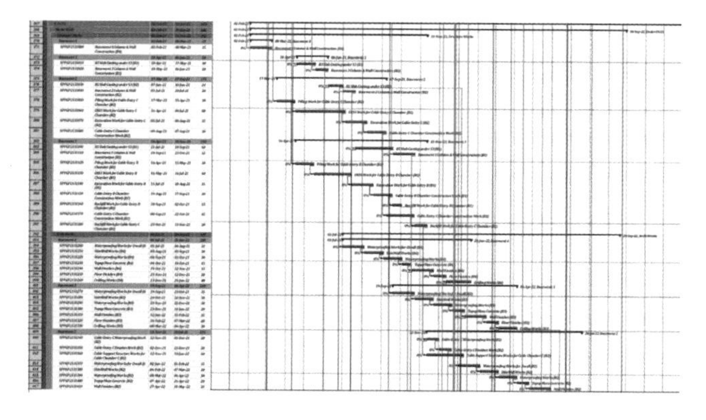

项目工期规划

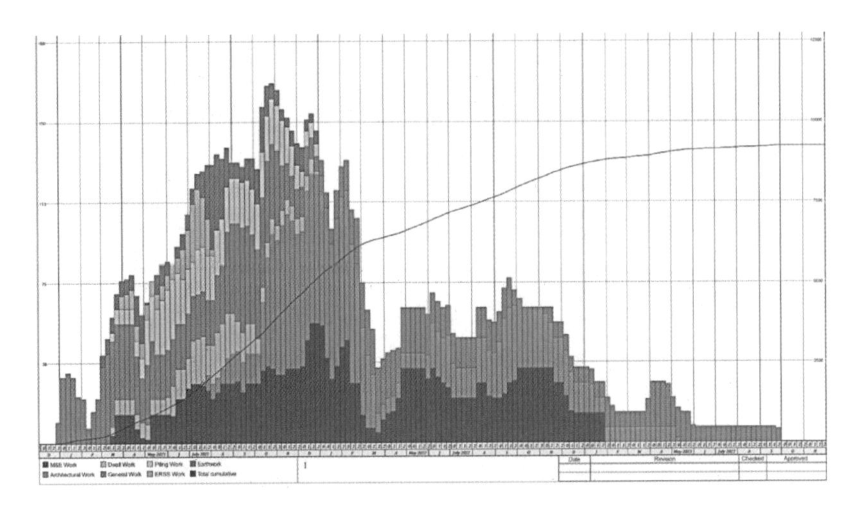

项目资源分布图

管理和实施一个复杂的项目一直以来对管理者和团队的要求都非常高，尤其是团队的配合和协调，会耗费大量的时间和成本。同时，项目的决策机制和推进过程又是不断循环往复的，这也就意味着提高团队协作的效率和决策的有效性，是施工项目投标的重要环节。

BIM 技术帮助我们把这个复杂的过程转化成了可视化的任务清单，团队只需要按照清单去思考和完成每个问题，每当一个任务完成，系统和流程会带领你进入下一个问题。因此，一个完整的、清晰的解决问题的过程就自然形成。

对于建筑业这个多学科综合的行业，沟通、标准、流程尤为重要。BIM 通过高度可视化的方法加强了工作人员的沟通效率，在流程中来自各方的数据可以准确地定位，一旦产生疑问都可以找到数据的来源并逐一解决。BIM 让建筑投标摆脱了二维平面工作流的桎梏，建立直观视觉表达，减少沟通的误差，使方案以更加清晰的方式达成共识。

同时，随着软件的发展，量化分析工具和软件的使用将会飞速发展，大量应用于建筑行业的各个层面。我们仅仅是使用了其中极少的部分，就对投标过程产生巨大的变革，在不远的未来，相信会有更多的 BIM 应用，能结合更多的理论知识和实践经验，从不同的角度用更为快捷准确的方式来进行建筑业的相关工作。

将 BIM 模型的共享和数字化应用于投标工作，这样的融合工作流我们还在不断地深入探索更多可能性和优化步骤。数字化建筑已经是一条行进中的高速公路，如何能紧跟时代的步伐完成数字化转型是我们接下来要完善的工作。

04BIM 建筑施工场地布置

4
BIM 建筑施工场地布置

4.1 施工场地布置概述

施工现场布置是在批准的建筑用地红线内，进行的各种生产设施、办公设施、生活设施、辅助设施等的平面及空间布置，其布置的主要目的是保证施工活动的顺利开展，也是施工在拟建场地的综合反映。施工场地布置是施工管理的一部分，也是施工顺利开展的一个条件。科学合理的施工现场布置有利于施工的顺利进行，不但保证了施工的安全，而且可以提高整体的施工效率。

传统的场地布置多以二维平面的形式表示，如下图。在平面图纸上表达施工设施所占用的位置，临时用房、道路和各种材料的堆放等，不但要满足施工要求，还要满足相应的安全要求。对于大中型的项目，项目经理不但要了解新建建筑的施工，还要对整个场地布置进行清晰准确的理解，甚至针对不同的施工阶段还要对场地进行重新布置，这些都需要相当长的时间和丰富的经验。而且，建筑施工需要团队完成，因此，在满足场布具体要求的基础上，需要明晰化各个关键设备的占用位置、施工路线规划，缩短大家对整个图纸理解所需的时间。

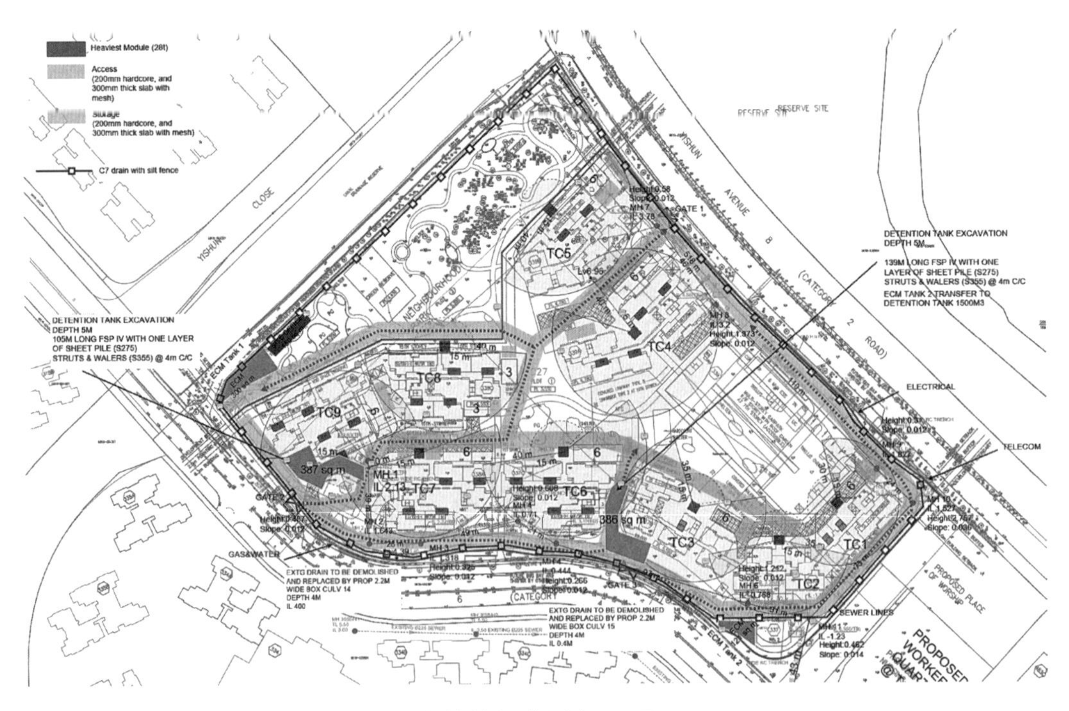

传统的场布图纸呈现

从施工场地布置的概念里，可以看出，场地布置并不是一个三维位置关系布置图，而是一个四维的时空关系图，需要考虑在不同的时间段，不同的场地标高及布置，因此，在进行施工现场布置前，首先需要详细了解整个施工活动的相关信息，规划出不同时间段和进度计划中，不同区域的空间状态。

在传统的场地布置图中，一般会分阶段布置出几个状态的平面图，这对于简单的项目来说，基本可以满足需求。但是，对于工期长、阶段多，或者场地地形复杂的项目，如果想跟踪过程中的不同阶段，或者在不同阶段场地的道路规划，尤其是高差较大的场地，就存在一定的困难。

在项目场地布置初期，我们尝试使用色彩化各个部件、设备，以及区域对场布进行呈现，让场布更加清晰，虽然相较于单纯的黑白方式有所提高，但还是不能直观地展现现场实体的实际关系，比如阶段性的高差，距离等，而且大型设备之间的相互影响也不能真实地体现出来。在实际工作的开展中，还是会有很多盲点不能避免。

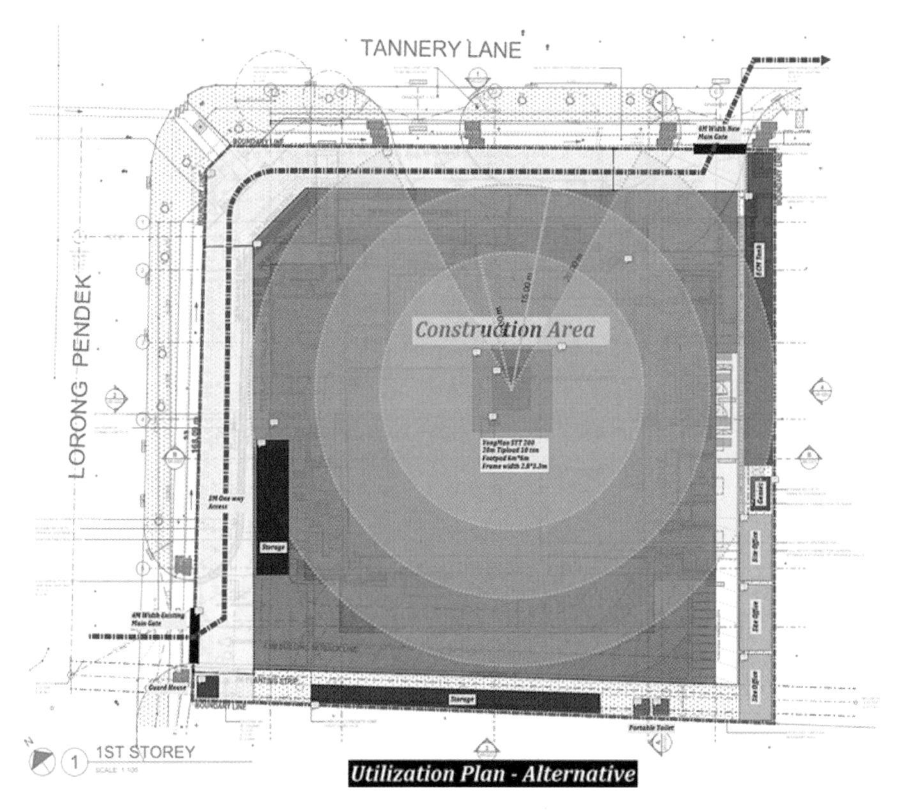

增强性表现方式尝试

采用 BIM 技术，可以通过三维的形式展现出整个场地布置的实际情况，从整体关系的体现上，弥补了二维模式的不足。如下图所示，某项目为地下 4 层、地上局部 5 层 +15 层的结构。因项目场地紧凑，4 层地下室占据了大部分的面积，局部 5 层建筑施工的顺序与施工通路，地下室内部的大型设备及预制件的运输与安装，都需要在进行施工场地布置时进行全面的考虑。如果采用二维的场布不但需要反映出不同标高的问题，还要考虑不同施工阶段地下室和多层建筑物的施工关系，是很困难的。

采用三维的形式表现，更加贴切和符合现场布置，更能真实地反映出项目整体布置中各个部分的相互关系以及对其他设施的影响，尤其是对于高差比较大的项目，可以在高度和区域范围上的表现得更加清晰。当然，由于透视关系的影响，对于距离以及尺寸的把控还是会产生视觉误差。

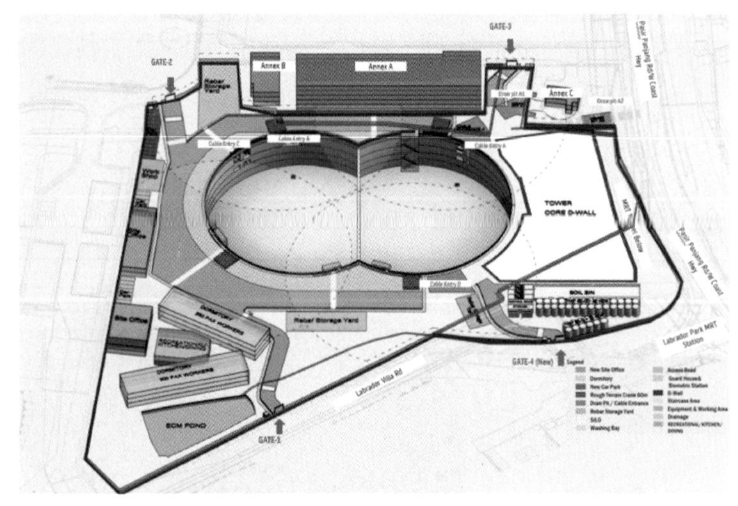

现场阶段一
三维表现形式

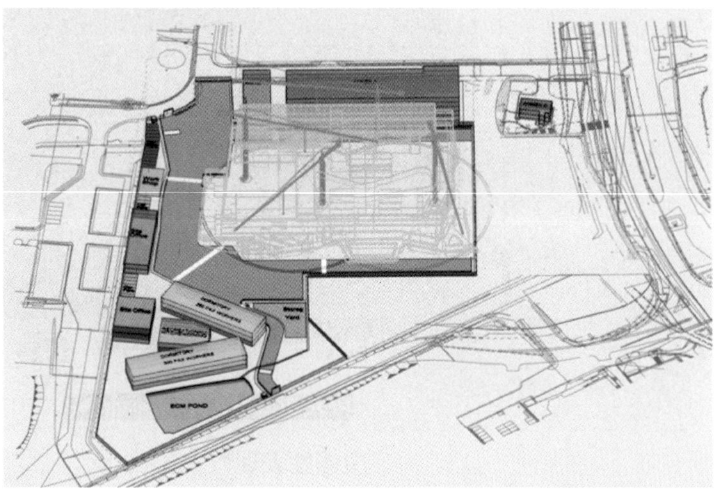

现场阶段二
三维表现形式

对于地下结构，物料的运输和人员的作业相对于地上建筑更为复杂。如下图所示 4 层地下室的施工，对于大型预制构件运输路线的规划和布置，采用三维模型进行场地布置，直观地展现出每层的材料运输线路及相对应的出入口。不同颜色分别对应不同的材料运输路径。

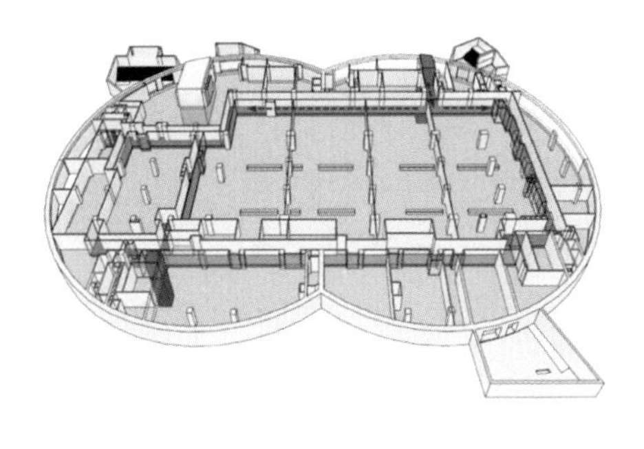

地下 1 层通行出口
和运输动线规划

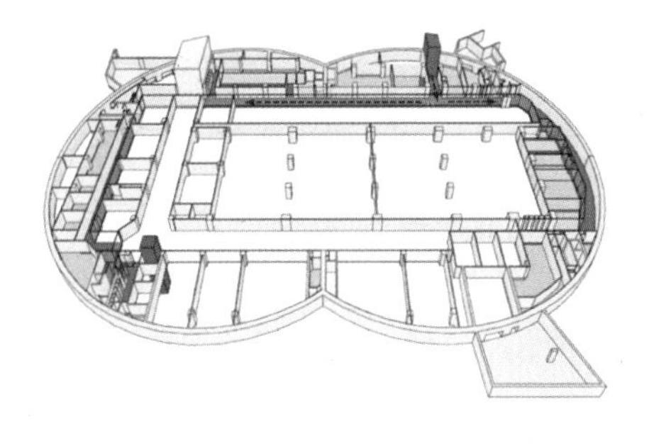

地下 2 层通行出口
和运输动线规划

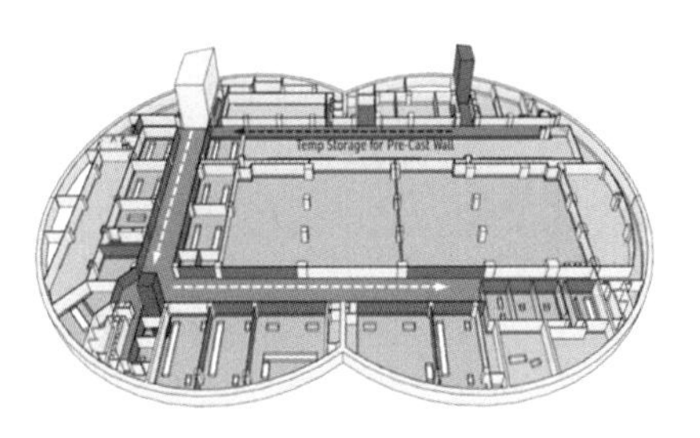

地下 3 层通行出口
和运输动线规划

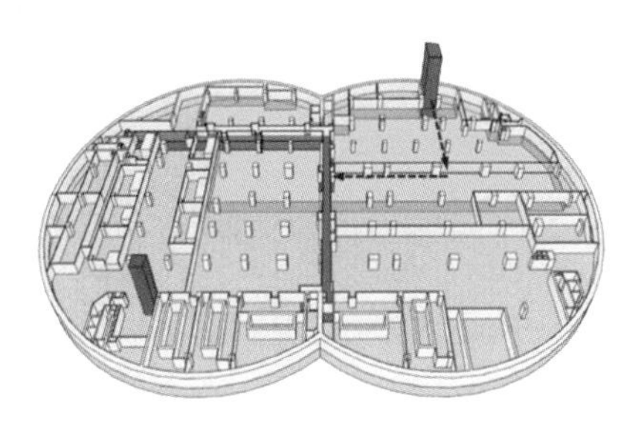

地下 4 层通行出口
和运输动线规划

对于场地占地面积较大、地形复杂的项目，为了更加准确地反映出实际的现场情况，在进行施工场地布置前，可以采用扫描的方式，将整个场地数字化，在场地规划时可以更加真实准确，而且在后续的工作中也更加高效。

通过三维扫描，获得场地的数据并进行数字化的处理，将拟建建筑的 3D 模型和施工进度计划的数据结合，对整个场地布置和规划采用全新的流程，进行科学的数据分析，给整个项目的场地布置带来巨大的改变。根据全新的流程，根据不同施工时间段，规划所需的施工物资、仓储、机械等信息，进行四维施工现场布置。

同时，根据扫描的现场数字信息图像，设定好场地与拟建建筑物的关系，并根据需求对整个施工流程和布置进行规划，通过模拟的数字图形进行浏览，检查疏漏与不足。在经过多种方案的模拟和比选之后，让整个规划更合理可行。

点云扫描场地数据

经过比对，生成如下图的可以预览的多边形模型，准确性和可预览性大大提升，使施工道路的路线规划更加合理准确。

根据点云生成的场地模型

4.2 BIM 技术应用于施工现场布置的优势和特点

如前所述，随着建筑技术的发展，目前很多项目在规模和体量上都较大，建筑功能较复杂，如高层或者超高层建筑和裙房形成的建筑群、在场地狭小的市中心进行翻建、在建筑物密集的场地开挖多层地下结构等。这些除了在施工技术上要求很高，还需要很高的现场施工管理水平。施工场地狭小、建筑周边距离场地红线较近，施工作业面受阻，安全文明施工较难达到要求，施工现场实际情况多变，错综复杂的情况也极大地提升了现场平面布置的难度。采用 BIM 技术，通过数字化的模拟分析，不但减少了人为的错误，更可以提高现场平面布置的合理性与科学性，使工程建设得以顺利地开展。在避免错误的同时，使用 BIM 还可以提高整个场地布置的效率和可视化，这也是将 BIM 技术应用于一般建设项目的非常有利的因素。

BIM 技术应用于施工场地的布置有以下一些优势和特点。

优势	特点
模块化	因场地道路、施工机械、设备、各种场地布置中常用的施工设施都可以在前期进行模块化处理，因此在进行布置时，就可以直接调用、选择。这不但使得施工场地的布置更加快速简洁，更增加了可视性，使得整个场地布置更加清晰明了
工程量统计	采用 BIM 模型进行场地布置，除了可以更加准确科学地进行场地布置，提高准确度和效率之外，还可以通过数据分析，进行临时设施、设备等的工程量统计，为工程施工的报价提供参考依据。而且，可以通过工程量的比较，进一步优化方案，这样不但提高了场地布置的合理性，也从经济的角度进行了比较分析

优势	特点
场地布置科学合理	使用 BIM 技术，首先可以将现场的初始状态附加到拟建的 BIM 建筑模型中，并添加周围环境信息等参数，模拟建立与现场施工环境完全相符的整体模型。该模型可以真实地反映出现有场地情况，并结合未来的建筑需求，规划出更加符合实际的场地布置图 其次，在进行场地布置的同时，可以根据现有地形情况，分阶段布置出科学合理的临时道路等。在以往的项目中，尤其是在场地存在高差或者拟建建筑物存在高差时，用一般的平面图找到合理可行的临时道路是比较困难的。利用 BIM 技术，不但可以规划不同的路线，而且可以进行多方案的比较，在关联施工进度信息后，可以进一步优化现场平面布置的科学合理性
可视化	采用 BIM 模型可以直观明了地展示出建筑物的具体位置、现场设施的布置等，便于项目部参与人员进行讨论和修改，同时，在进行交底和施工管理时，相关的技术人员对现场情况也掌握得更加全面透彻
在复杂项目中易于发现问题，避免错误的发生	BIM 的优势是可以同时考虑多个参数，对于较大规模的项目，或者项目比较复杂的情况，简单的二维图纸很难全面地发现问题，因此，使用 BIM 技术将有效地避免错误的发生

4.3 施工场地布置内容

运输道路

施工道路的布置应适用于交通运输车辆的要求，施工简易，低维护成本，还需要考虑符合成本控制的材料选择等。施工道路的布置要综合考虑几个方面的因素：

（1）现场场地的条件；
（2）拟建建筑完工后的交通情况；
（3）周围的环境条件；
（4）施工过程中进出的交通工具尺寸、转弯半径等；
（5）施工材料储存的位置，办公室等生产生活的区域和位置；
（6）分阶段交付的项目，需考虑临时道路与主要道路的衔接。

可以说，在现代项目越来越复杂的情况下，施工场地的布置类似于一个小型的规划设计，不但需要考虑车流、人流，还要根据施工不断地进行变化。下图所示为狭窄道路长运输车辆的转弯路径模拟。输入交通车辆的参数，可以自动检查车辆在各个路段是否可以通行。

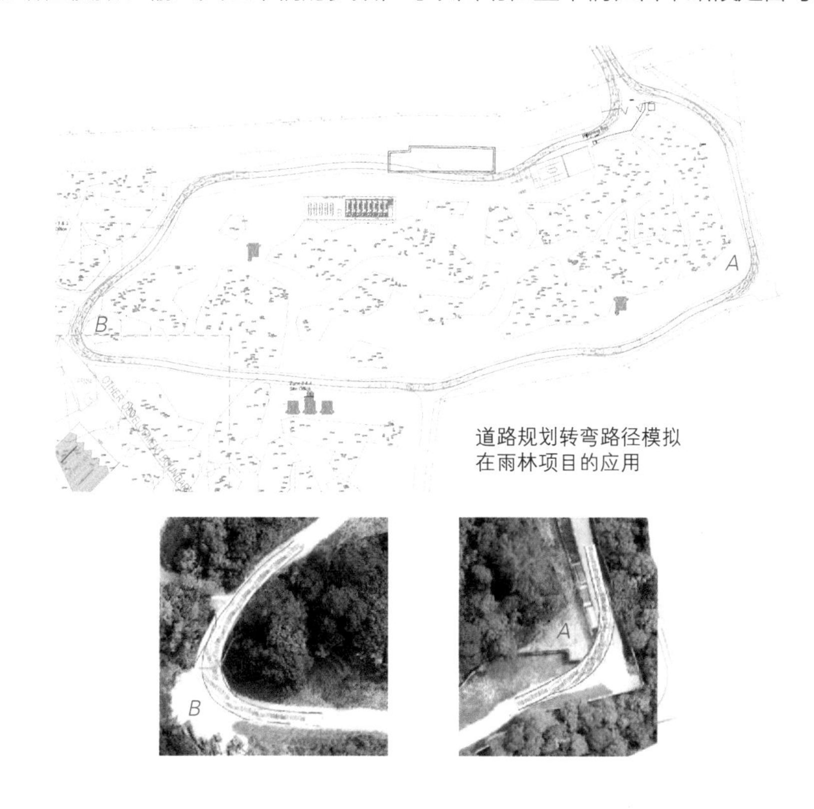

道路规划转弯路径模拟
在雨林项目的应用

塔式起重机

塔式起重机是施工现场运输各种物料（如钢筋、模板、装饰装修材料等）不可或缺的机械。塔式起重机的选型和布置也是多种多样的。

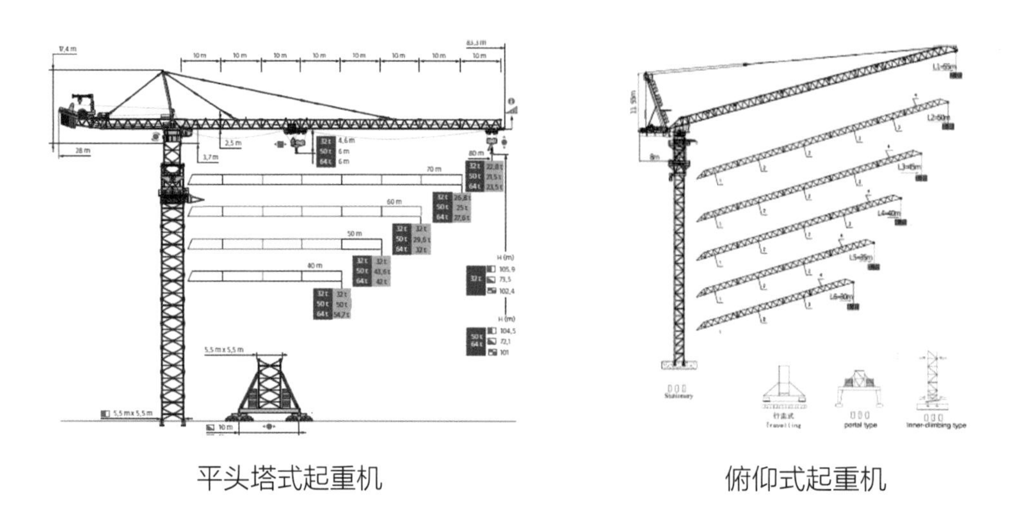

平头塔式起重机　　　　俯仰式起重机

如何布置和选择塔式起重机，取决于拟建项目的面积、起吊物料的重量和物料与塔式起重机的距离、不同施工阶段下的调运要求，同时，还要考虑相邻塔式起重机的碰撞问题。在实际的工程中，因塔式起重机属于大型机械，施工费用占比较高，所以选型和布置是整个场地布置中最具挑战的部分，必须经济合理并且满足施工进度的要求。同时，塔式起重机也是整个施工项目中最重要的施工机械，在进行布置时，塔式起重机布置必须使其作业范围完全覆盖施工作业面，还要考虑与建筑物保持一定安全距离。

塔式起重机的拆卸、安全，一系列问题都是在前期规划和布置时需要全面考虑的。

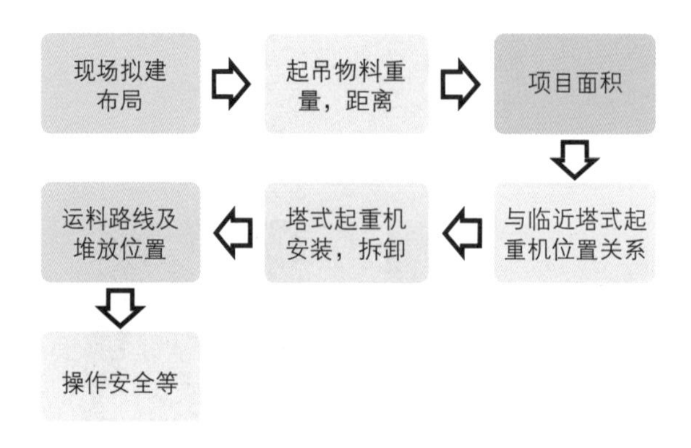

塔式起重机布置考虑因素

例如，在吊车安装时，可能周围是有空间的，但是当建筑物都基本完成，需要进行拆除时，现场是否预留有足够的空间进行拆除，塔式起重机拆卸时吊臂与新建建筑是否会发生碰撞等问题，在进行起重机布置的时候都需要综合考虑。

在考虑项目的进度要求时，施工现场可能存在多台塔式起重机共同工作，这时要注意施工过程中在水平方向和竖直方向可能发生的碰撞，多台塔式起重机不可布置在同一高度。对于大型复杂的项目，如何选用型号、位置、数量，如何进行优化，都是需要多版方案的比较分析的。

使用 BIM 技术模拟施工现场起重机的选型和布置，不但提高了效率，还可以根据参数设置选择最适合的起重机类型，更能通过对参数的调整，在数字模拟中寻找到最优的起重机放置位置，同时，智能化布置周边的附加设施和安装拆卸点。

对于大型复杂的项目，场地的起重机布置方案往往会有很多种选择，不同的位置、吊重、数量等，利用 BIM 技术的自动化功能，可以快速模拟出各种情况下起重机的选型、碰撞检查，确保了起重机的方案经济合理可行。

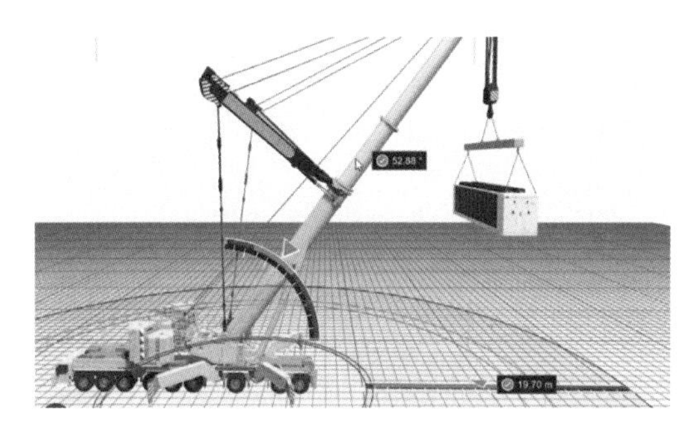

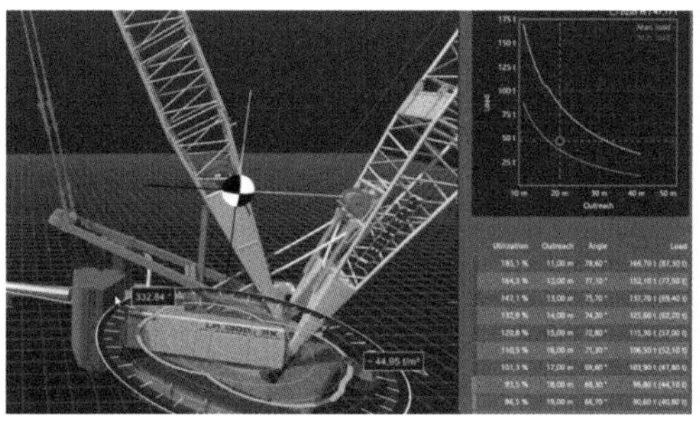

起重机智能化模拟过程

施工电梯

施工电梯是指用于人员、货物在垂直方向上运输的施工机械，在施工现场与塔式起重机搭配使用。

施工电梯首先要确定尺寸和承载能力，其次需要确定其安放位置。虽然施工电梯并不是场地布置中的难点，但是也是必不可少的。采用 BIM 技术的一个极大的优势，是可以通过可视手段，让施工人员做好安防设施，确保施工人员的安全。

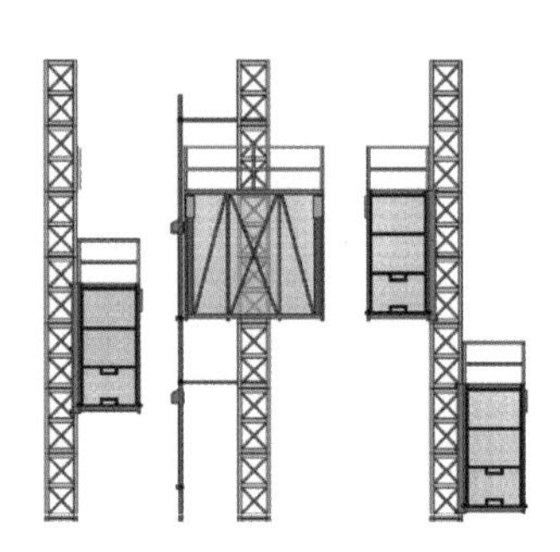

材料存储区

材料堆放区主要包括钢筋模板、预制构件、脚手架等材料的堆放区域。区域的大小需要根据材料形状、最高存储量、存储要求和施工现场实际情况确定。一般而言，材料区域的布置是根据拟建建筑物、道路和吊装的位置确定的。

虽然材料堆放的区域在整个场地布置中不是关键的部分，但是合理的区域大小和位置，不但可以减少二次搬运，便于现场管理，少占用施工现场场地，更重要的是，在进行预制构件存放位置确定的时候，还必须综合考虑起重机的布置和吊重，避免因其位置不便和构件材料重量超过吊重而增加时间和支出。

办公生活区

办公生活区包括办公区域和生活区域，该区域的布置主要应该考虑人员的方便和安全。当然，在设计和规划的时候，需要根据整个项目的人员数量确定需要的面积。

在使用 BIM 进行场地布置时，可以根据模块化的设计，根据人数自动规划出相应的办公室、宿舍、食堂等附属设施的面积、平面布置和空间布局。

在 BIM 中设置相应的模块，只需要根据人数进行选择，不但可以提升效率，而且模块的信息都是经过多次修改迭代的，信息全面准确，也避免了很多临时用房因建造周期短，考虑不全面而造成的返工。

临时水电

临水、临电是整个施工项目可以顺利进行的最重要的命脉。

一般情况下，由于施工周期紧张，大部分的水、电在设计和施工准备上的时间都是非常有限的。在这种情况下，根据现场的设备确定水电管线的位置和走向就需要非常多的经验。

采用 BIM 进行相关的布置，只需要在系统中设置好相关的模块，并根据现场情况进行相应的选择，就可以完成布置和设计图纸了。这样在时间有限的条件下，一方面可以提高设计效率，另一方面还可以减少错误。

小结

从以上施工场地平面布置的内容可以看出，平面场地的布置不是简单地把各种设备、设施布置在场地内，更需要综合考虑各方面的关系，并进行各种方案的对比。

最后，还是回到每个项目最常用的机械布置和高度控制等需要考虑空间布置的问题。对于大型项目，施工场地内布置塔式起重机的组合和方案很多样，按照传统施工组织设计，可能规划的塔式起重机数量较多，但是，结合 BIM 的使用，更加合理地对塔式起重机进行排布、选择适当的塔式起重机规格，有时可以减少塔式起重机的数量。

另外，通过模拟可以综合考虑实际施工中塔式起重机的布置位置、型号，确定不同回转半径的吊重范围，通过规划钢筋、预制构件、模板等的堆放位置以及运输车辆的停放位置，可以减少二次搬运，避免塔式起重机的空中碰撞等安全问题。

对于一些周边环境比较复杂的项目，例如有高压线、有高架桥、临近地铁线等，需要综合考虑运输的高度和车辆通行的荷载要求，这些经常会因为平面或立面表达不清，而造成信息的错漏。尤其是在前期的施工规划阶段，很多布置可能未考虑现场的情况，造成后期需要重新规划等。

运用 BIM 技术进行场地布置，可以非常直观且清晰地确定场地内辅助设施、拟建建筑、临时用房等整体的布局和不同的高度分布。从起重机的智能化布置与选型，到临时用房、临时水电管线的模块化设计，道路运输的通行自动验证，BIM 从新建建筑的模型拓展到临时设施和道路规划。使用 BIM 不但可以综合考虑各种条件和因素，更加高效地完成上述工作，还便于查找问题，提前进行预判和处理。在确定方案的时候，还可以根据进度，通过场地布置直接计算临时设施的工程量，从而计算出基本的临时设施的费用，使得进行方案比对时，更具有针对性和可比性。

随着 BIM 的发展，越来越多的软件也使得场地布置趋向精细化管理，场地布置不再只是简单的规划的图纸，还包含了各种安全规范的检查、现场出入车辆载重、施工作业人员的统计、材料进出场的数据统计等，伴随着现场数据的监测与输入，BIM 场地布置未来将成为一个施工工地管理的基础工具，而这个管理工具因为有动态的数据库支持，将使得工地管理的思维和方法上有巨大的变革。

4.4 应用流程和案例分析

在雨林公园项目中，现场地形复杂是我们面临的一个最艰巨的挑战，尤其需要保护的树木满满地覆盖在施工场地，而且还夹杂着已经修建好的大量的树木保护区。这都对场地原始数据的勘测造成了十分巨大的影响。如何获得准确的场地信息是开工前面临的重大问题。

首先，该项目的施工场地占地面积较大，而且整个场地的地形类似于一个山丘，地形高低起伏较大，而巨大的高差也给道路布置以及排水带来了非常多的困难。如何让现场人员能得到准确信息，以便在现场做出正确决策也是面临的挑战，在 BIM 模型创建开始，就需要对他们进行新的工作流程的培训和讲解，让他们明白创建的规划、体系、工作方法、时间表以及参数信息所表达的方式。

除了地形的高差比较大以外，另一个关键点是在整个建设过程中，对已有的树木进行全方位的保护，防止因为施工对树木造成伤害。

在场地中需要保护上百棵树木，这些树木分散在施工场地的不同区域和位置，为对树木进行保护，甲方划分和修建了大量的树木保护区。

拟建的建筑物有些紧邻树木保护区，有些被树木保护区包围，致使施工的车辆根本无法进入。

如何完成树木保护区附近的建筑物，也是在进行场地布置时必须要考虑的。下图展示的为现场的地形和大量需要保护的树木，绿色围栏为树木保护区，大量分布在场地的各个位置，在施工和计划推行时需要详细规划和考虑施工顺序和路径。

区域 A

区域 B

区域 C

同时，该项目也是分阶段交付，交付后的区域将不再允许施工车辆的出入，因此，在不同的阶段，需要考虑不同的临时道路。该项目的交付顺序与整个场地的施工顺序必须协调一致，如何根据不同的时间节点规划交通路线，也是该项目在前期必须安排和规划好的。否则，在项目进行中，部分道路可能会被截断，导致建筑施工无法进行。

项目的动态数据管理，也是该项目的一个非常重要的环节。在整个项目中，地形高差会随着项目的进程不断变化，如部分区域会建设假山，而在整个园区还有多处小的湖泊、水道景观以及高架栈道等。

随着项目的进展对整个场地布置带来一定的影响，如何有效地比对规划和施工的差异，提前规划好动线和施工步骤，避免出现工序等问题，也是该项目面临的一个挑战。

从以上难点可以看出，我们第一步要完成的工作是对现有场地的一个勘测。在对现场进行全息测量后，增加时间、成本、区域、坐标等一系列的参数，可以方便在后期调用模型时，设计人员和现场人员可以同步迅速获取到准确信息，做出正确决策。该项目属于设计施工总承包，因此，在 BIM 模型创建开始，就需要和团队人员进行协商，确定他们所需要的参数，并且对新的工作流程进行培训和讲解，确保创建的规划、体系、工作方法、时间表合理，参数信息全面准确。

前期现场整体环境信息采集

另外，在项目进行过程中，还定期使用无人机扫描整个项目，和项目前期规划进行比对，用以验证规划的可行性以及具体施工情况，并且根据对比发现的问题进行开会总结，修改并记录到项目已有 BIM 模型的对应参数当中，这样就可以在今后的项目中调取准确且详尽的记录，以规避同样的错误再次发生。在规划比对当中，根据规划和实际施工的图形化比对看出不同施工工序的适用性，这样在项目的其他区域和施工阶段，可以查找类似信息，吸取项目前期的经验，使得施工管理和方法不断优化，调整适合的施工工序，根据更加准确的生产效率安排工作，最终达到规划合理可行，施工进度满足工期要求。

场地高差分析

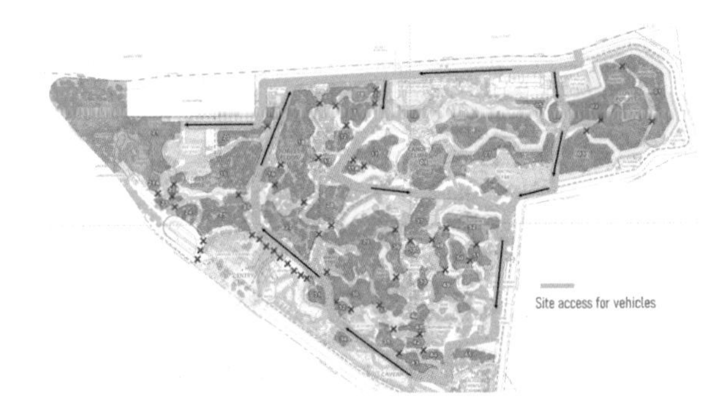

场地道路动线可行性规划

现场道路通行验证

对于施工场地的布置，主要分为以下三个阶段：

第一阶段，数据收集阶段

采用了无人机拍摄和三维扫描的结合进行数据采集。在整体规划方面，用无人机进行全面的拍摄，在树木保护区附近，采用三维扫描技术对需要保护的树木进行详细扫描，确认植物的高度和树冠的范围。

数据的采集只是为后续的分析提供基础的数据，具体的分析还需要进行详细的研究。对无人机飞行扫描所形成的点云数据，根据以往的工程经验，进行了现场的地形绘制和数据处理。

首先，为了提高软件运行速度，需要对点云数据进行抽稀，根据现场的扫描数据和项目要求对点云数据的大小进行调整。同时，对抽稀后的点云数据进一步优化，生成可以预览及规划的多边形模型。生成多边形模型其准确性和可预览性大大提升，点云数据不再是散点坐标，而是被连接成为多边形，这样，在后期规划施工路线时可以对面进行操作，使得场地规划方案调整更加高效。

在后期的施工阶段，定期对项目进行点云扫描和模型检测，针对不同的施工阶段提前布置场地路线和建筑施工顺序的阶段性优化调整，确保项目能按照规定周期顺利完成。

通过这些提前规划和施工前瞻性的安排，即使是在新冠病毒封锁期间，依然能够在人员紧缩的条件下进行区域性施工，减少了疫情对项目的影响。

点云扫描场地数据

根据点云生成的场地模型

在项目勘查阶段，我们使用了激光扫描和无人机摄影测量技术，对整个场地以及全部的树木进行了逐一扫描分类，对树木周围场地的地面也进行了 3D 激光扫描，并且把所有的扫描信息贴合进传统全站仪扫描的地形数字模型中，生成了更加准确的地形信息。数据信息的详细准确为接下来的设计工作提供了极大的便利，设计师在进行设计时既可以避免伤害树根，又可以将建筑小品与树冠相接，最大限度地达到了建筑与自然的和谐统一。

树木保护区 A 正面三维扫描结果

树木保护区 A 背面三维扫描结果

在 3D 扫描的使用中，总结出来一套快速有效的工作流程，能快速扫描物体，并按照优化参数转化点云模型成为多边形模型，再进一步增加相应的参数就可以对树模进行详细的设置，例如改变颜色、显示与原始树木的差异等。

真实树木

点云模型

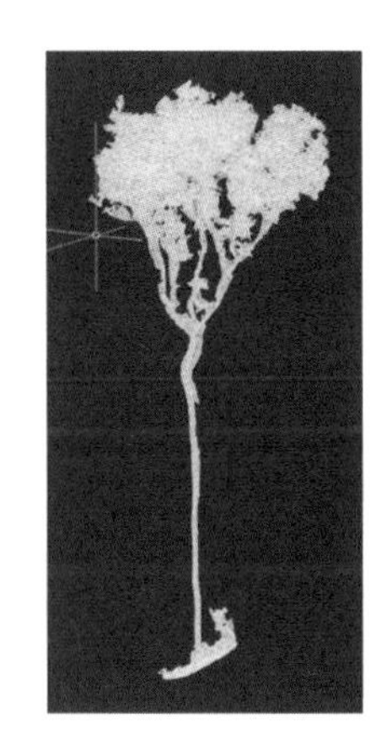

多边形模型

在数据化的虚拟场地中，设计师采用虚拟现实的方式看到虚拟的建筑物在整个场景中的位置、高低，以及对周边的影响，直观地展示相互之间的关系和影响。所见即所得，不但可以提高建筑师的效率，更可以让业主在前期就可以参与意见。BIM 成为设计师和业主沟通的桥梁，在电脑上可以进行任意角度的切换，位置、高度的调整等。参与各方在 BIM 平台上的协作，将现场实景与虚拟建筑结合，使得设计过程的沟通简便流畅。

设计模型与现场三维扫描结合（一）

在场地以及路线规划方面，导入设计模型，可以直接看到设计模型和周边树木之间的碰撞和相互关系，在施工路线和施工顺序的规划上发挥出了极大的正向作用。整个场地的路线规划在前期数据获取后，更加趋近于工地实际情况，大型设施的位置都被安置在对环境造成影响最少的位置，使项目团队节省了大量的实地勘测和方案验证的过程。

成熟的模拟施工方案使得团队可以提前准备需要施工的区域，按照方案把每个区域布置成适合工作的范围，直接减少了每个工序的施工周期和资源配置。

设计模型与现场三维扫描结合（二）

设计模型与现场三维扫描结合（三）

第二阶段，施工前期的场地布置方案案划

该项目在场地规划方面，面临的主要问题是临时道路的布置以及树木保护区的影响。在规划初期，将场地的点云图形收集后，如何利用数据进行施工场地的布置，进行了多方的探索。最终采用 Rhino 软件，进行了自动化设计的尝试。这是一个基于 BIM 方式的场地布置革新，尤其适用于复杂场地的布置，采用计算机数据设计控制项，自动进行路线的可行性分析，优化了整个项目的道路布置，并结合施工顺序，对整个施工流程进行了进一步的提升。

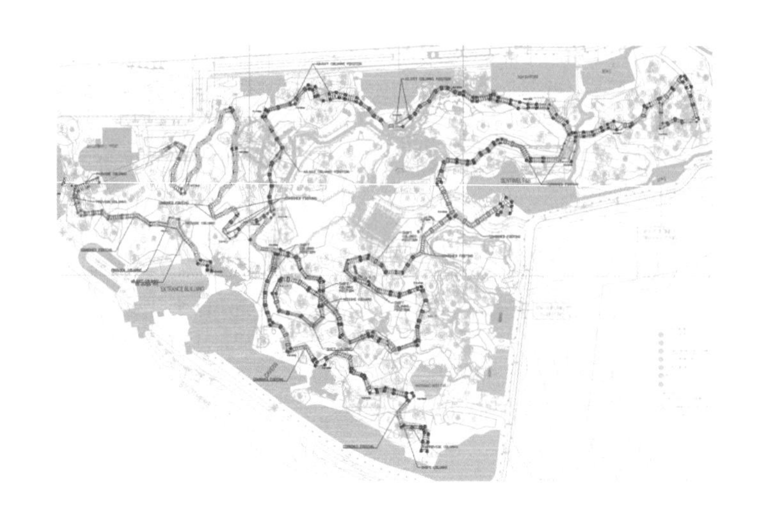

第三阶段，施工期间对项目的场地布置优化和调整

在布满树林中安装高架行人通道，并且不能对周围的树木产生伤害，设计和施工的难度可想而知。如果是用传统的方案来进行，设计偏差会在施工中带来巨大的影响。而且，业主方要求全部采用工厂预制的方式，这也就意味着设计必须与现场贴合，否则预制件可能因为树木的遮挡而无法安装。最终，在 BIM 技术的加持下，以超前的数字化和可视化方式用最节省资源的方式完美地完成了这个复杂的安装任务。在整个项目实施阶段，项目组定期对项目进行点云扫描和模型对比，针对不同的施工阶段提前布置场地路线和建筑施工顺序的阶段性优化调整，确保项目能按照规定周期顺利完成。

通过这些提前规划和施工前瞻性的安排，即使因疫情对整个项目的现场实施带来一定的困难，我们依然能够在人员紧缩的条件下进行区域性施工，极大地避免了疫情对项目的影响。

最终的投影数字模型如下图所示，在实际的规划中，地形上的树木保护区范围和建筑位置会根据现场的反馈和设计的变更同步更新，确保了施工道路和规划方案的实时可行性，可以让项目经理根据数据的变化所带来的影响，结合现场情况做出更为准确的决定，并能进一步在模型当中进行验证，以确保方案的可实施性。

为了更加有效地使用这个数字化模型，在项目的后续进展中，还可以更进一步对模型进行数字化的丰富和细化。比如增加建筑的地平高度信息、地形的数字高度信息数字化显示，这样就能更加直观地看到模型的数据，也能对应到现场的具体位置，进行相关的信息比对，使建筑摆脱传统的单凭经验的模式。用科技和数字化的方式来进行管理。下面就是该项目采用 BIM 技术进行场地布置分析的实际案例的流程与演示。

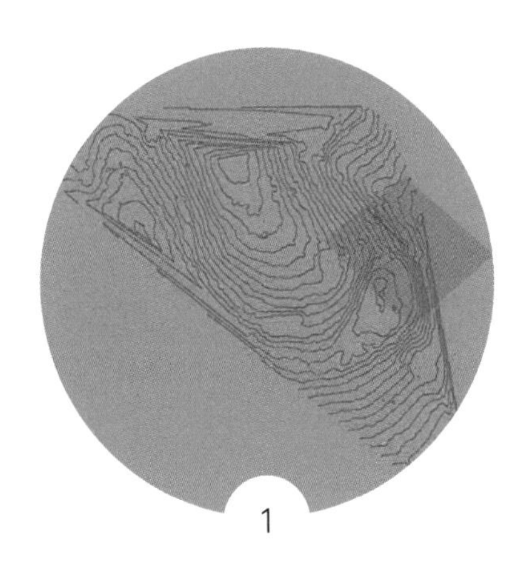

1

基于无人机扫描测绘得到的场地信息，生成传统的地形等高线图。因为等高线图不是连续的，不方便对整个地形进行编辑和分析，因此，需要将等高线模型转化成适合编辑和分析的多边形模型。

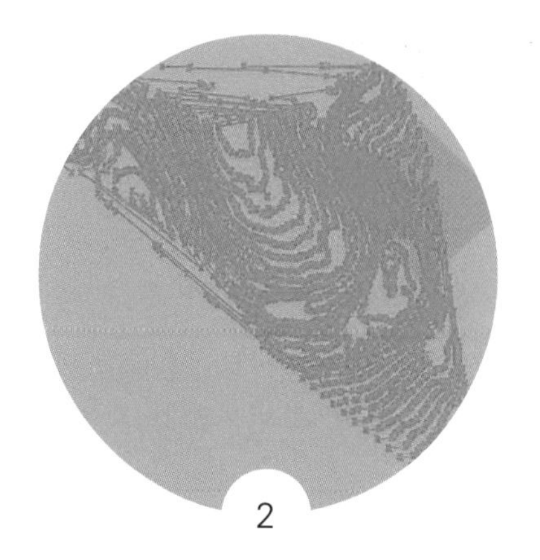

2

在保持原有的高差信息的基础上，将等高线模型点阵化，并且将点阵化的三维地形生成三角多边形。

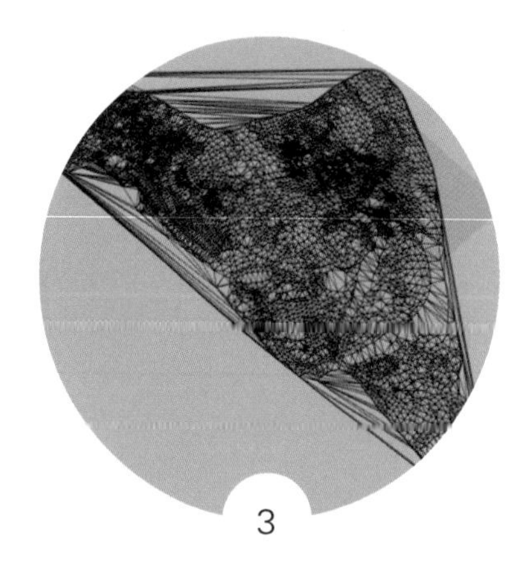

3

在初步形成的三角多边形上，可以捕捉到模型的基本细节和高差信息，但是这个阶段的模型由于边界不均匀，仍旧不能满足分析的需求，还需要进一步细化模型，使得图形数据更加符合场地布置的工作需求。

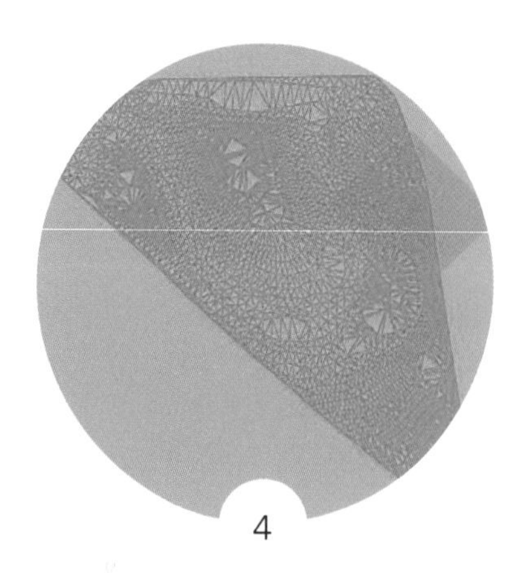

4

将上述数据模型的边界用Rhino进一步处理，使得三角多边形均化，最终得到能反映出地形高差和平面的均化的三角多边形地形模型。经过上述处理和操作后，再将数据模型轻量化，便于后期的分析。

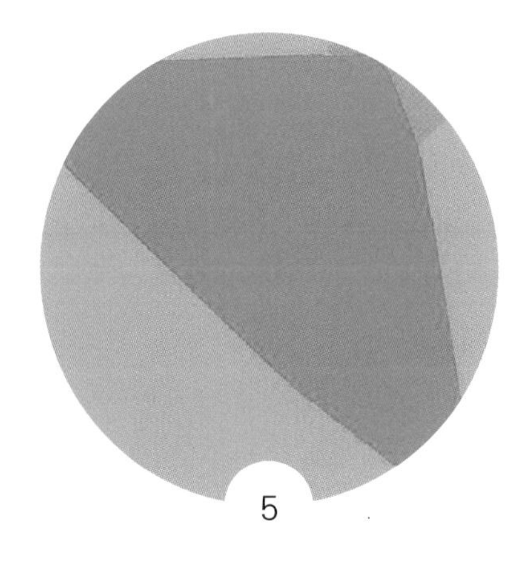

5

从4图可以看出 ，虽然图形已经非常接近规则的多边形，但是由于这种显示方式与传统的等高线显示方式有巨大的区别，在信息的理解和呈现方面还需要进行思维转换。为了便于其他技术人员的理解与辨识，也为了定位的方便与准确，将整个场地根据上述处理生成的数据划分成的三角多边形均匀点阵化。到此，就完成了整个场地从点云数据到三角多边形点阵的转化。

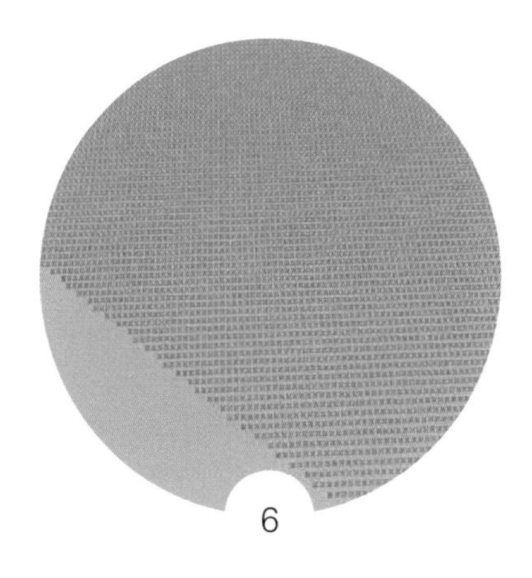

6

根据放大的三角多边形的点阵细部，可以清楚地看到均化模型的点阵分布。需要说明的是，上述步骤都是计算机根据设置的参数自动完成的，并不需要人工进行分割和绘制。

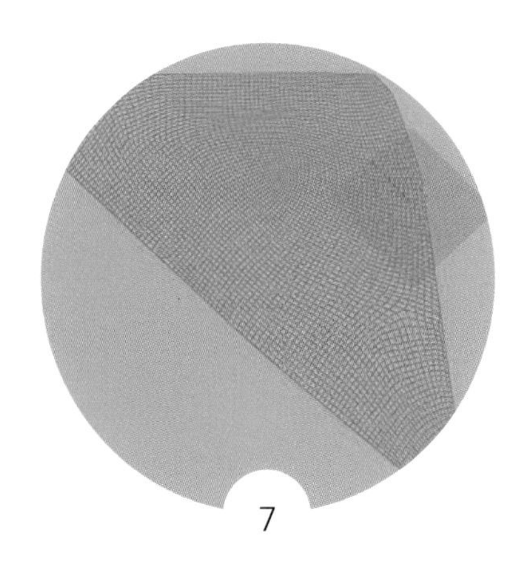

7

重新连接均化的点阵，使其再次生成规则多边形。通过上述的步骤，一个复杂的地形就转化成了规则多边形地形，该模型中每个点都包含平面坐标和高差坐标，这样，点云数据就完成了转换，形成了规则的点阵模型，后续的分析都将在这个规则的模型上进行。

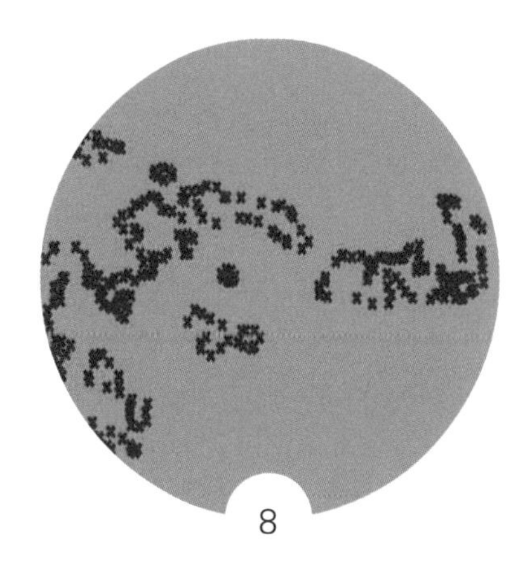

8

将树木保护区的位置投影到实际扫描的现场场地点阵模型上，隔离出保护区的位置。

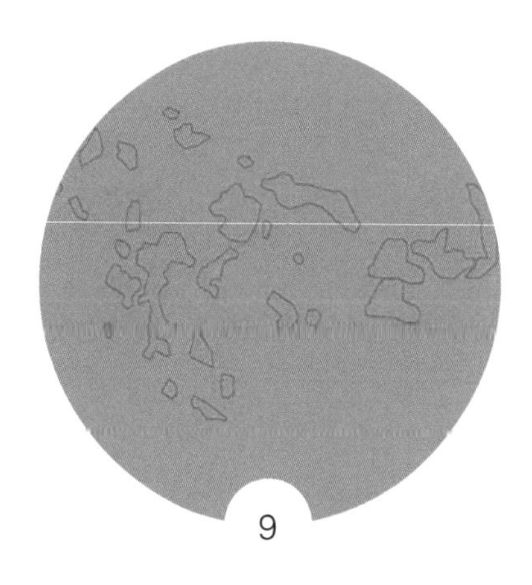

9

把树木保护区的关键节点连接起来，就生成了树木保护区完整的外围框，根据后期工地的实际情况，直接调整参数则该数据将自动更新。

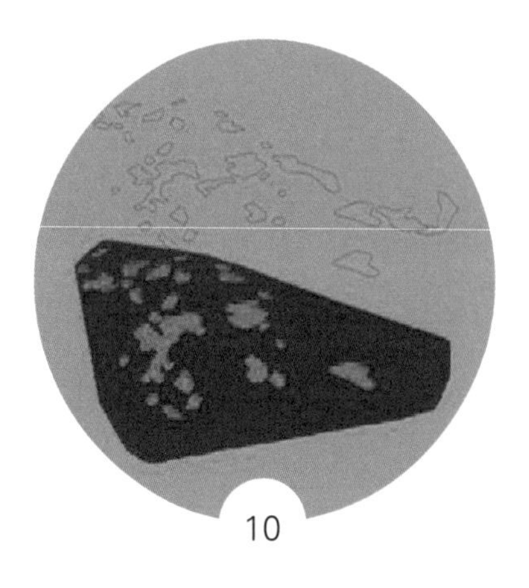

10

通过上述转化，树木保护区的范围被精准投影到了数字化场地模型上，接下来还需要使用同样的方法把建筑的轮廓投影到地形上。

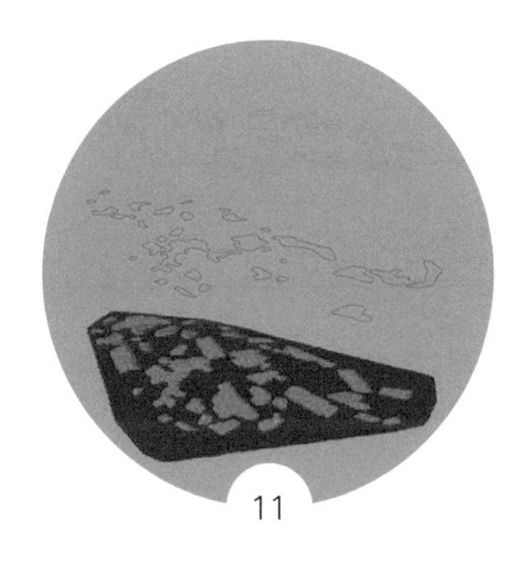
11

最终的投影数字模型如右图所示，根据上述步骤形成的数据图形中包含了平面位置、高度，并且使得建筑物完全布置在连续的地形点阵图上。

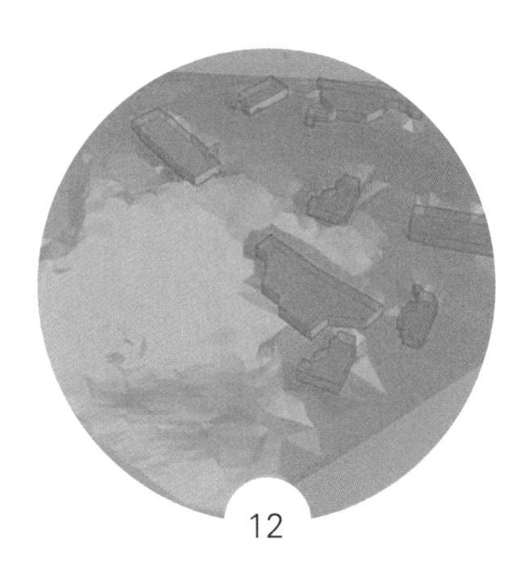
12

按照保护区和建筑的范围，生成相对高度，接下来分离建筑物和保护区的占用范围，就可以在其余为占用部分规划施工道路和其他设备的规划放置，并且可以很清晰地分析出对施工有利的建造顺序。模拟不同的建造顺序对工地施工产生的影响，进而得到最适合的方式来进行工作安排。

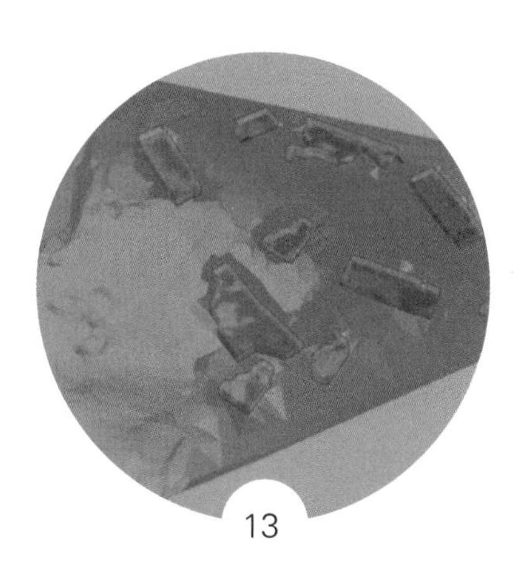
13

在施工规划的前期，确认建筑施工的流程后，设定临时道路的参数要求，可以自动规划出施工道路的可行位置，并优化施工顺序。同时，因为采用了三维扫描技术，在实际的规划中，不但考虑了地形上的树木保护区范围，还会参考到树木的高度，保证施工车辆和机械的通行坡度以及高度要求。

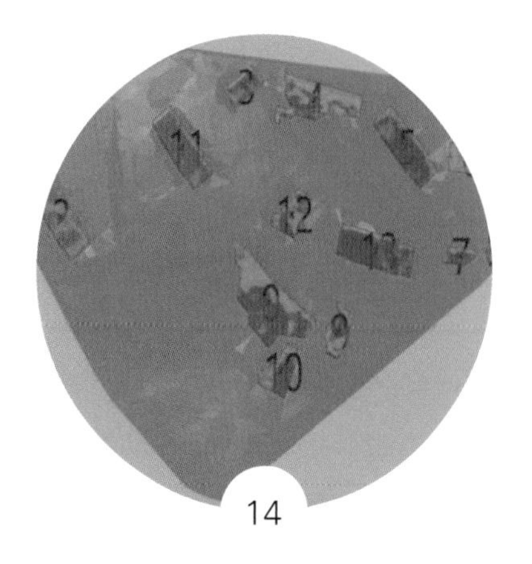
14

在施工阶段，整个场地和建筑位置会根据现场的反馈和设计的变更同步更新，确保了施工道路和规划方案的实时可行性，项目经理可以根据数据的变化所带来的影响，结合现场情况做出更为准确的决定，并能进一步在模型当中进行验证，以确保方案的可实施性。

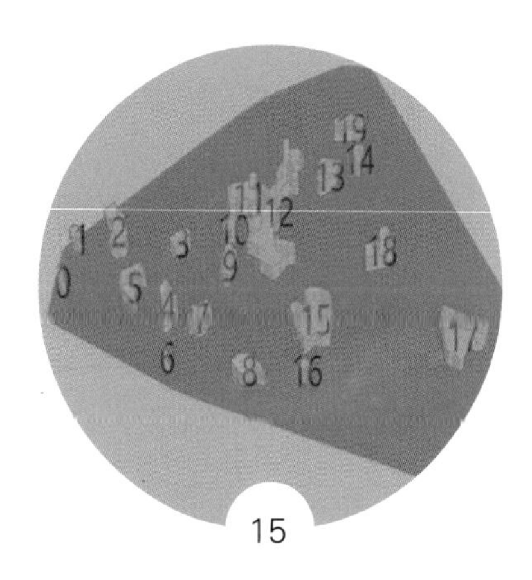
15

将细化后的点阵模型根据施工顺序的阶段性，分离出不同阶段的建筑，形成阶段性地坪信息，根据分析过后的信息，来进行场地的布置和道路规划。
在不影响整个流程和功能的条件下，将模型进行简化，减少计算机的运算时间，提高运算效率。

16

最后，合并树木保护区和建筑物的范围。这样，就得到了一个完整的数字化场景模型。在规划当中，可以通过设定参数，自动分离出道路部分，并且动态化地调整不同施工阶段的场地布置。

4.5 基于 BIM 的施工场地布置的发展

近年来国内对施工现场布置的研究也越来越多，也有很多专业人士针对工程项目的施工布置进行了一些动态可视化研究，从不同的角度将 BIM 技术应用于施工现场的布置。其中，最主要的方向是将施工总布置进行阶段划分，对不同阶段的施工场地布置制作动态可视化方案，同时，利用地理信息系统 (GIS) 平台，将时间作为一个重要的参数，构建施工现场的动态数据结构。

对比传统的平面规划方式，对没有经验的规划人员来说，很多问题容易被忽视。例如，考虑不到场地高差、建筑高度、设备高度对规划方案产生的影响，但是在使用 BIM 后，做施工规划的人员可以使用带有参数的预制模块来进行规划，不同的设施、机械、器具都按照实际的尺寸制作，只需要放置在模型当中就可以直观地看到设施在场地当中所占的位置，并通过打开、关闭安全施工范围选项，来检查机器在施工时的工作范围是否对周边情况产生影响，比如阻隔道路，减少影响其他设备之类的情况发生。

在进行施工场地布置规划时，还可以增加一些动态参数。例如，直观地显示出机器的配重，并反映出大重量的机械对下方空间的压力影响，这样在进行施工平面规划时，就能根据不同吊重来选择是否需要对下方进行加固或者选择较轻的设备进行施工，进一步精细化施工步骤，避免经验主义过度使用重型设备来施工。施工管理的精细化使得项目成本降低，同时，提高人员和设备的使用效率，增加企业的竞争力。

在复杂的项目中，一成不变的施工现场布置难以满足整个施工过程，应根据施工阶段的不同进行调整，施工现场布置应考虑整个施工过程，减少整个施工现场布置中临时设施和管线的二次布置。在进行布置的同时，还需要考虑施工作业单位间物料流和信息流，把施工场地布置看作二次分配问题，优化布置方案，达到降低成本和提高施工安全水平的目的。

在应用 BIM 技术对施工场地进行布置的过程中，首先，导入现有场地的信息；其次，建立施工现场临时设施模型数据库，在进行场地布置时可以直接导入模块，在加入设备的同时，还可以加入时间参数，使得整个施工场地布置的模型数据可以直观地表达施工现场全程所涉及的复杂时空信息，再现施工现场布置地形地物和施工全过程，也为后期的施工现场管理建立了一个基础的管理数据平台。

在获取场地信息的点阵图形后，利用矩阵地形分析，通过多次的模拟分析验证，获得最优的场地分布和运输路线。矩阵地形分析是对整个地形的数字化尝试，也是对复杂地形的数字化尝试。

根据施工计划，在地形分析的基础上，排列出各个不同的施工阶段，临时道路和场地布置变化。从项目最初的场地布置入手，模拟出各个不同阶段的场地地形变化、基坑开挖及基础施工的变化，地上建筑物的变化，将整个场地的管理和调度在施工前都进行了详细的模拟和验证，避免了施工阶段因为施工场地规划的问题，导致施工的延误、起重机布置不合理造成起吊重量不足，安全防护不足造成安全隐患等问题。

数字化、参数化的思维逻辑在一步一步地验证传统经验主义的不足和局限性，在未来的施工中将以经验为参考，用数字方式验证、调整、修正，来达到更加适合项目的施工管理方案。尤其是需要进行大量协调的项目，诸如主题乐园、森林公园、商住综合体之类的项目，多个团队的合作和协调，专业的繁杂与碰撞，功能与造型的复杂与多变，大量的工作需要在同一个数字平台上完成，BIM 技术将更加凸显其重要性。

建筑施工人员和 BIM 技术人员的跨专业学习是非常重要。施工人员具有丰富的经验，这些经验需要在 BIM 应用中不断地融入。BIM 技术人员一般来说，对于现场施工的经验是匮乏的，因此，在实际工作中难免会出现很多漏洞。将 BIM 应用于施工场地布置，既需要专业的配合，也需要技术人员与时俱进，提高自己的技术认知和行业视野，跟着大的趋势革新自己的知识储备，融合到新的方式当中。随着技术的不断发展和进步，相信会有更多的有益尝试让施工管理更加高效。

如前文所述，将 BIM 应用于施工场地布置，不仅仅是技术上的创新，更是从业人员思想上、工作流程和方式上的创新。人们需要从旧有的个人经验主义中走出来，积累和建立更大的数据库，通过预先的模拟分析找到更加合理的方案。这种工作模式的改变，是 BIM 为建筑行业带来的最大的改变。

05BIM 施工进度管理

5.1 传统施工项目进度管理中存在的问题

工程项目的进度管理主要是根据制定的进度计划，控制项目进度，使其能够与计划相匹配。进度管理涉及工程建设中的多个单位，要保证进度不但需要协调各个单位，还受到图纸变更、原材料供给、设备运行、工人数量、天气等方面的影响。

随着建筑业的蓬勃发展，现在的工程项目大多呈现出施工规模较大、工作内容复杂、施工时间较长，建设方对工程的质量、安全要求越来越高。面对建设过程中各种影响因素的不确定性，传统的施工项目管理已无法满足现代项目管理的需求，并逐渐显现出一些问题。

1. 参建各方没有统一运维管理平台

施工项目管理是系统的管理工程。应该结合工程自身的特点，寻求适合的管理方式，它需要全员、全方位的过程管理。

需要把影响项目的各项因素都在计划范围内加以控制，才能实现利润的最大化。而现在的施工项目越来越大，其中参建方并未形成统一的管理平台，造成很多流程停滞不前，影响施工效率。

传统的项目管理相关数据，需要找各部门相关人员查询，再将数据录入到电子表格上面进行筛选、整理。这样不仅不能够随时随地提取数据，同时也会增加查询的工作量。

新项目的实施过程中，不但要关注到施工现场施工具体阶段和节点，同时，需要安排下一个阶段的人员、材料、设备，协调各项资源。这些数据如果前期没有相关统计，项目在施工过程中，管理人员难免会有疏漏，延误工期。

在云平台广泛应用的时代，还需要将以往形成的工程数据进行汇总整理，作为以后工作的参考，这样才能带来真正的便利。另外日常项目出现相关问题后，审批流程也比较繁琐、耗时。

例如，在施工项目管理现场出现问题时，常规的管理做法是由现场技术人员提出整改通知书，再由项目或者班组人员接收，进行整改，整改完毕后进行检查报检，检查完毕后，再提出回复报告，由现场技术人员签字确认，形成闭环。这种管理从流程上来看，没有大的问题，但是在实际施工过程中，由于施工工序的时间不一，现场的资料可能有滞后的现象。而且由于是纸质化办公，对于资料的保存也比较繁琐，查找起来很不方便，且容易丢失。如果形成统一的管理平台，所有文件电子化，需要的资料都可在流程上查找，会大大减少流程消耗时间，提升办公效率。

2. 进度管理流程复杂成效低

目前，大多数项目在进度管理中都存在各专业协调不畅通、施工过程中施工工序错误造成返工、各专业图纸不一致发生设计变更等诸多问题，在整个项目管理中，进度管理贯穿整个项目的施工周期。造成这些问题的因素主要有：

施工工序多，编制的进度计划可能缺乏可操性，进度管理具有一定的复杂性，其涉及各个管理部门，各部门在相互传递信息的过程中极易出现遗漏、混乱的情况，实践中很难做到实时跟踪汇报分散的现场信息，并做好决策。

常规进度管理中，需要根据项目部编制的施工计划周期性检查、分析、校核实际施工进度，而且施工计划往往是对未来的时间做安排，对于任务执行的实际时间却很少记录，后续难以分析进度的偏差影响点。这种管理以现场管理为主，往往会忽视总结优化进度工作，后期对进度管理时会显得被动，管理效果相对较低。

在进度管理中，传统的管理方式很难清楚地看出各个工序之间的逻辑关键，很难做到重点部位重点把控，实际工期与计划工期的对比也相对繁琐，不能够对计划工期根据现场情况进行快速调整，也很难分析出材料用量、施工工序可能造成的延误，不能够做到动态管理和决策的精准度把控。

5.2 BIM 4D 施工进度管理的特点与发展

BIM 4D 的起源可以追溯到二十世纪八十年代，当时 Bechtel 和 Hitachi Ltd 合作生成了 4D 视觉模型。然而，4D 技术的核心是由斯坦福大学的 Fischer and Associates 开发的，他将建筑模型中的构件进行划分后输入时间参数，形成建筑施工动画，让建筑模拟施工成为可能。

BIM 4D 在施工进度管理上的主要功能是将 BIM 3D 模型与项目进度联系起来，例如根据不同的施工方法演示不同的施工过程，通过可视化的手段使各方共同参与探讨，减少错误的发生。同时，设计的模型还可以展示在不同的时间段内，施工的空间和进度。对于 BIM 4D 自动化，简易做法是将数据从规划软件中导出并导入能连接 BIM 模型的云平台或者 4D 软件。将设计元素的实施与活动开始和结束日期关联起来。通过不同的颜色组合来表示不同的施工行为，或者通过区域划分来凸显项目进度安排的不同状态来展示项目的进展过程。例如，下面的图例，对正在建设的活动以实色显示，中间状态以半透明状态显示。以便规划人员轻松跟踪项目的进展。目前，BIM 4D 可以在项目进度表中集成多个模型，同时加载多种资源，还可以在单一项目的各个分部、分项之间创建逻辑关系。

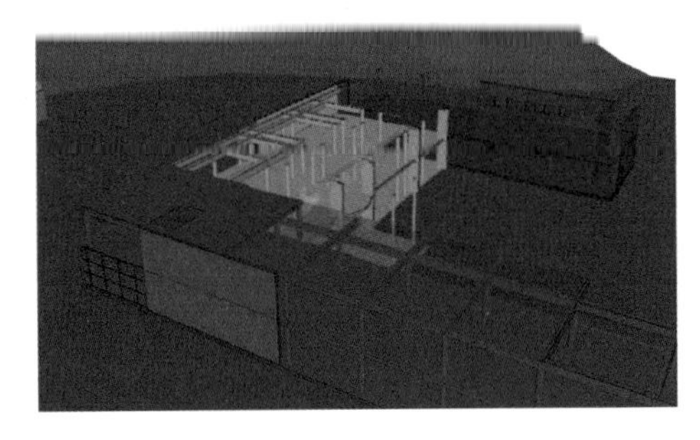
区域施工状态显示

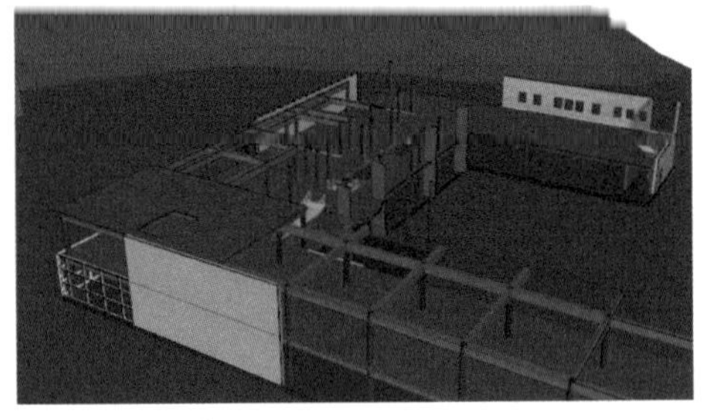
施工方式状态显示

BIM 4D 技术的优势在实际的应用中开始起到越来越重要的作用，现阶段主要表现在这些方面。

• 动态性

BIM 4D 通过建立一个可视化的、具有时间参数的动态信息，实现有效的沟通，从而促使各方在虚拟情况下，动态地短时间内明确，各方需要面对的问题。动态展示的过程是将概念化的各个施工阶段更加形象地展现在业主、设计师，以及各个施工方，整合各方意见并汇总。当然，完成动态化的过程需要各个分包提供各种的信息进行整合。

• 可视化功能

可以帮助甲方更加准确清晰地了解不同阶段的施工过程。这一点对于非专业的管理人员是非常重要的，因为管理人员在决策时可以通过可视化来获得决策需要的一些专业信息，从而可以更加全面地给出最佳决策。

• 虚拟性

因为 BIM 4D 是一个虚拟的过程，可以利用该技术，在施工开始之前进行各方的协调。

• 检测冲突

利用BIM 4D中的冲突检测功能,在施工进度计划编制完成后,可以检查出编制中的冲突。

BIM 4D 可以看作是一个正在建设中的不断发展的建筑，加入施工时间计划的模型不仅仅只是用于动态查看，还可以进行不同专业的协调、优化资源的配置，更重要的是用于项目的施工进度管理，材料采购、人员和设备的安排。另外，施工计划与实际施工进度的差异比较对于施工过程中的问题尽早地解决也有一定的辅助作用。使用 BIM 4D 协助施工进度管理的优点主要分为以下几个部分:

施工方面

- 无冲突的施工安排
- 及时交付到现场
- 预先确定的顺序施工问题
- 避免施工过程中的延误
- 预先确定现场问题
- 改善物流
- 准确和快速的计划安排

信息共享和管理方面

- 向项目各方提供明确的信息
- 改善信息的共享
- 改善项目团队的信息流
- 更好地分享成果
- 更大的管理层认同感
- 改善能力的展示

其他方面

- 提高团队参与度
- 提高对现场安全的认识

在项目规划的初期阶段，BIM 4D 可以给项目工作人员一个简易直观的项目总览视角，使他们快速地了解和熟悉项目，把控项目中一些关键时间节点。

在项目的总体时间确定后，对重点和难点的分部分项进一步细化，在模型中加入各个分项的时间信息，包括准备时间、施工时间、施工顺序和安装时间以及不同分段的时长。对于复杂的项目，BIM 4D 技术可以更加清晰地看到不同的施工区域，施工工序的交叉作业。本章的个案研究列举了一些 " 时间性 "BIM 的应用。

在实际工程应用中，工程进展与 BIM 4D 规划的时间点并不能总是保持一致，因此，需要对项目的实际时间节点进行重新的输入，同时，还可以在项目开始后增加施工工序和具体的施工措施等，用于日常施工过程中的项目管理和展示。

吊装模拟展示

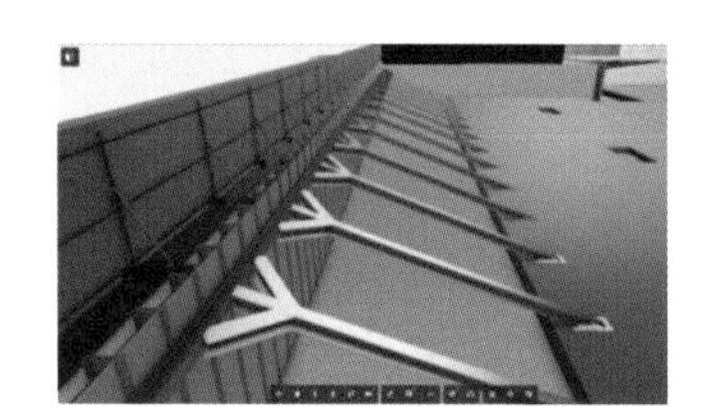

临时支护安装展示

近年来，国内外的技术人员也在不断探索 BIM 4D 在不同施工项目中的应用，确认 BIM 4D 应用的实用性和在实际工程项目中的贡献，随着摄影测量技术的发展，BIM 4D 的深度和广度也在不断地发展。

例如，研究人员在英国工业公司内进行了一项调查，衡量 BIM 4D 在英国的适用性。这项调查显示，在工程应用方面，BIM 4D 在提高系统分析和减少依赖项目管理人员经验方面有积极结果，对于项目本身，工程经验被部分计算机分析优化代替，同时，也避免了很多人为的失误。

另一方面，研究结果也表明，很多上述 BIM 4D 应用及其功能没有被充分地利用起来，部分应用只限于研究领域，在实际的工程应用方面还有所欠缺。既然采用 BIM 4D 确实能够对施工进度规范有所裨益，就需要进一步探索如何改进 BIM 4D 在应用方面的技术。

如何获取实时的工程进展信息，并把他们以数据化的形式反映到模型当中，按照工地实际进行的工序和施工区域分割，图示化呈现出真实的施工情况，是 BIM 4D 工作非常重要的目标。

目前，存在的主要问题是软件的使用和接口问题，还有在进行施工进度管理时，如何实时显示工程进度，操作的复杂性也让 BIM 4D 的推广和应用陷入僵局。

5.3 施工进度管理与 BIM 4D

项目进度管理根据工程的情况，分成施工前期管理和施工过程管理。

在前期管理中，根据项目特征编制项目实施计划，对项目的成本、工期、质量、安全的技术进行把控的同时，对实际工程中可能出现的问题和偏差，进行有效的预判与预防，合理地调整、改进，直到工程结束。

施工前期进度计划制定

施工过程中，进度管理对项目的完成效果有着较大的影响，要充分认识进度控制的重要性，按照制定好的施工进度计划调整进度，以便确保整个项目的顺利施工，同时施工的时间节点和条件安排要合理，运用动态的管理目标确保工程的有效进行。

施工过程进度控制管理

现代建筑工程的特点是工期长、体量大、施工过程复杂、联系单位众多，造成工程进度的影响因素也较为复杂。这些影响因素包含人的技能因素、设备的可靠性、材料及构配件的适用性、地理位置、天气情况、勘察准确性、资金是否到位等。制定一个项目的进度计划，在施工工序和方法的基础上，要综合考虑以上因素，才能制定出完善合理的总进度计划和子项施工进度计划。

在施工进度控制管理的过程中，要保证过程项目按计划顺利实施，必须确定项目的关键节点，并且在实施的过程中，持续跟踪项目的进展，加强项目组织措施的改进优化，使整个施工的空间布局合理、有序；确保对整个施工过程进行全过程、全方位的管理。

BIM 4D 使用虚拟模型作为项目开始的总框架，在此基础上添加与时间有关的信息，为建筑设计和施工加上时间参数后，可以更加清晰地理解项目进展情况。因为模型具有空间感，在 BIM 模型中融合施工的时间感，这些信息可以把整个模型活化，使模型不再只是一个静止的图形，而是一个可以显示在不同时间段的动画。下图为某项目的 4D 展示，在不同的时间段内，可以看出场地地基基础、楼宇以及起重机布置等随着项目进程的空间变化。

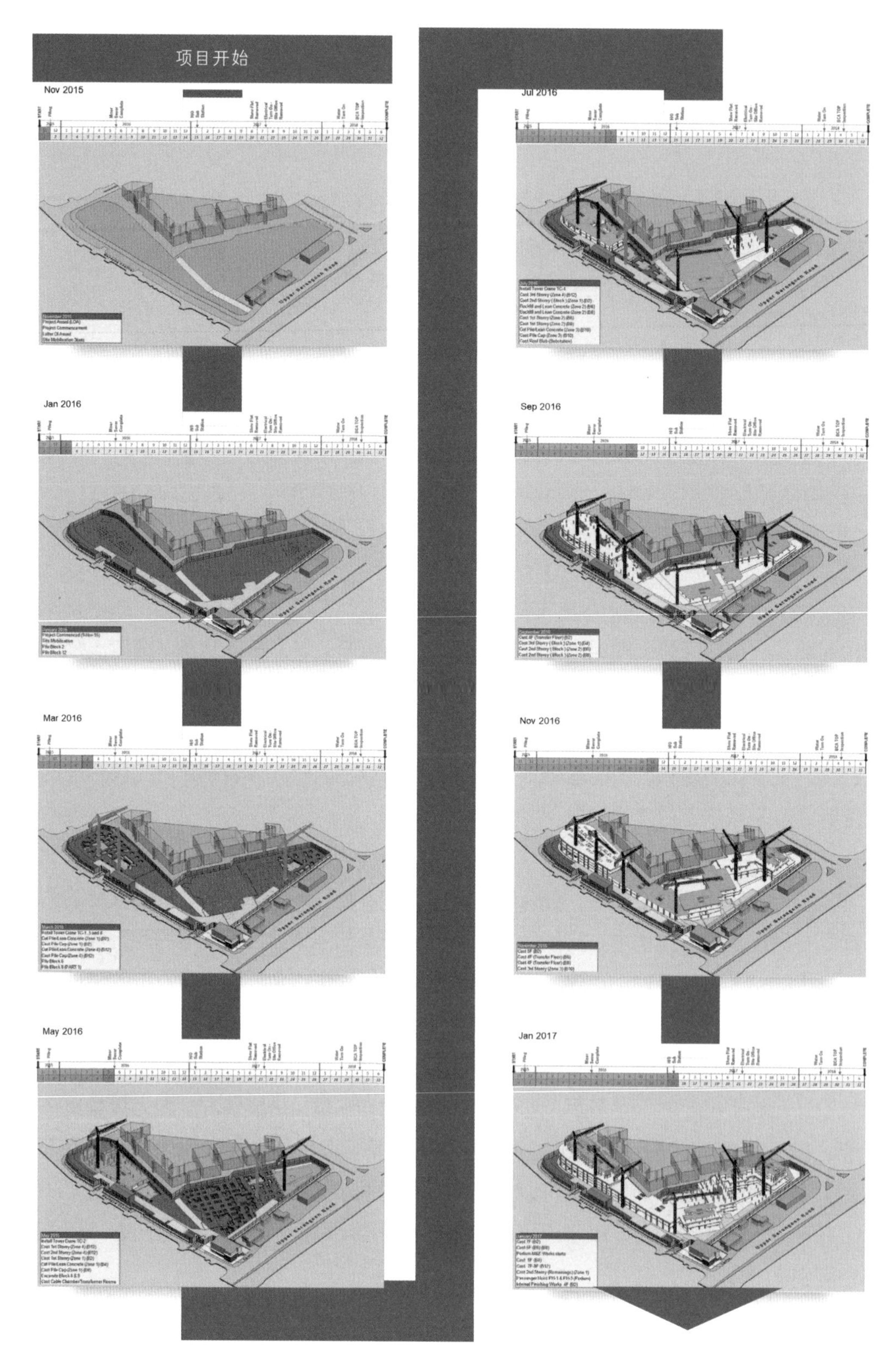
项目开始
Nov 2015
Jan 2016
Mar 2016
May 2016
Jul 2016
Sep 2016
Nov 2016
Jan 2017

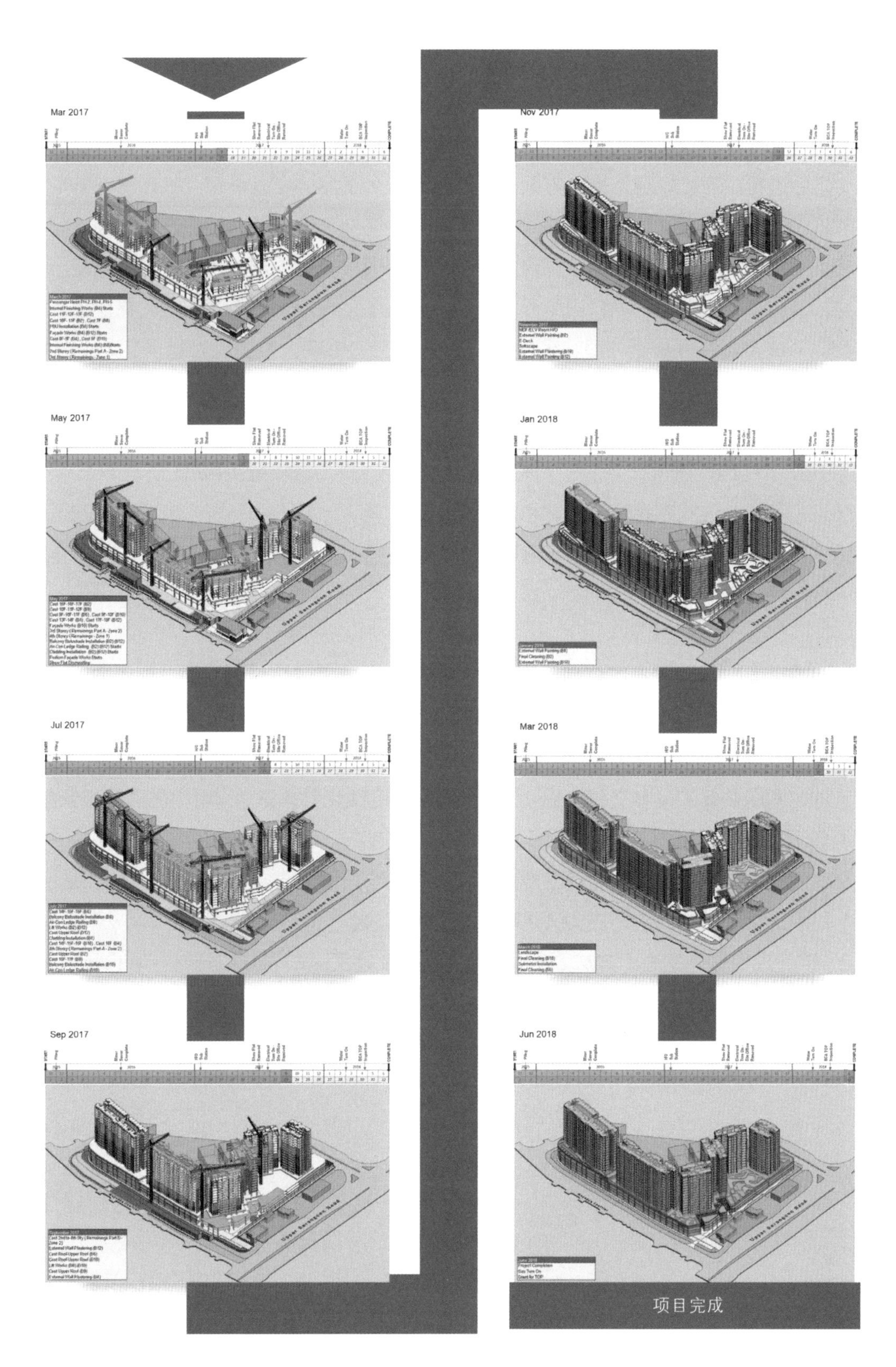
Mar 2017
May 2017
Jul 2017
Sep 2017
Nov 2017
Jan 2018
Mar 2018
Jun 2018
项目完成

施工前的进度计划制定

项目进度计划是通过识别关键 / 非关键路径，定义执行每项活动所需的资源，对施工的各个工序进行排序和规划，另一方面，还要包括各个工序的资源估算、确定分部分项所需的持续时间以及定义项目任务之间的相互关系。将施工进度关联到建好的现场平面布置模型中，并利用可视化模拟软件来进行施工现场模拟，从而预先找出施工中可能出现的材料堆放场地不合理、物料占用道路通道、运料车路线规划受阻等问题，并提出解决方案，形成最优空间布置方案，避免了对后期施工的影响。减少因布置问题对工期的影响。

利用 BIM 4D 制定进度计划，主要是将项目进度与 BIM 3D 模型中的设计构件施工联系起来，在整个进度制定完成后，利用可视化的视角，一方面提高整个施工活动的可建造性，另一方面，利用在施工阶段之前进行虚拟仿真，优化施工方案，改善项目各方之间的协作和沟通。

当然，应用 BIM 4D 并不仅仅用于可视化，其实，在施工进度优化方面，利用 BIM 4D 独特的优势，通过将模型与进度信息以及数据相关联，可以进行分析，优化施工分区以及项目进度等。项目进度的优化对于每个项目都是至关重要的，如何利用所有资源并在约定的时间以最低的成本交付项目，是整个项目进度优化的关键。利用优化工具和参数，平衡整个项目工期和资源，也是 4D 技术最核心的部分，因此，BIM 4D 被定义为一种优化进度计划的技术。这些功能主要体现在如下几个方面：

（1）从 BIM 3D 设计模型中提取所需规划信息的功能；

（2）确定项目具体的施工方法 . 分析该项目的各个施工区域划分和分部分项的顺序；

（3）估算不同过程的时间和互相之间的关系；

（4）确定项目资源、场地、人员和设备数量的相关参数。

施工前，项目管理人员可通过 4D 施工模拟提前预测建筑项目各环节的关键节点，设定布置大型机械及施工现场，此外，还可以周或者月为单位，从劳动力、材料、资金等层面提前发现问题，并解决问题。

项目整个建造阶段都可通过施工模拟，实现精细化管理项目，全程把控施工过程，在施工前做好指导工作，施工后做好校核工作。目前，常用的进度计划管理软件有 Microsoft Project 和 Primavera 等。

随着建筑信息模型 (BIM) 的发展，更多基于云平台的时间管理软件也层出不穷，数字化趋势下的 4D 时间管理方式正在成为建筑施工进度规划的一个大力发展的方向。

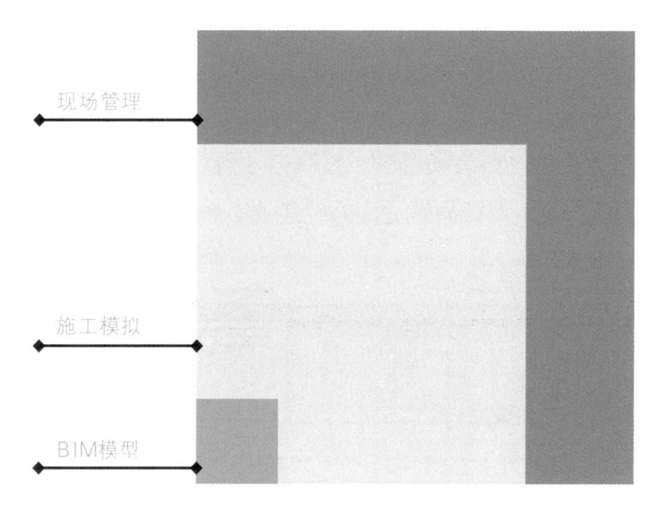

数字化施工模拟管理，通过采用无缝的数据交互环境存储模型和其他数据，实现项目数据统一管理，多专业共享，达到有效的协作和管理流程。由此可见，BIM 4D 是将设计与施工，虚拟与现实相结合的一个新的桥梁，它打破了过去孤立和割裂的工作状态，如上图所示，通过对模型的模拟，为进度规划、设计、建造提供更清晰的视图。

可视化管理项目

施工过程中的进度控制与管理

在施工项目进行中，BIM 4D 进度管理依据前期编制的施工进度计划，需结合现场实际的工程进度，汇总与比较，并安排周计划、月计划。在进度管理时，可以把计划与工程实际进展进行对比、把控进度。同时，可视化的管理，可以让管理人员通过手机轻松查对实际完成数据，做到数据共享、实时查询、及时沟通，减少问题的出现和延误工期。

进度控制的主要方式是通过现场工程进度信息的收集，和进度计划进行比对分析，发现问题并及时调整计划。进度计划比较的主要方法有：甘特图比较法、S 形曲线图比较法、垂直图比较法、前锋线比较法等。

在施工的现场进度控制管理过程中，存在着如下的一些问题：

1. 施工进度计划往往是网络图或者横道图，没有办法直观地对应到相关的区域和位置。而制定计划的人和项目的管理人员如果缺少良好的沟通，就会形成项目实施与计划的脱节。

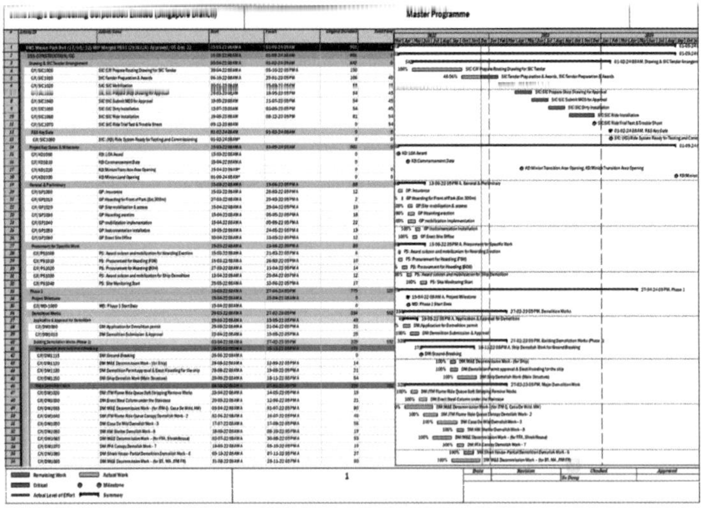

由 Primavera 生成的项目施工规划

如上图的 Primavera 制作的项目总体执行规划，所呈现的所有信息都是基于 2D 的单线信息，尽管可以跟现场联动，让平面数据流动起来，但是只能通过横道图或简单的线条展示施工进度，从根本上来说，该工作流还是缺乏直观的现场进度的追踪，很难展现出项目工期与施工区域之间的复杂关系。

2. 缺少实时的更新，无法反映现场情况。对与现场实际完成的工作进行对比的时候，也只能采用这样的二维形式，如目前常用的一些图表。

3. 在施工进展到一定阶段或者完成后，无法根据进展完成的工作，详细分析出进度的延误原因及对未来工作的改进。

在现在日趋复杂的项目当中，甲方需要承包商提供更多的现场跟进信息，以确保项目可以按照合同规定的时间和质量完成，并且在施工例会上，需要提交现场施工进度与计划的对比。在这种情况下，原来的二维图表很难满足现代施工管理的需要，BIM 4D 技术可以呈现出更加贴近现场的计划与实施情况，而且，随着 BIM 软件的发展，可以对计划中的关键节点、冲突等自动检测并且标注，这对于大型项目是非常友好的。

利用 BIM 4D 进行智能化进度管理，可以提高进度管理的效率。在施工的例会中，进度模拟可以直观展现当前工程进度健康状况，提高沟通的效率，让项目参与者可以一目了然地明确计划与实际进度的差异。

另外，BIM 4D 可以更加准确快速地分析和判断进度对应的资源、场地数据，确定前期的问题和后期的改进。通过分析后续任务状态，根据 4D 展示出来的信息，参与各方可以快速提出进度优化方案，后续进度调整计划，提高会议沟通效率。

BIM 4D 的方案优化和比较功能是其在施工进度控制管理中最具意义的部分。在以往的施工进度管理中，因为项目的复杂性，涉及的施工方较多，很难有一个全面统筹的安排，往往存在顾此失彼的现象。大部分的管理者凭借经验和简单的表格进行管理，没有准确的数据分析做支撑。BIM 4D 在进行管理时，可以把各个工序进行拆分，在出现问题的时候可以非常直观地发现症结，并且，在优化方案的时候，修改方案成本低、速度快、方案比较时更加便捷，可以为管理者做决策提供强大的数据支持。

对于大型的施工企业管理，BIM 4D 也凸显了其在管理中的积极作用。对于多个项目的统筹安排，是大型企业进行精细化管理的一个非常重要的课题。企业往往需要对资源（人员、设备、材料等）进行全局性的规划，BIM 4D 可以让管理层对企业的所有项目的进程全局性地把控，是非常高效的管理工具。在各个项目的协调会上，不再只是单个项目的汇报，而是全面地分析公司目前的资源分配和项目进程，可以更加科学地进行统筹和安排。

5.4 传统 BIM 4D 的实现路径

传统的 BIM 4D 实现了项目进度的可视化，其主要的实现路径是通过将工作流程、时间和模型相结合，最后形成一个动态的模型。

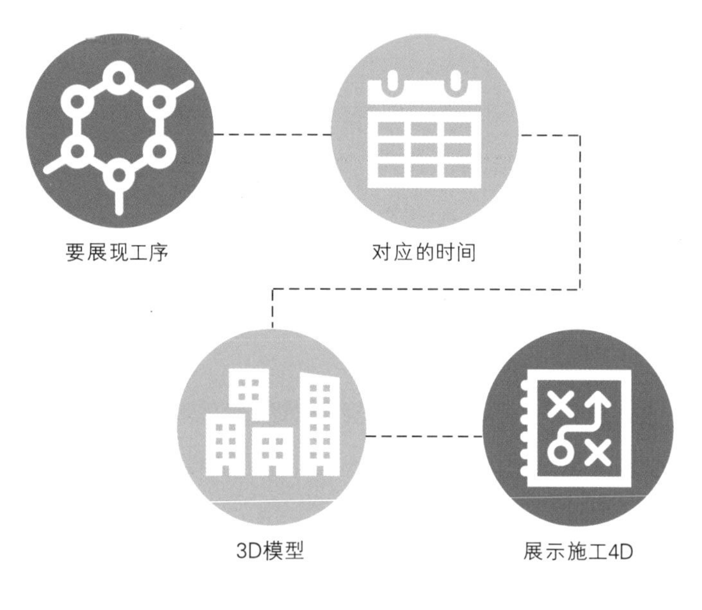

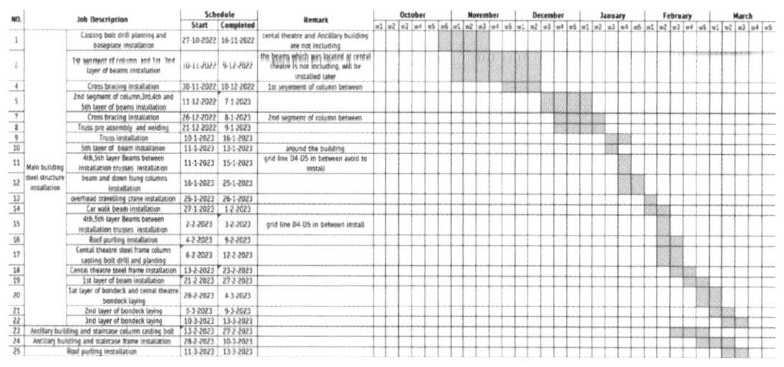

NO.	Job Description		Schedule Start	Schedule Completed	Remark	October	November	December	January	February	March
1	Main building steel structure installation	Casting bolt drill planting and baseplate installation	27-10-2022	16-11-2022	cental theatre and Ancillary building are not including						
[illegible]		1st segment of column and 1st 2nd layer of beams installation	10-11-2022	9-12-2022	the beams which was located at cental theatre is not including, will be installed later						
4		Cross bracing installation	30-11-2022	10-12-2022	1st segement of column between						
5		2nd segment of column,3rd,4th and 5th layer of beams installation	11-12-2022	7-1-2023							
7		Cross bracing installation	26-12-2022	8-1-2023	2nd segment of column between						
8		Truss pre assembly and welding	21-12-2022	9-1-2023							
9		Truss installation	10-1-2023	16-1-2023							
10		5th layer of beam installation	11-1-2023	13-1-2023	around the building						
11		4th,5th layer Beams between installation trusses installation	11-1-2023	15-1-2023	grid line D4-D5 in between avoid to install						
12		beam and down hung columns installation	16-1-2023	25-1-2023							
13		overhead travelling crane installation	26-1-2023	26-1-2023							
14		Car walk beam installation	27-1-2023	1-2-2023							
15		4th,5th layer Beams between installation trusses installation	2-2-2023	3-2-2023	grid line D4-D5 in between install						
16		Roof purling installation	4-2-2023	9-2-2023							
17		Cental theatre steel frame column casting bolt drill and planting	6-2-2023	12-2-2023							
18		Cental theatre steel frame installation	13-2-2023	23-2-2023							
19		1st layer of beam installation	21-2-2023	27-2-2023							
20		1at layer of bondeck and cental theatre bondeck laying	28-2-2023	4-3-2023							
21		2nd layer of bondeck laying	5-3-2023	9-3-2023							
22		3nd layer of bondeck laying	10-3-2023	13-3-2023							
23	Ancillary building and staircase column casting bolt		13-2-2023	27-2-2023							
24	Ancillary building and staircase frame installation		28-2-2023	10-3-2023							
25	Roof purling installation		11-3-2023	13-3-2023							

从数据的角度可以看出来，上述 4D 中有一个非常重要的参数，就是项目进度规划的时间。对于简单的项目，可以通过 Excel 表格（或者 P6 等软件），按照项目经理的经验布置工作，安排工序流程，最后形成进度规划。对于简单的项目，采用上述方法是可行的。但是，对于规模较大的项目，涉及多个单位、专业的协调与分工，因此，其中的链条关系错综复杂，而依靠项目经理个人经验规划的时间和工序，其逻辑关系是否正确，工序衔接是否有矛盾，通过简单的对时间的排序是无法确保完全正确的。同时，项目不同分区，施工阶段的施工顺交叉关系，不同分包的施工生产率造成的差异，这些问题很难在规划的时候综合全面地考虑。

4D 模型把时间导入模型中，可以更加直观地发现问题，并且进行相应的修改。从逻辑上来说，时间规划进行修改后，可以合理地应用于项目规划中。但是，在实际应用中，却存在着诸多矛盾和问题。

首先，在目前常用的 4D 软件中，时间和模型的结合过程中，两个数据是割裂的，这就意味着时间的调整将不会引起图形的变化。在规划时，改变时间后，项目的施工模拟动画，需要重新将时间、流程和模型再结合一次。这也就意味着前一次的工作是无效的。如果不断重复，带来的问题就是重复的修改、效率的降低和工作量的增加。

其次，采用传统的 BIM 4D 很难实现对项目进度的有效管理和控制。通过大量的项目实践表明，采用传统 4D，因为需要重新对数据和模型进行修改和匹配，对问题的响应速度缓慢，使得所有的工作反映到电子化都成点状的数据，看似整个项目都在电子化、数据化，但是却不能真实地反映相互之间的逻辑关系，造成了大量的重复工作。

再次，传统的 4D 只是实现了三维的动态化可视，不能通过既有数据做出合理可行的风险性分析。在传统的 4D 过程中，依然需要依赖于项目经理个人经验，缺乏数据库的支持，但是有经验的项目经理也有疏漏以及精力上的限制。所以 BIM 4D 虽然有很多优势，但因为应用的局限性，目前，多用于项目的展示。从这个角度而言，BIM 4D 必须要向数字化、自动化发展，使得数据成为一个“连动”的数组，而不是“独立”的数据。

Activity ID	Original Duration	CJY Handover Date	ISO Take over date	Early Take over	Mark	CJY Planned take over date	ISO Handover Date	Early Handover	Mark
DMMM/DMMM:PrimeCost-ID Works									
CJY/DMMM 1930	120	08-05-2023	08-05-2023	0	Accepted	04-09-2023	03-09-2023	-1	Accepted
New Exit Hall Way @ Lv 1	28	08-05-2023	08-05-2023	0	Accepted	04-06-2023	04-06-2023	0	Accepted
Exit Hall Way @ Lv 2	35	17-05-2023	10-05-2023	-7	To Adjust to 7 days later	20-06-2023	18-06-2023	-2	Accepted
Pre Load & Pre Show @ Lv 2	32	29-05-2023	29-05-2023	0	Accepted	29-06-2023	24-06-2023	-5	Accepted
New Theater @ Lv 2	92	05-06-2023	05-06-2023	0	Accepted	04-09-2023	03-09-2023	-1	Accepted
Single Rider Queue @ Lv 2 (Inside DMMM)	16	28-06-2023	28-06-2023	0	Accepted	13-07-2023	13-07-2023	0	Accepted
GRU'S HOUSE/GRU:PrimeCost-ID Works									
CJY/GRU 1145	80	25-08-2023	25-08-2023	0	Accepted	12-11-2023	10-11-2023	-2	Accepted
New Singel Rider Queue @ Lv 1 (Outside DMMM)	5	25-08-2023	25-08-2023	0	Accepted	29-08-2023	29-08-2023	0	Accepted
New Singel Rider Queue @ Lv 2 (Outside DMMM)	4	30-08-2023	30-08-2023	0	Accepted	02-09-2023	02-09-2023	0	Accepted
New Express Queue @ Lv 1	13	03-09-2023	03-09-2023	0	Accepted	15-09-2023	15-09-2023	0	Accepted
New Attendant Lane @ Lv 1	11	16-09-2023	17-09-2023	1	Accepted	26-09-2023	26-09-2023	0	Accepted
New Queue Entry @ Lv 1	45	27-09-2023	27-09-2023	0	Accepted	10-11-2023	10-11-2023	0	Accepted
F&B/F&B:PrimeCost-ID Works (Include Kitchen)									
CJY/F&B 1430	150	01-09-2023	15-09-2023	14	Accepted	28-01-2024	26-01-2024	-2	Accepted
Cast In Element (Work with CJY)	38	26-06-2023	The work can start with CJY. Please coordinate with CJY team for the early start work			02-08-2023	The Cast in work to be completed before the area handover.		
New Kitchen/Show Kitchen/PWAV Room	98	15-09-2023	15-09-2023	0	Accepted	21-12-2023	15-12-2023	-6	Accepted
New Restaurant	96	05-11-2023	05-11-2023	0	Accepted	08-02-2024	08-02-2024	0	Accepted
Millwork	13	22-12-2023	22-12-2023	0	Accepted	03-01-2024	02-01-2024	-1	Accepted
Carpentry & Equipment Installation	37	20-12-2023	20-12-2023	0	Accepted	25-01-2024	26-01-2024	1	Accepted
MMR/MMR:PrimeCost-ID Works									
CJY/MMR 1200	120	03-11-2023	03-11-2023	0	Accepted	01-03-2024	28-02-2024	-2	Accepted
Sweet Surrender	71	03-11-2023	03-11-2023	0	Accepted	12-01-2024	12-01-2024	0	Accepted
POP Store	65	18-11-2023	18-11-2023	0	Accepted	21-01-2024	21-01-2024	0	Accepted
Retail Toy Store	66	03-12-2023	03-12-2023	0	Accepted	06-02-2024	06-02-2024	0	Accepted
New Nance Party/Meet & Greet	67	18-12-2023	18-12-2023	0	Accepted	22-02-2024	28-02-2024	6	To complete 6 days ahead

1 2 3 4 5 6

传统项目进度对比表格管理方式

如上表所示的号码 1 ~ 6，分别表示：

1. 总包规划中的交付分包时间
2. 分包规划的开始时间
3. 总包交付与分包开始时间差值
4. 总包规划要求的完工时间
5. 分包规划中的完工时间
6. 双方完工时间的差值

对于较大的项目，当工程所涉及的分包数量较多时，项目的不同专业以及相同专业不同分部工程的协调工作会十分繁杂。为应对各方协调时间周期问题时，一般会采用上面的表格形式对不同的分包进行关键时间节点的比对，来检查和验证是否按照总规划方案进行。表格中如果差值为负即表示分包工期安排与总方案相符，如果差值为正，则表示超出总包工期要求，需要与分包进行商讨工期的合理性和资源安排。

如果只是针对少数分包，那么协调人员只需要对部分关键时间节点进行控制就可以掌握项目进展，当遇到需要大量协调工序的复杂项目，或者有很多相关专业穿插协调，或者数量众多的分包时，上述做法的弊端就会显现出来。在总体规划和分包规划中，需要找到相同的工作，然后再在表格中罗列出对应的时间，找出之间的不同，确定不同分包和节点对整体工期的影响。

显而易见，这种工作方式在管理复杂项目时是十分落后的，不仅浪费人力，而且无法保证每个分包或者工序可以进行有序的管理，因为缺乏对交叉工序和相互协作之间的连接关系，无法仅从时间点判断被影响的其他工作，更不能提前发现问题的存在点和位置，通常都是在问题发生后才会显现问题，而往往在这时已经无法弥补项目延误的工期。

新的数字化科技的使用和优化的工作流，对传统的工作方式具有极大的冲击，可以使用新的技术方式来进行全方位的项目数据链接和展示，在前期就具体和明晰化项目当中隐藏的问题，及时有效地进行针对性方案的研究和计划，杜绝因隐形的问题造成工期延误的发生。

仅凭借旧有经验，管理未来大型项目，对于项目团队来说是非常困难的。旧有的管理方式和流程已经越来越不能跟上技术化管理的趋势，未来数字化施工的管理和决策都将在丰富有效的信息支撑下完成。

5.5 BIM 4D+ 施工进度管理应用

传统 BIM 4D 的使用过程，时间和模型的结合，是通过第三方软件完成的。在使用第三方软件来创建项目的进度表和进度计划展示时，需要单独切割模型，并且按照实际的工序在第三方软件当中呈现，根据以往的经验，这样的方式只能针对某次的时间与模型的匹配，并不能准确地以跟踪的方式呈现实际的规划进程。而且一旦修改，就会造成全部工作的重复，浪费了人力成本，对整个项目并起不到很大的帮助。

在BIM 4D+的应用中，我们尝试改变工作流程和方式，首先将模型进行模块化和标准化，然后由程序根据预先设定好的参数，自动生成一个工程规划。导出后，由项目经理进行调整，再输入软件，在这个过程中，模型可以根据修改的数据自动更新时间信息。反复迭代和调整后，最终形成一个优化后的施工进度计划。通过预先对模型进行参数设置，使得 BIM 4D 不再只是某个时间规划下，图形的单一动画显示，而是可以通过不断调整和改变动态时间线的施工动态，即可持续开发的型动态施工模型。

在整个 BIM 4D+ 的流程中，有几个特点：

1. 前期规则制定的标准化和模块化。数据自动化的前提是标准化和模块化，因此，在模型中根据施工划分不同的模块，对模型增加相应的参数，都是前期需要准备的工作。这些工作体现了BIM工程师和项目经理的合作，也体现了BIM工作流中关键的部分即协作。

2. 在对不同专业和分包进行模块化之后，分包在细化工作流程后，可以将信息直接导入，进行统一的协调与管理，这一点在大项目的管理中是非常重要的。在施工总体的协调中，前期规划中给出各个分包的工期和时间要求、关键节点，在各个分包进行专业细化后，再统一进行协调。

3. 在工期管理过程中，方案的比对可以更加迅速直观。在施工过程中，人力、设备的调整对工期的影响，可以通过参数化数据的调整，快速分析和比对方案，包括后期 5D 中涉及的资金流，这些对于提高项目决策的准确性和效率，都是非常必要的。

4. 对于施工项目进度的跟进、修正、风险预判都可以通过 4D+ 实现全自动化。在前期的模块化和标准化的架构下，后期的跟进只需要进行简单的输入，就可以将现场与工程实际进展进行快速比对，发现并纠正问题。

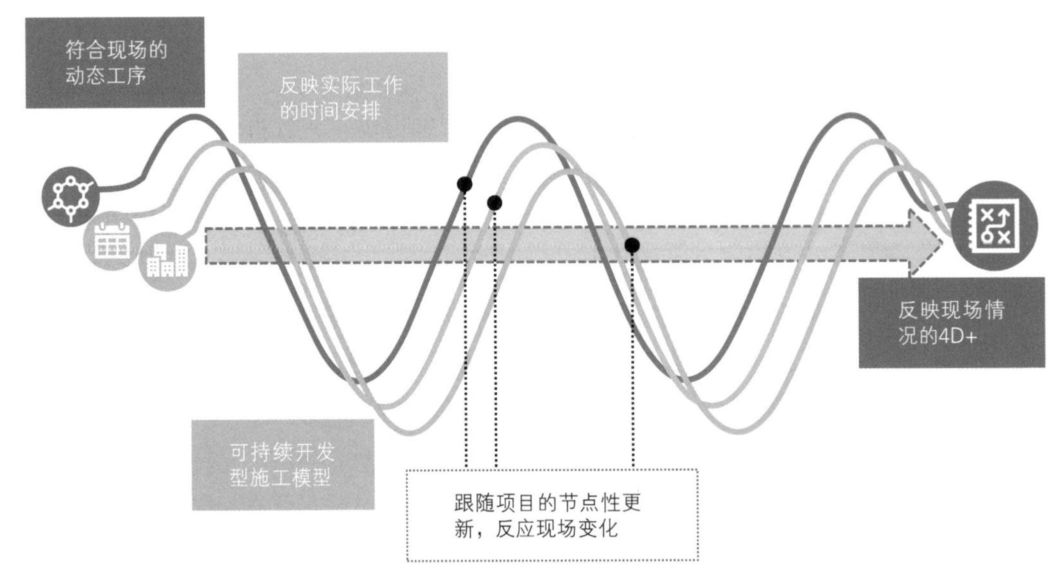

BIM 4D+ 动态工作流程

BIM 4D+ 让模型自动活起来，更具实用性，是 4D 发展的方向。随着计算机技术的快速发展，通过条形码、射频识别、3D 激光扫描、摄影测量等各种技术，现场实时交互等方式的出现，建筑数据的现场收集工作得到了极大的改进。并且，5G 的拓展也使得工地的数据通过专用的云平台反映模型预设的参数模块上，这样，管理人员就能根据规划方案及进度与实际的进度进行比对，在项目早期就发现项目的进展状况以及造成延误的原因，从根本上加快了发现问题以及解决问题的响应速度。

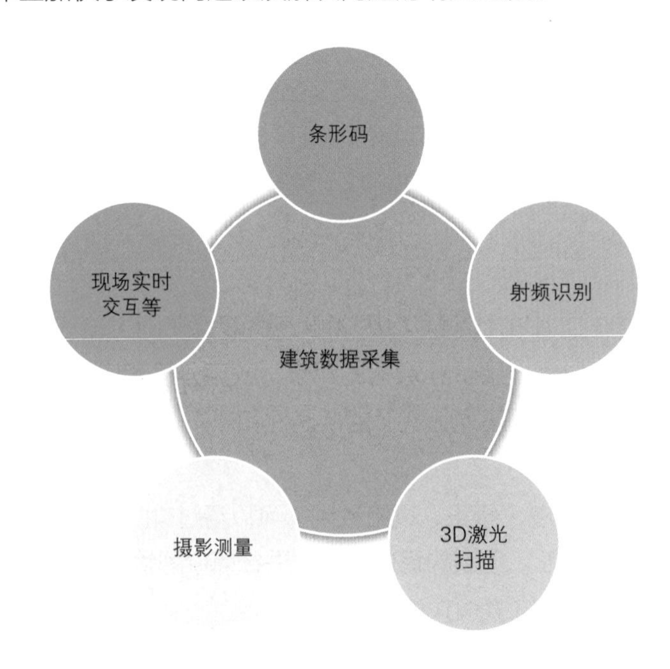

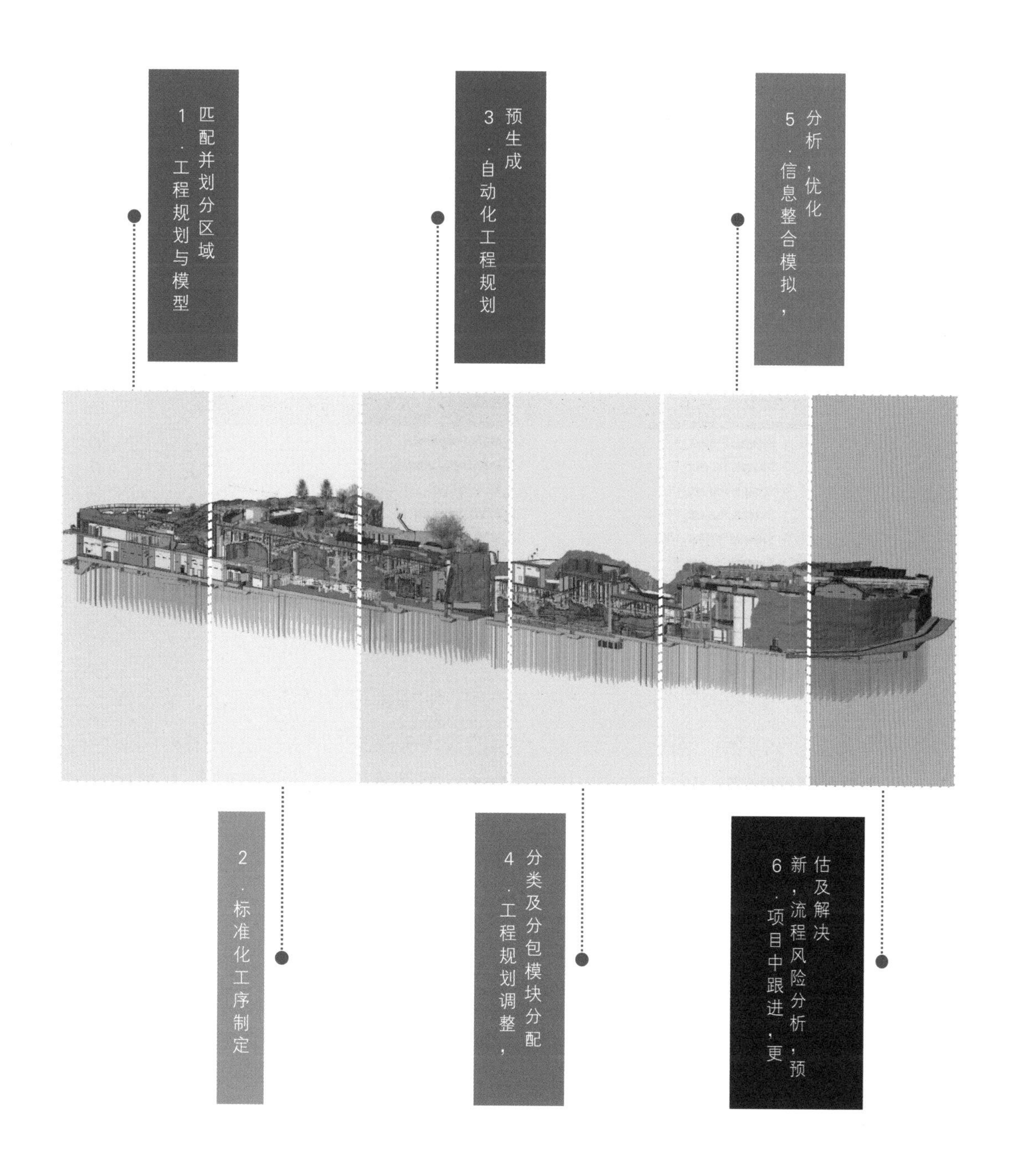

1.工程规划与模型匹配并划分区域
2.标准化工序制定
3.自动化工程规划预生成
4.工程规划调整，分类及分包模块分配
5.信息整合模拟，分析，优化
6.项目中跟进，更新，流程风险分析，预估及解决

相比于传统的工程进度制定模式，采用新的模块化制定形式规划和管理项目进度，极大地优化了整个流程，使得整个管理框架更加清晰，每个分支更加独立，并且能更加灵活地反映项目进度中间的细节流程变化。

如下图，每个项目在初期，项目经理根据不同的专业分成不同的专业模块，设计图纸和政府部门需要提交和批准的各项工作也都进行分块。模块的划分也为模型的划分提供了前期的基础数据。

Example	(New EPS)
Sample Project_M	00_Main Programme
Sample Project_D	01_Drawing&Authority
Sample Project_RC	01_RC-Sub Con
Sample Project_PPVC	02_PPVC- Sub Con
Sample Project_MEP	03_MEP- Sub Con
Sample Project_F	04_Facade-Sub Con
Sample Project_ID	05_ID-Sub Con

施工流程模块化

在模块化完成后，需要制定相关施工的标准流程。即根据项目特点和要求，从总体上规划不同模块的工作内容、范围、工期以及相互的逻辑关系。其中项目的关键时间节点与不同的分包的进场时间、施工周期相关联。最终，形成根据不同模块的逻辑关系和时间周期组成的总体施工计划。

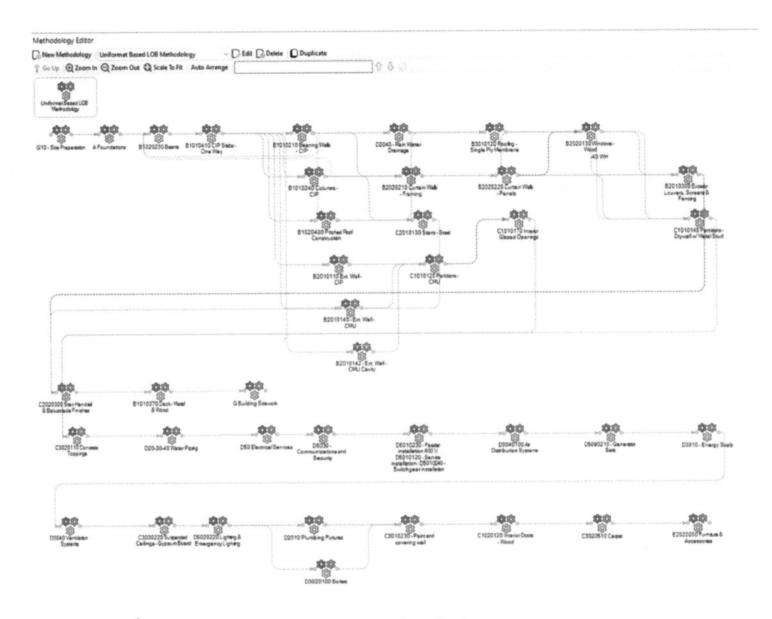

施工逻辑排序

在接下来的工作中，BIM 软件可以根据相应的参数和一定的规则，自动生成一个符合施工逻辑的项目进度计划。在进度计划自动完成后，经过项目经理和施工进度计划团队根据实际的情况进行调整，形成初步的施工进度计划。这时候，由软件导出计划人员熟悉的文件格式，并采用相应的规划软件，对不同模块的时间进度进行重新调整。

Name	Duration (Days)	Start Date	Finish Date	Total Cost	Total Float	Element Count	Actual Cost	Task Type
11-20F_Core_Wall+Slab	161 wd	9/3/2024 16h	2/10/2025 16h	$917,231.09	0 wh	1895	$0.00	Regular Task
21-30F_Core_Wall+Slab	148 wd	2/10/2025 16h	7/7/2025 16h	$722,583.04	0 wh	1586	$0.00	Regular Task
[illegible]	[illegible]	7/7/2025 16h	10/7/2025 16h	[illegible]	0 wh	[illegible]	$0.00	Regular Task
41-50F_Core_Wall+Slab	89 wd	10/7/2025 16h	1/3/2026 16h	$313,769.87	0 wh	1189	$0.00	Regular Task
51-60F_Core_Wall+Slab	76 wd	1/3/2026 16h	3/19/2026 16h	$292,164.45	0 wh	1144	$0.00	Regular Task
61-RF_Core_Wall+Slab	51 wd	3/19/2026 16h	5/8/2026 16h	$109,107.64	0 wh	417	$0.00	Regular Task
(Perimeter)_(RC)_Column+Wall+Beam+SLAB/P...	793 wd	5/18/2024 16h	7/20/2026 16h	$8,506,686.13	0 wh	16721	$0.00	Regular Task
63F_Perimeter)_(RC)_Column+Wall+Beam+S...	793 wd	5/18/2024 16h	7/20/2026 16h	$8,506,686.13	0 wh	16721	$0.00	Regular Task
1-10F_(Perimeter)_(RC)_Column+Wall / (B...	176 wd	5/18/2024 16h	11/9/2024 16h	$2,771,032.23	0 wh	3262	$0.00	Regular Task
11-20F_(Perimeter)_(RC)_Column+Wall / (...	154 wd	11/9/2024 16h	4/11/2025 16h	$1,363,470.75	0 wh	2250	$0.00	Regular Task
21-30F_(Perimeter)_(RC)_Column+Wall / (...	163 wd	4/11/2025 16h	9/20/2025 16h	$1,526,485.72	0 wh	2522	$0.00	Regular Task
31-40F_(Perimeter)_(RC)_Column+Wall / (...	115 wd	9/20/2025 16h	1/12/2026 16h	$1,113,424.72	0 wh	2597	$0.00	Regular Task
41-50F_(Perimeter)_(RC)_Column+Wall / (...	76 wd	1/12/2026 16h	3/28/2026 16h	$671,825.71	0 wh	2369	$0.00	Regular Task
51-60F_(Perimeter)_(RC)_Column+Wall / (...	80 wd	3/28/2026 16h	6/15/2026 16h	$645,314.46	0 wh	2247	$0.00	Regular Task
61-RF_(Perimeter)_(RC)_Column+Wall / (B...	36 wd	6/15/2026 16h	7/20/2026 16h	[illegible]	0 wh	1474	$0.00	Regular Task
Podium	**210 wd**	**12/21/2024 08h**	**7/18/2025 16h**	**$0.00**	**0 wh**	**0**	**$0.00**	**Regular Task**
A-Zone_Podium_(Prince Edward road)	**120 wd**	**12/21/2024 08h**	**4/19/2025 16h**	**$0.00**	**0 wh**	**0**	**$0.00**	**Regular Task**
NL2F_1F(V)+2F(H)Slab_Podium_A-Zone	90 wd	12/21/2024 08h	3/20/2025 16h	$0.00	0 wh	0	$0.00	Regular Task
NL3F_2F(V)+3F(H)Slab_Podium_A-Zone	30 wd	3/21/2025 08h	4/19/2025 16h	$0.00	0 wh	0	$0.00	Regular Task
B-Zone_Podium_(Maxwell road)	**120 wd**	**3/21/2025 08h**	**7/18/2025 16h**	**$0.00**	**0 wh**	**0**	**$0.00**	**Regular Task**
NL2F_1F(V)+2F(H)Slab_Podium_B-Zone_...	90 wd	3/21/2025 08h	6/18/2025 16h	$0.00	0 wh	0	$0.00	Regular Task
NL3F_2F(V)+3F(H)Slab_Podium_B-Zone_(...	30 wd	6/19/2025 08h	7/18/2025 16h	$0.00	0 wh	0	$0.00	Regular Task
(C-Zone_Anson Road)_2~7F_(Perimeter)_(RC)_C...	127 wd	7/18/2025 16h	11/22/2025 17h	[illegible]	0 wh	524	$0.00	Regular Task
[illegible]	[illegible]	[illegible]	[illegible]	[illegible]	0 wh	524	$0.00	Regular Task

工作时间安排

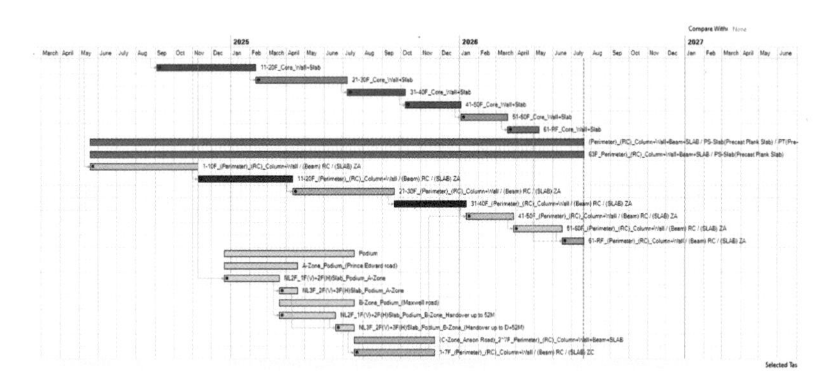

工序规划逻辑

对于不同的分包模块，将模块抽离出来，根据总体规划的时间，给出关键的时间节点，由不同的分包进行规划后，按照不同的模块插入整个工作计划。缩短协调沟通时间，使每个部分的负责人能更加有针对性地开展工作把控时间。

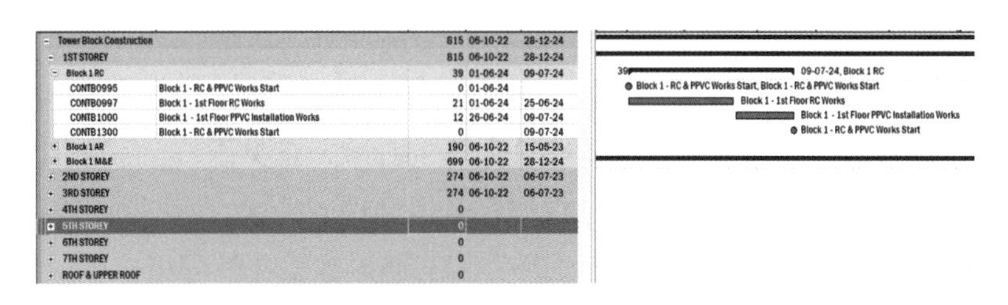

Tower Block Construction		815	06-10-22	28-12-24
1ST STOREY		815	06-10-22	28-12-24
Block 1 RC		39	01-06-24	09-07-24
CONTB0995	Block 1 - RC & PPVC Works Start	0	01-06-24	
CONTB0997	Block 1 - 1st Floor RC Works	21	01-06-24	25-06-24
CONTB1000	Block 1 - 1st Floor PPVC Installation Works	12	26-06-24	09-07-24
CONTB1300	Block 1 - RC & PPVC Works Start	0		09-07-24
Block 1 AR		190	06-10-22	15-05-23
Block 1 M&E		699	06-10-22	28-12-24
2ND STOREY		274	06-10-22	06-07-23
3RD STOREY		274	06-10-22	06-07-23
4TH STOREY		0		
5TH STOREY		0		
6TH STOREY		0		
7TH STOREY		0		
ROOF & UPPER ROOF		0		

模块化分包工程安排

在收集到全部分包的具体项目进度计划后，导入总体规划中，就可以反映出不同施工步骤、不同专业分包相互之间的逻辑关系是否相互影响，是否会造成整体项目施工场地布置的变化，进一步协调整个施工计划流程，达到施工场地布置合理、资源分配波动小、分包的工序流程正确，整个项目可以基本平稳推进。

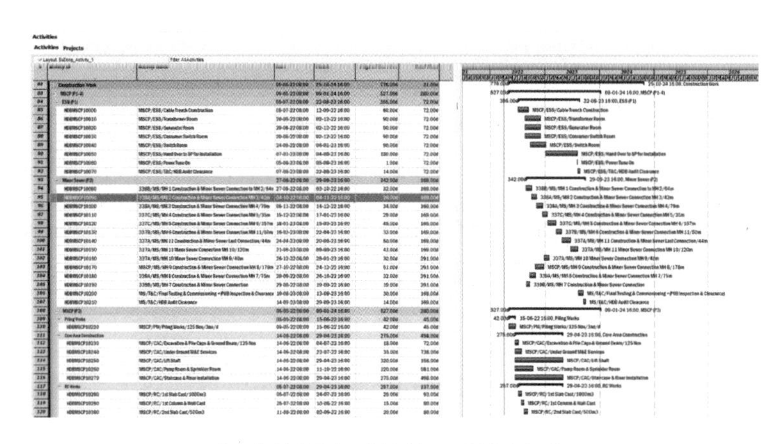

初步协调完成的施工规划方案

在初步完成施工进度计划以后，将数据再次导入 BIM 模型中进行检查，确保施工作业面没有交叉，施工流程合理，区域划分合理。

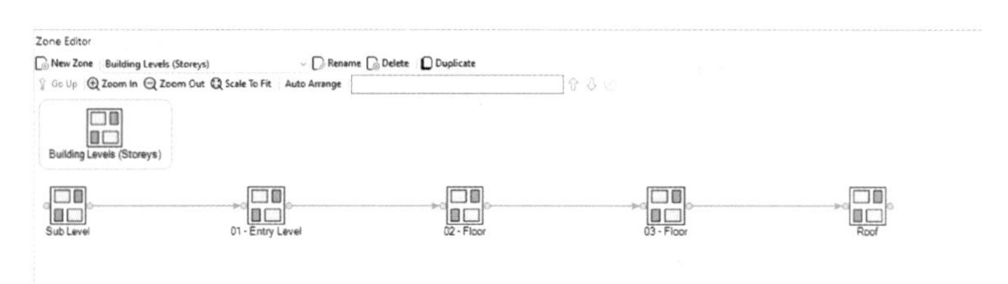

施工区域划分

在完成全部流程后，如果整个施工流程只是时间顺序有所调整，则模型会自动更新。如果整个工程的工序有较大改变，如施工分区的划分变更或者整个施工工序发生变化，则只需要在模型中调整相应的参数，即可对模型进行修改，修改参数后的模型，可以与时间规划自动对应，减少了大量重复的工作。

从施工方案的比较和优化的角度，BIM 4D+ 通过参数设置，可以快速分析出不同方案的时间、资源消耗以及不同工序快慢对整个工程的影响。在关键节点不变的情况下，施工方案也是有多种选择的，如何选择往往依靠项目经理的经验。而不同的方案之间的差异通过经验去判断，可能会产生偏差，BIM 4D+ 通过数据化的分析，可以将不同方案的结果进行比较，优化方案。

在项目前期施工进度计划完成后，项目团队会在施工过程中，对各个模块按照现场实际情况进行更新，并且与前期的规划进行对比，确定二者之间的差异和变化。在对前期工作按实际调整后，项目后续的影响，会根据不同节点的更新反映出未来项目的进展情况，从而判断调整方向和具体的措施，从全局到局部，不断调整项目动态，可以确保整个施工是在合理的资源配置中有序完成。

在 BIM 4D+ 的施工进度管理中，整个项目的施工进度计划与模型是有交互性的。主要体现在以下几个方面：

现场实际工程进展的输入，在使用 4D+ 模型后，可以非常直观地进行交互式输入。根据计划工期的图像与工地的实际工作量对比，即可快速找到现场与计划不一致的地方。在获得准确及时的信息后，后续的图形对比和分析数据将为工程进度的控制提供判断的依据。根据现场的实际情况，工期计划会根据每个项目的工期自动调整出新的工期计划，预判对后续工作的影响，是否会影响关键节点。

在不断得到项目实际信息，对项目进行全路程跟踪后，该项目从前期到后期都能够真实地反映出相关工作对整个项目周期的影响。从而尽早地发现影响项目时间的工作步骤，在初期就找到解决方案，针对性地解决这些问题。避免了项目延期产生的可能性。

通过数字化方式追踪项目进展，按照实际的工作时间和内容，把实际时间的周期反映到总规划当中，可以看到该项目在某个节点上发生了延误，对项目进展产生了影响。为确保后期实际工作与施工进度计划吻合，需要加快工地现场的部分工作。

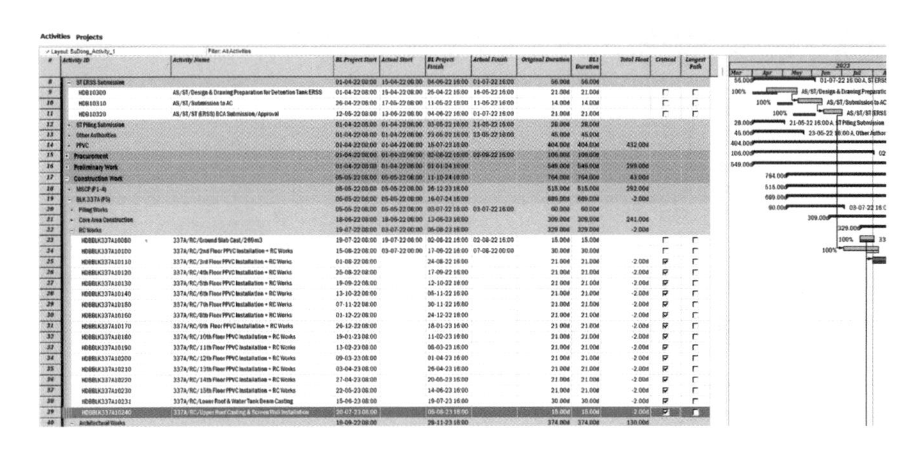

4D 时期通过 P6 对时间监控进行前期工作延误对后期进度产生的影响

在 BIM 4D+ 中，可以更加直观清晰地反映出影响的时间、工序、进度以及需要加快的部分和没有影响的部分。并且能通过 4D+ 的云端服务，得到现场的实际信息，来验证前期规划的执行情况和可信性，为未来项目的准确性提供确实的底层数据依据。

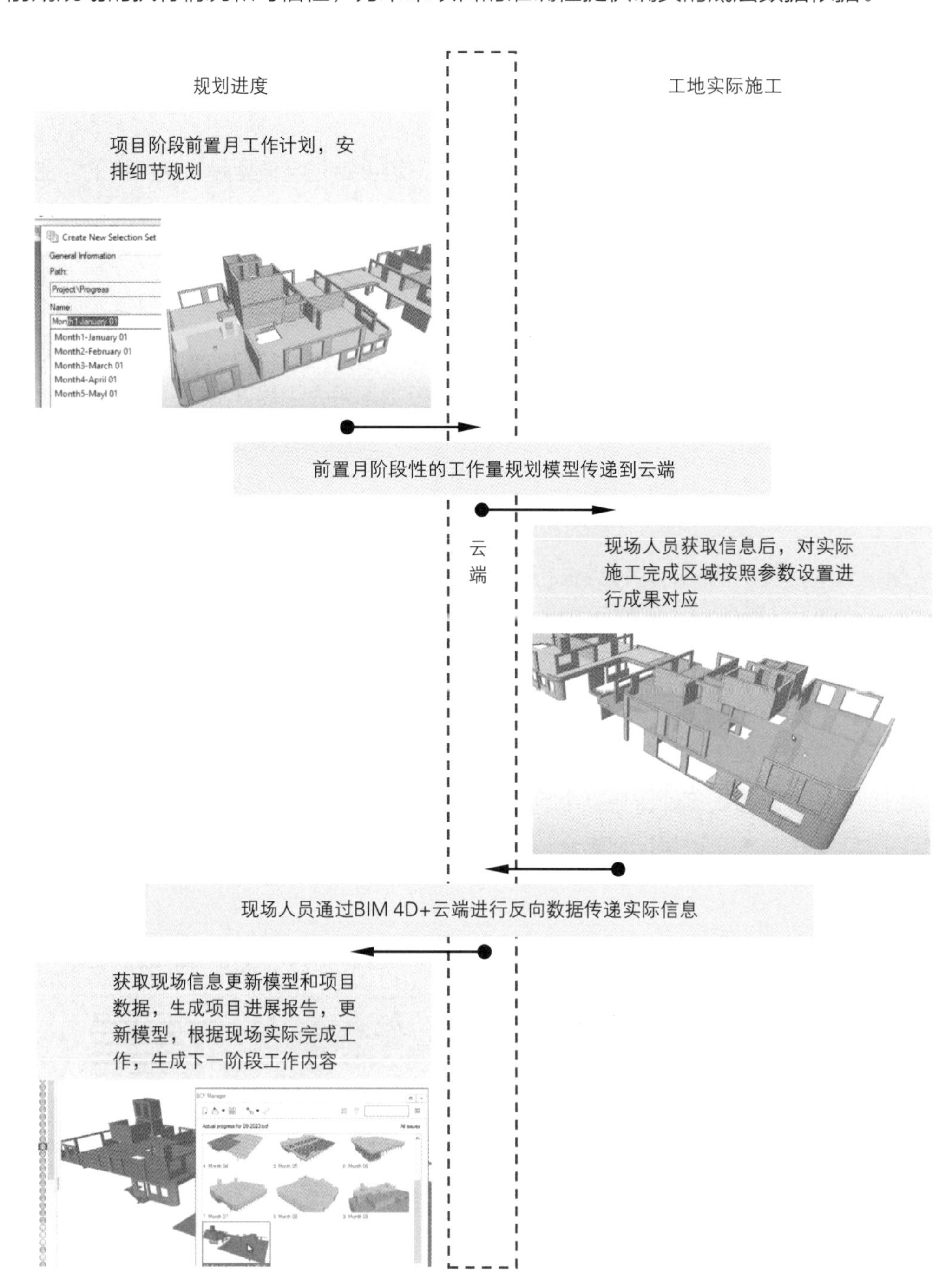

BIM 4D+ 标准执行流程图

根据上述流程可以看出，通过 BIM 4D+，数据驱动模型带来很多优点：

1. 在项目进展的不同阶段，可以清晰直观地表现出项目的实际状态和计划的差距，造成停滞的区域，在项目沟通的时候更加清晰准确。

2. 项目组人员可以通过模型的展示，对未来前置时间的工作内容、工作量有一个直观的认识。同样，在项目分配和任务验收时也可以根据数据和图形的对应关系进行。

3. 在项目管理上做到了问题快速反应、施工风险规避、人力资源优化等确实的收益。

4. 流程中现场的反馈在导入计划后，计划会随着现场的进度自动重新调整，在整体规划中可以看到进度的变化，在前置月规划中可以对工作进行重新分配和调整，对项目的关键节点和完成时间会随着项目的实际进展而变化。

在未来的项目中，数字化管理流程会为施工的管理带来巨大改变，通过项目运行过程中不断的深入研究及优化，当人员和流程完善后，将为项目提供更多的助力。

规划工作进展

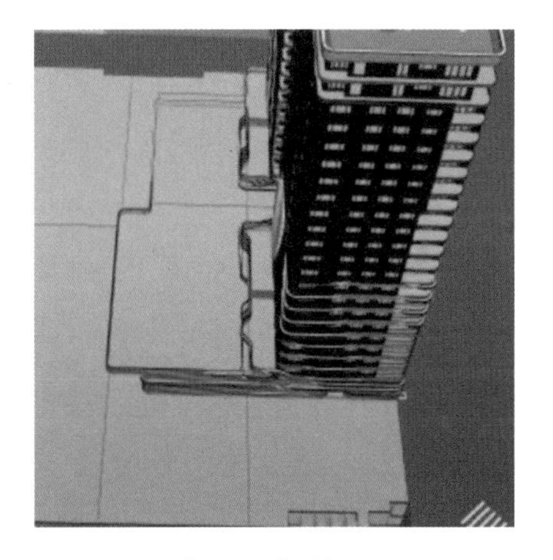

实际工作进展

Structural Found..	71 wd	1/2/2023 0..	4/10/2023..	2.143.568,27 €	2.143.568,27 €	2.143.568,27 €	2.143.568,27 €	True
Structural founda..	63 wd	1/31/2023..	4/27/2023..	2.875.165,45 €	2.875.165,45 €	2.875.165,45 €	2.875.165,45 €	True
Walls (Concrete..	53 wd	5/1/2023 0..	7/12/2023..	396.892,96 €	396.892,96 €	396.892,96 €	396.892,96 €	True
Structural Walls	68 wd	5/15/2023..	8/16/2023..	3.490.257,28 €	3.490.257,28 €	3.490.257,28 €	3.490.257,28 €	True
Structural Slabs	64 wd	5/26/2023..	8/23/2023..	3.862.715,02 €	3.862.715,02 €	3.862.715,02 €	3.862.715,02 €	True
Structural Ramps	54 wd	6/19/2023..	8/31/2023..	458.718,37 €	458.718,37 €	458.718,37 €	458.718,37 €	True
Structural Stairs	77 wd	6/23/2023..	10/9/2023..	84.285,16 €	55.522,22 €	55.522,22 €	84.285,16 €	False

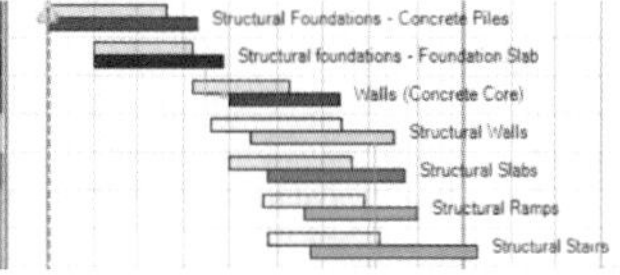

规划和实际工作进展的对应比对

项目实例采用 BIM 4D+ 按照上述流程进行施工计划，有序地按照流程来执行。在施工阶段，通过现场的实时情况不断进行输入和调整，实现对施工进度的管理。

现场实际完工情况

现场三维扫描状况反馈

项目该区域的工作计划于 2021 年 4 月 15 日完成，实际完成于 2021 年 4 月 9 日，现场扫描完成于 2021 年 4 月 21 日。

企业从该项目的应用效果感受到，施工管理中进度的精细化管理，达到了节约时间的目的，随之而来的就是施工成本的降低和施工效率的提升。

新的尝试提高了项目管理的质量，提供协调一致并且有据可查的数据溯源，最大限度地把项目透明化，以确保不同的项目人员都能从中预先看到问题并找到可行的解决方案，以便施工过程顺利进行。

按照新加坡政府对建筑行业发展的展望，对于 BIM 4D+ 的探索，还在不断地进行延展和深入。结合 BIM 技术，融合 VDC 展示在项目规划、施工模拟、施工管理以及进度控制中的应用，使得 BIM 4D 不再只是为了展示项目，而是以可视化方式管控数据。同一个项目，建造两次（虚拟建造和实际施工），认真规划，严格按照规划执行是未来工程项目建设管理的发展方向。伴随着数字孪生的概念，BIM 4D+ 也在不断地探索和完善中。

VDC是建筑的两次建造，
一次是可视化建造

项目团队在实际施工之前，
通过可视化的虚拟建造，将建筑在电脑中预先完成一次。

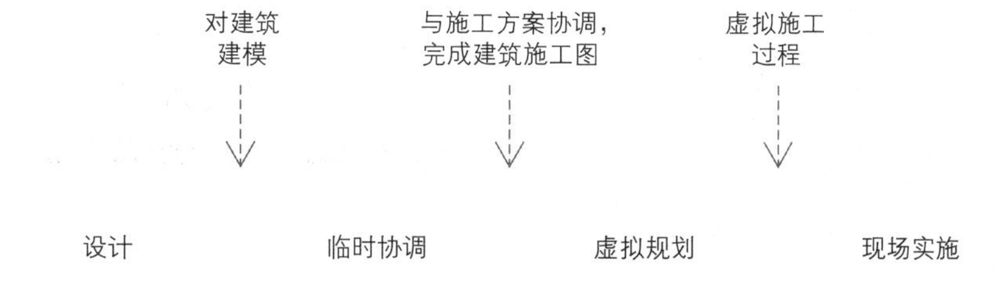

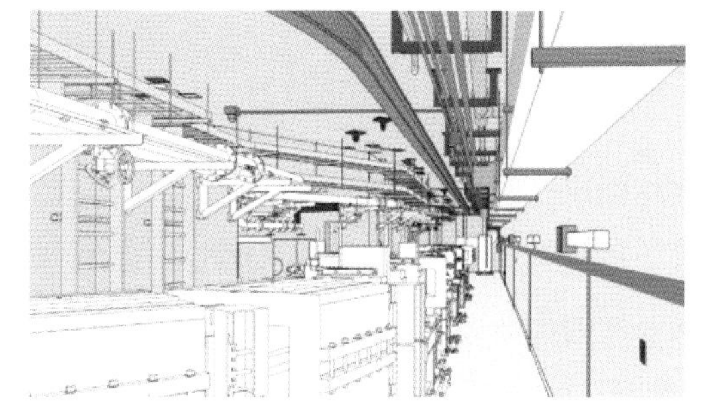

虚拟

现实

企业的发展离不开技术和管理的提升。BIM 4D+ 也提供了一个资源平台，让企业可以不断积累经验，并从中获得提升。可持续开发型施工模型，成为 BIM 4D 发展的新的方向和思路，只有时间和模型的统一，才能真正把 4D 应用于模拟施工。

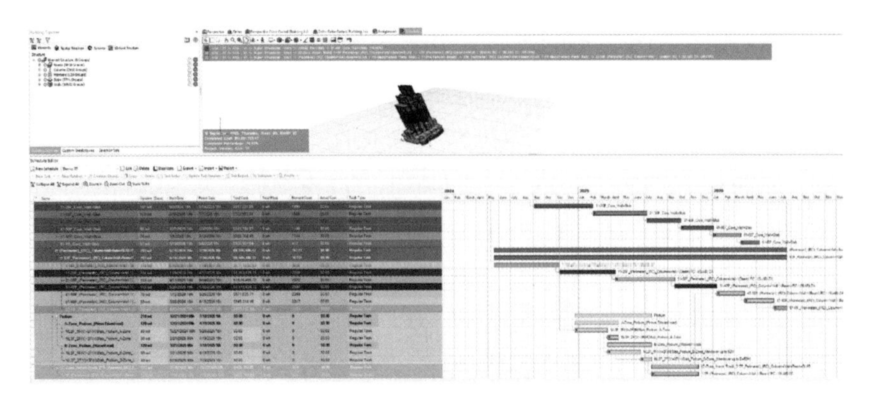

整体规划总览

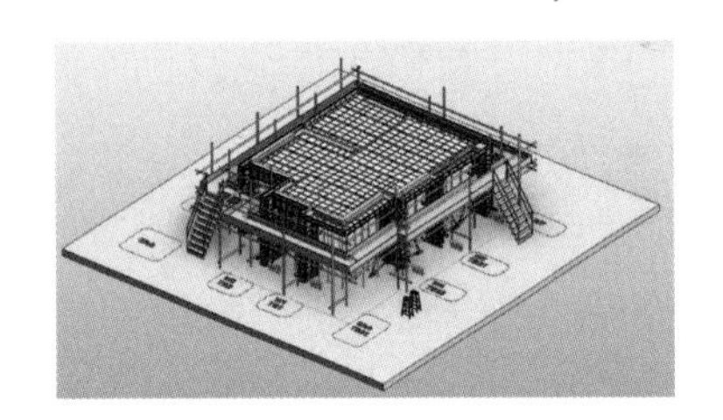

项目施工模型

可持续开发模型

施工企业的项目经理是一个项目最重要的管理者之一，每个项目经理在完成一个工程之后，获得的经验可能通过经验分享的方式，让其他员工也获得相应的提升。但是，对于企业来讲，这样的分享毕竟不全面，而且是碎片化的。在项目过程中发生的问题和解决方案都变成了报告和表格，再次检索和重复使用是非常困难的。

BIM 4D 提供了一个非常直观的平台，图像化和信息化整个建筑过程，每个项目都成为企业的数据库。随着数据库的不断积累和扩大，将成为企业的信息中心，为后续项目的投标、类似工程的进度计划制定提供了最真实、可靠的数据，成为企业发展和决策最重要的依据。

节约成本、时间和人力资源

节约时间
- 最大化预制件，减少现场施工时间
- 优化施工顺序
- 优化工作流程

（项目成功的几个关键）

降低成本
- 优化设计
- 减少重复工作
- 精确量化材料，避免浪费

减少人力资源
- 最大化预制件，减少现场作业人员
- 优化现场工序
- 优化工人的现场施工管理和安排

5.6　BIM 4D 施工进度与方法的呈现

由于新加坡特殊的多元种族和多元文化的人文环境，在项目施工过程中，会有来自不同国家的工作人员，由于相互之间的文化水平、专业范围以及语言种类都具有巨大的差异，所以如何简单直接、有效的沟通是除了技术以及管理之外的另一个严峻的问题。无效的沟通不但可能导致整个项目无法在规定的时间内完成，造成项目延误，而且可能造成施工中的质量安全问题。

图形是沟通中更加直接的手段，在语言文字沟通效率较低的情况下，使用 BIM 技术将工序的流程用三维图形化展示，同时可以展示出工序中的每个节点，再辅以简单的文字讲解、工序标注、时间节点标识，清晰、完整地告知工作人员工作顺序、完成的任务量以及时间节点。BIM 4D 的使用，极大地缩短了无效沟通的时间成本。

案例：一层地下室临时支护和浇筑的施工要点

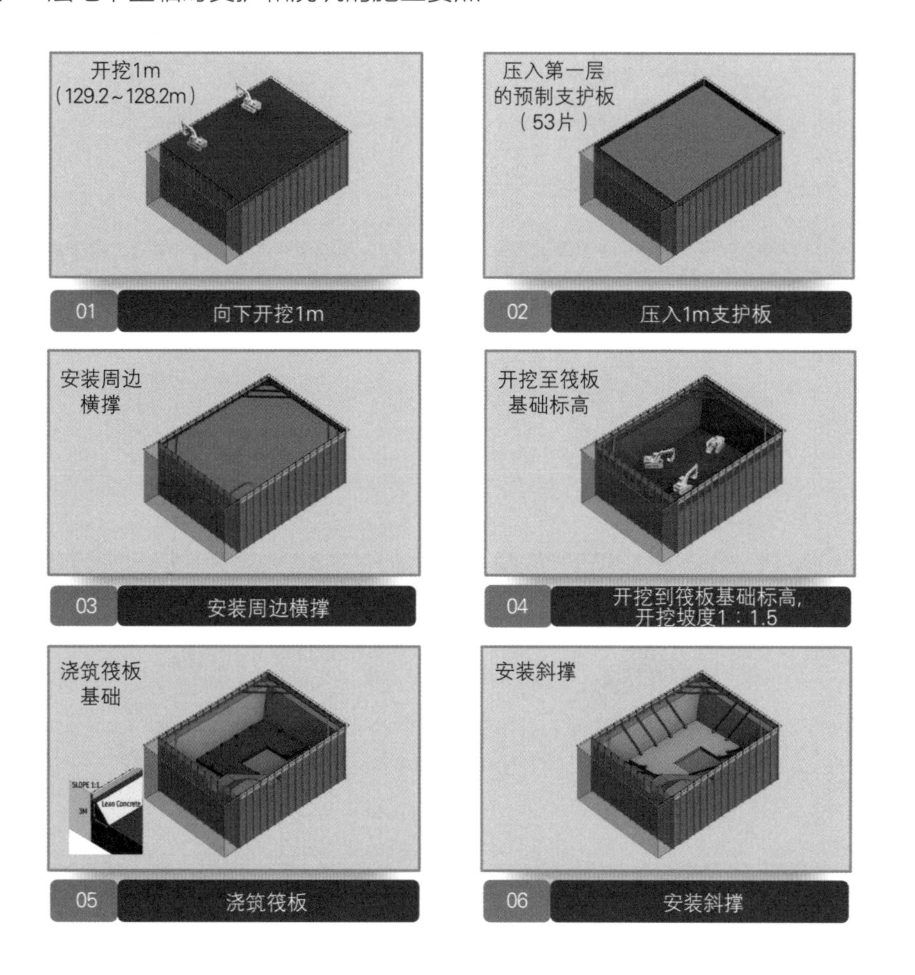

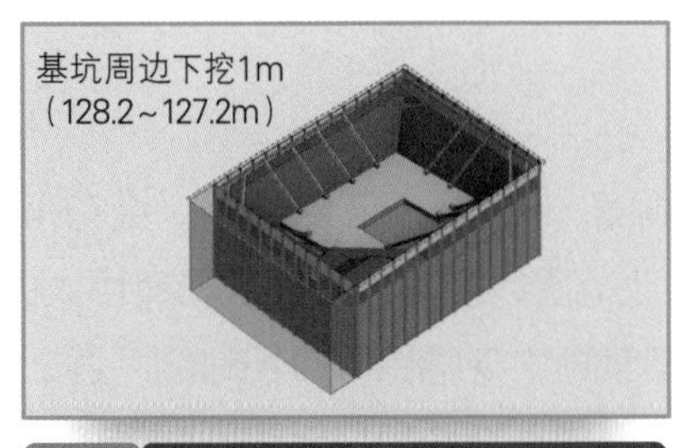

07 基坑周边下挖1m

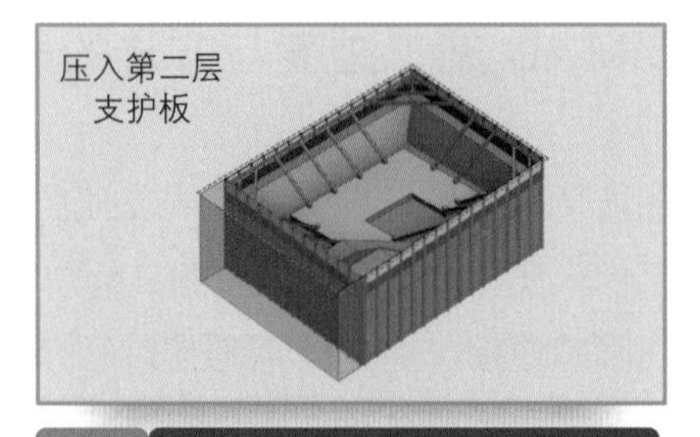

08 洋灰板向下压入1m

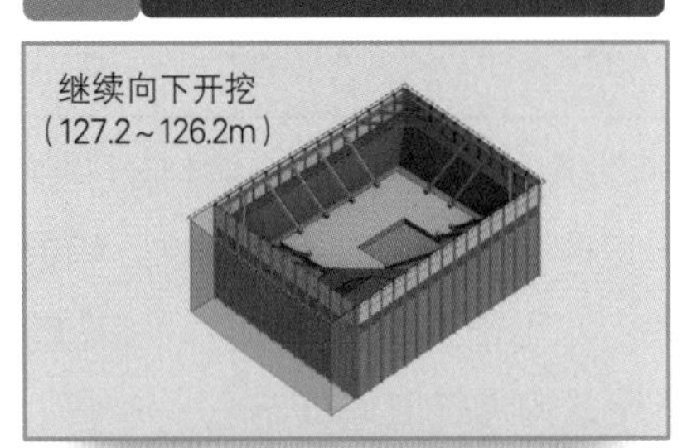

09 基坑周边二次下挖1m

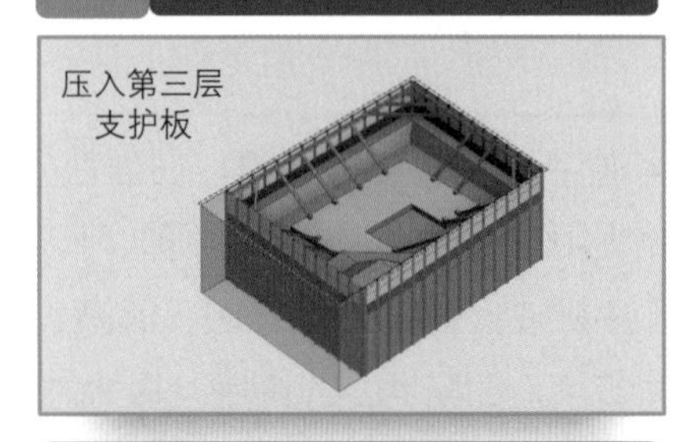

10 周边支护板继续下压1m

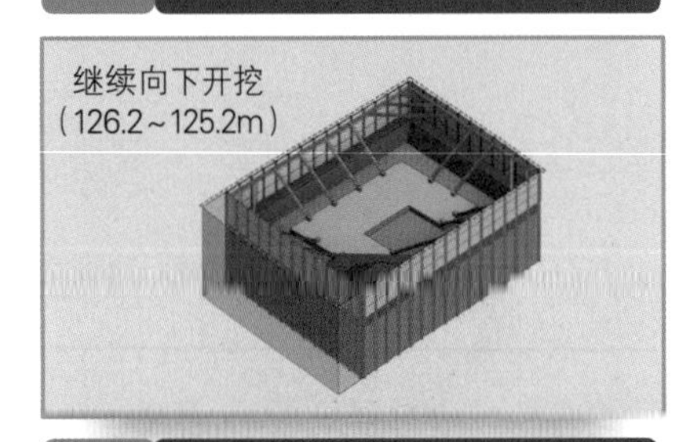

11 基坑周边三次下挖1m

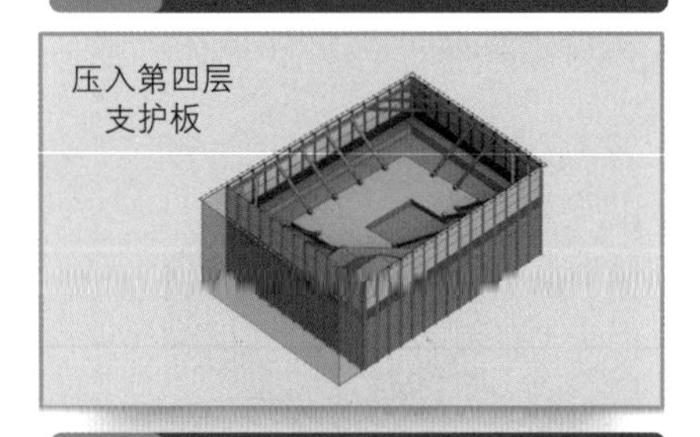

12 周边支护板继续下压1m

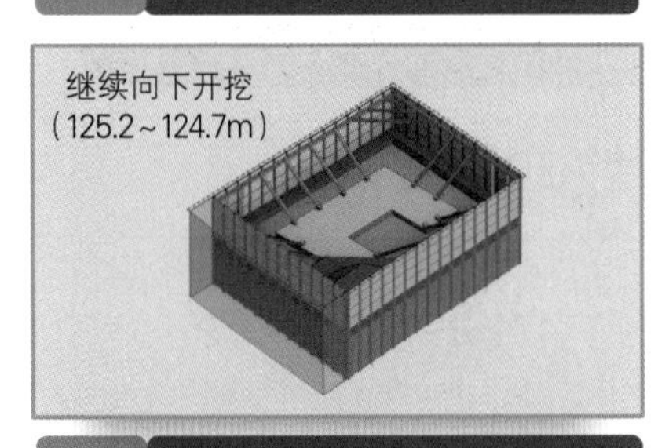

13 基坑周边四次下挖0.5m

14 周边支护板继续下压1m

15 电梯井向下开挖1.5m

16 浇筑电梯井

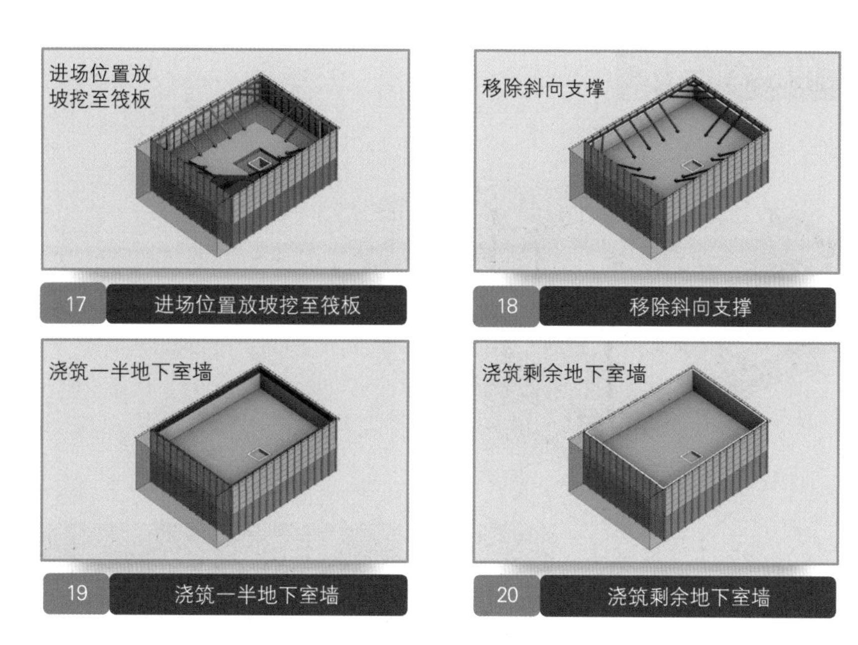

以上为部分关键节点的施工展示，实际项目的步骤展示会更加详细，部分区域还会增加具体的施工方法和详细过程。通过 BIM 制作的图例工序，可以十分有效地协助工长分配工作任务给来自不同国家的工人。对于没有施工经验的人员，这样的演示步骤可以让他们十分快速地了解需要进行的工作。

对于项目的技术人员来说，清晰地把工序传达给各个工长，并由工长通过 4D 模拟工序步骤，施工方法的动画演示，对工人定时培训，就可以把不同的工序工法统一教授给工人，缩短了工人的培训时长，并减低了入门难度。

在未来的建筑产业中，国际合作会日益增多，图像化的表达对于沟通理解是非常重要的，因此 BIM 将不仅仅是一个模型的展示，更是相互理解的桥梁。动态化的展示让沟通更加清晰准确。

采用 BIM 4D 不但可以让管理者对项目的效果一目了然，对于项目的施工人员来说，也可以更加直观地了解组成结构的各个部分。尤其对于预制构件或者钢结构，可以在图形上定位构件的编号、正反、前后等，在安装的时候可以根据三维图形进行核对，减少了施工过程中的失误。

从 3D 到 4D，从模型到动态时间模型，建筑模型的信息化数据在不断增加，数据的参数化正在不断地丰富。随着对 BIM 应用于工程实践的不断探索，BIM 4D+ 和 5D 的结合，将是利用模型数据管理的更加深入的工作。

项目应用中的成果展示

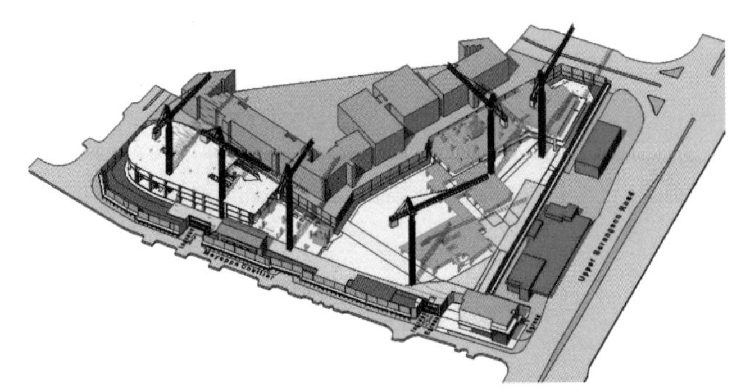

施工阶段一

现场阶段一

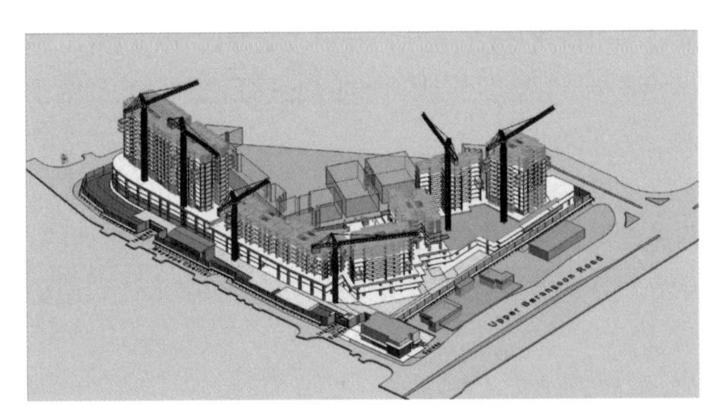

施工阶段二

现场阶段二

06BIM
施工成本管理

6.1 施工成本管理

建筑工程施工项目成本的概念是指为实现建筑工程项目的预期目标，而必须消耗的各种资源所产生的各种费用的总和。具体到建筑工程项目的成本控制和管理，主要是指施工单位从进场一直到项目竣工所进行的收入与支出的控制与管理。企业在保证项目要求的质量和工期完成的基础上，可以采取一系列的成本控制措施，包括组织、经济、技术和合同等措施，最后控制了施工成本，获得了效益，节约了相应的成本，是施工成本管理的最终目标。

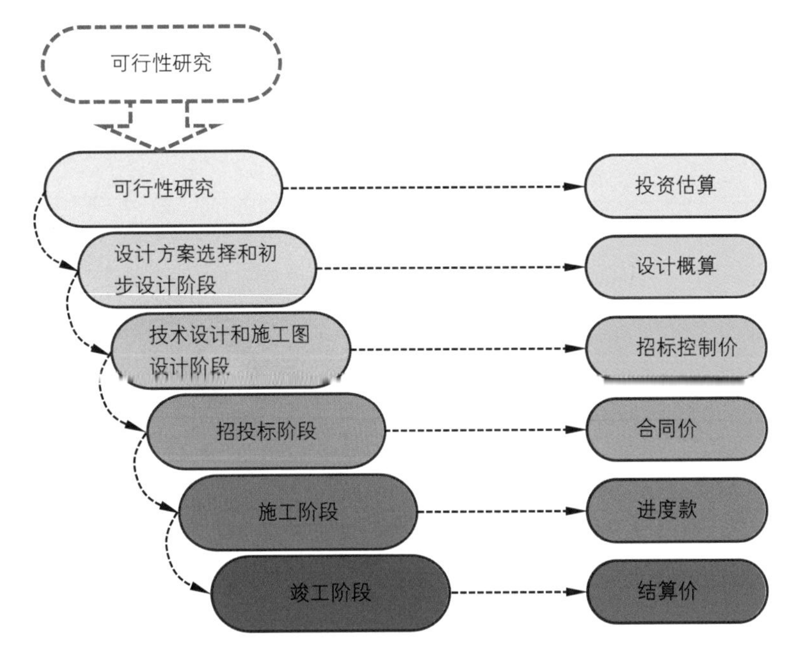

在建筑项目成本管理情况越来越复杂的今天，从项目开始到结束，预算追踪控制和实际成本识别都是项目风险控制中十分重要的环节。整个项目管理流程当中，最不可控的难点之一就是维持项目整体花费不超过预算，所以成本管理是保证整个项目能顺利完成的重要前提，是企业发展的基础，同时也是一项艰巨的挑战。

一般的建设项目，在施工过程中建筑安装工程费主要包括：人工费、机械施工费、材料费、规费、利润、企业管理费和税金。建筑工程项目施工成本控制是整个建设项目中非常重要的一项工作，而这项工作是一个动态的过程，从建筑工程投标报价、项目的建设施工、竣工验收，一直到项目工程保证金返还，在整个的建设周期中，资金的预算、支出与结算都与施工进度密切相关，因此成本管理是一个动态的管理。

在施工阶段成本控制的原则中，动态管理是施工阶段成本控制管理的重点和难点。其主要要求就是在建筑施工项目成本发生以及形成的过程中，为了达到预期的施工项目成本目标，进行一系列有序的施工成本控制措施。对施工现场实际发生成本与目标成本进行比较，并采取与之相对应的措施，或者进行与之相关的一系列调整。

施工项目成本的发生涉及建筑施工项目的整个周期，形成建筑施工项目成本控制的全过程动态管理。因此动态成本管理不是简单的时间和金额的对应，而是对工程项目的全过程项目管理，将建筑工程施工项目的每一笔业务、每一个施工阶段环节（包括已发生和将要发生的工作）都纳入动态成本管理的范畴中去。

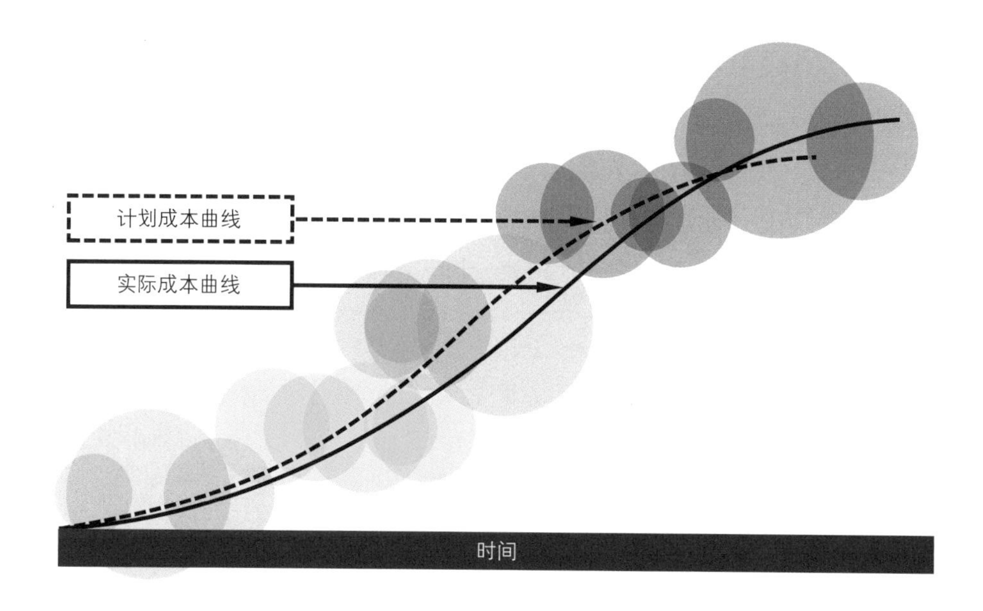

关于施工成本的管理，现在的项目越来越复杂，涉及的专业和不同的分包商也越来越多，中间相互的交叉作业和协调工作也越来越繁杂。在这种趋势下，一个详细且清晰的，并且能反映出实际项目成本的计划就显得尤为重要，尤其对于庞杂的涉及多专业领域的项目，需要一个全面准确的施工成本计划，作为指导项目进展的非常重要的参数和依据。同时，进展中的成本反应和反馈机制也是成功控制成本的关键。

在传统方式下，成本管理只能尽可能地细化表格，增加不同的进出项来体现出成本变化对项目造成的影响，但是，这些方法都只能反映出已经发生的事实，并且调用和查询数据存在一定困难，对于成本产生的节点不能准确体现，也不能提前预测出会发生成本溢出的工作和工序。

成本管理的全面和透明

打通整个建筑结构设计和施工的技术和财务节点，可以使项目全透明化，能更有效的暴露出所有潜在的风险和提高优质化管理。将 BIM 5D 应用于建筑企业成本管理，不但可以提高效率，而且让每个项目的资金使用清晰明确，杜绝了传统管理只靠表格，没有连续性和宏观性的缺点。成熟的模板和流程也可以帮助公司在数字化转型后，同时管理多个项目的时候，对现金流的支出和流入管控更加合理，可以在一定程度上促进公司的发展。

成本管理对方案带来的优化

在项目设计阶段或投标阶段进行优化设计和施工方案时，价格的测算一直是项目方案决策最重要的一环。而传统的造价预算很难保证造价信息的精确、完整，由于时间的限制，通常只能是一个大概的估算。而这个信息对于方案的确定又是举足轻重的。

BIM 5D 的应用，可以输出项目的各个分项成本，不同施工方案的施工成本，利用 BIM 数据库还可以对已有项目的数据进行比对和分析，这样形成的造价不仅更加准确，也更符合企业自身的特点。

面对项目需求和目前管理滞后的矛盾，做了大量的组合尝试。结合 BIM 技术，已经阶段性地体现出项目成本的细节化管理，对于工作、单价、工序以及其他相关改变做出成本预警，在前期就反映出对项目成本造成影响的因素，使管理团队可以在实际事件发生前就对这些问题制定针对性的解决方案和指导方针，减少了成本超支的发生。

6.2 传统工程项目施工阶段成本控制难点

施工成本的过程控制是对企业在生产经营过程中发生的各种成本费用进行监督调节的过程，也是发现工程项目薄弱环节和降低工程项目成本的一种手段。科学地进行施工项目成本控制，可以改善施工企业管理机制，提高企业施工素质，使企业在严峻的市场竞争环境下，得以脱颖而出。工程项目成本控制一直是建筑工程项目管理中的难点。

难点 1 信息共享困难

在施工项目中成本控制具有明显的阶段性。首先一些项目会被分成不同的标段，而且，在很多项目中，还存在甲方指定分包、指定供材的情况。在施工单位承包后，也会存在很多不同的分包商，这就导致不同的标段、不同的施工方的情况，在施工方面的实际情况是相互割裂的。在这种情况下，相关信息很难在横向上实现顺利地传递，进而会导致阶段性成本控制工作无法对所需信息进行充分掌握，影响最终的控制效果。

表面上看，不同标段、不同的分包商均是独立开展对财务的核算工作的，且根据预先制定的计划对成本进行管控。可实际上，在这种方式下进行的成本管控，经常会超支，工程的总目标总是很难顺利实现。

从实际原因分析，在开展成本控制工作时，无论施工还是相关的成本控制，都无法将效率提升到较高水平。对于任何项目而言，只有多部门、多专业达到高效配合时，项目的成本控制才有可能实现。而多数施工方在管理方面秉持的理念为实现某一项目标，缺乏将成本、质量等不同方面所设定目标的相关信息关联起来的意识，因而提供给成本控制的相关信息也相对片面，无法使不同环节真正达成协作。

难点 2 数据更新迟缓

施工成本控制对施工方的信息技术水平有较高的要求，但是在传统的成本控制中，经常存在数据无法对接的情况。也就是说，实际操作期间，施工材料的数量和价格都随时可能出现改变，而任何与改变相关的数据若无法及时完成更新，均可能导致成本无法得到有效控制。

正式施工期间，工程量会经常发生改变。如：技术能力无法达到设计要求水平、对图纸的交底工作开展不彻底等，均会使工程出现工程量的变更，而工程量的变化很多时候是需要技术人员进行查勘后，设计人员重新设计出相应的变更通知单，再来确认计算各构件变化后工程量变化值，并对项目由于变更而发生改变的相关信息进行整理；由于出现设计变更的频率是非常高的，而相应的签证索赔过程却有着明显的延迟性，因此很难对工程量的最新数据进行及时的获取。除上面提及的比较常见的情况，价格的频繁调整也会给施工的成本控制带来影响，由于无法及时地对价格的最新数据继续获取，导致在对成本进行控制时往往处于被动地位。参与方没有办法实时地对项目实际进度进行监控，定额价格的变化直接导致事中控制难度增加。

难点 3 精细化程度低

建筑行业的整体管理水平还没有得到有效提升。一些建筑企业虽然引进了精细化管理理念，但是在实际执行中被大打折扣。施工企业大多会过于关注合同中约定的价格及实际结算的价格。在比较常见的施工项目中，从概算、预算到决算，中间的过程随着时间的变化，都会有价格的变化和调整。

但是目前的很多企业，在成本控制中只关注两端的价格，精细化控制基本没有发挥相应的作用。

除此之外，概算、预算等各阶段完成工作的人员是不同的，且不同编制环节几乎是完全独立的，极少会对同样的数据进行重复运用，导致不同计算环节运用的数据间没有显著关联，最终无法实现对成本的有效控制。

建筑行业很多企业都在使用造价软件，但在实际运用过程中，该类软件大多采用表格套价的方式，无法对数据开展有效分析，只能简单地对“三算”进行对比，在分析时无法跟工序、时间等不同方面实现关联，而在对成本进行控制时要求相关数据要足够精细，显然只采用造价软件是很难满足需求的。

6.3 BIM 5D 成本管理

施工成本管理的及时准确性非常困难，主要原因是形成成本的三大关键要素：工程量、工程单价、工程消耗，难以利用日常的管理手段快速准确地获得相关信息。BIM 技术的应用为成本精细化管理和控制带来了可能。尤其是在前文利用 4D+ 施工模型的基础上，通过 BIM 5D，可以提高工程量计算的实时性，动态性和精准性。同时，增强施工造价过程中的控制水平和资源配置的水平。

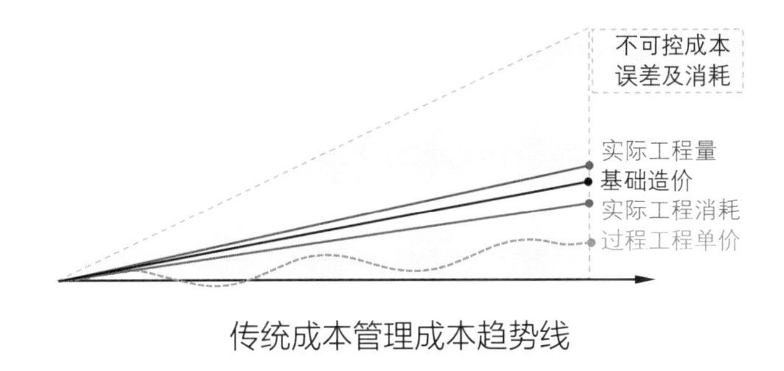

传统成本管理成本趋势线

BIM 5D 是以三维模型为基础，在项目进度参数输入的基础上，将合同、成本、物料等信息整合到模型中，可以随着时间进度进行三维形象化的展示。可以实现数据的形象化、过程化，并可以生成档案信息，为项目的进度管理、成本管控、物料管理等提供数据支撑，对成本变化设置多个警示点，并且根据变化进行跟进调整，使项目成本维持在可控变化范围中，实现有效决策和精细化管理，从而达到控制成本、优化资源配置，缩短施工工期的目的。

BIM 5D 中的模型在 3D 的基础上主要增加了施工进度信息、施工成本信息、施工资源信息以及与施工组织有关的关键信息。随着数字孪生技术的发展，BIM 5D 不但可以根据图纸进行工程量的计算，更可以实现施工临时设施的算量与计价，可以对项目施工的全过程进行仿真模拟。根据项目的实际进展，计算材料的消耗和施工效率，在过程中实现动态管理，以实现节省资源、节约成本和提高施工及管理效率的目的。

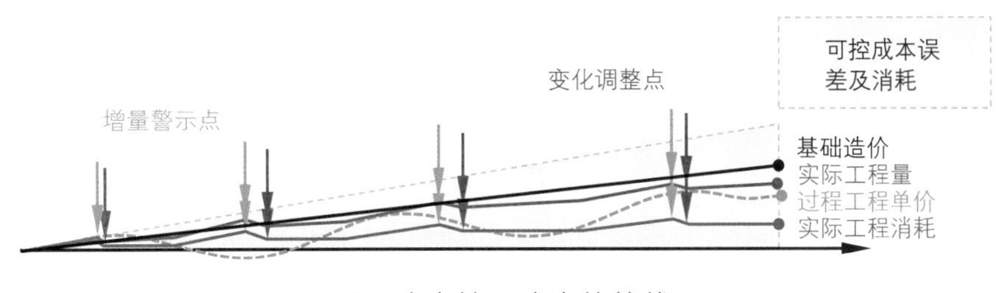

5D 成本管理成本趋势线

BIM 5D 应用的特点

1. 成本控制的多维度

工程成本管理，是需要通过对数据的比对和分析来实现的。数据的比对可以从时间、工序、空间多个维度去进行分析和比对。例如，某个工程可以对预算和实际施工成本根据施工的时间点去比对资金的使用，也可以根据不同的分部分项进行比对，还可以根据不同的分区、楼层去比对。这些比对出来的结果可能会存在比较大的差异，而比对过程中的计算量也是巨大的，一旦出现差异，很难找到问题的症结。

采用 BIM 5D 技术，对于模型进行了参数化的设置和修改，对于不同维度下的比对都可以通过不同的分类快速完成，尤其对于施工阶段的跟踪，可以做到及时准确地将施工成本和预算比对，从而提高了成本控制能力。

2. 成本的动态管理

在施工过程中，随着时间的推移，工程量、工程单价以及工程消耗都是处于变化之中的。成本的管理需要根据项目的实际情况、市场的变化等进行动态管理。在以往的项目中，动态的管理是非常繁琐的，意味着大量的时间和人力成本，数据量的反复修改还可能造成很多失误和延时。

采用 BIM 5D 技术，模型的实时更新就意味着工程量和工程消耗的更新，只进行工程单价的变更对于动态管理来说就变得简洁可行。

3. 成本管理的人员要求降低

如果想获得准确的预算造价，成本管理对造价人员的要求是比较高的，很多时候还要对施工方法、施工工序有所了解，否则可能造成很多费用的缺失。尤其是一些非常规的施工，造价人员只根据图纸是无法了解施工过程中需要的临时措施和工序的。

采用 BIM 5D 技术，在施工模型中加入施工过程中所需要的临时设施，而且可以设置临时设施的使用时间，预算人员甚至不需要了解施工工序，只需要对其涉及的人、材、机的价格进行输入，就会获得最终的造价，不但降低了对人员的要求，也使得造价更加全面准确。

6.4 BIM 5D 施工成本管理案例和流程

在 BIM 5D 进行施工管理的应用中，本节就一些实际项目中 BIM 5D 的应用进行案例分享和流程梳理，探讨 BIM 5D 在成本规划管理的一些理念和流程。

案例一 某钢结构项目施工成本管理的应用流程

3D 模型是所有 BIM 的基础，在开始成本分析和管理之前，需要对模型进行初步的检查和分类。按照第 2 章简述的模型标准，创建模型的门类和相关分类，按照梁、板、柱等不同的类型，分别按照规划的施工时间、不同的施工顺序，按楼层创建规划好模型后，导出到 IFC 模型，并保证全部数据准确导出。

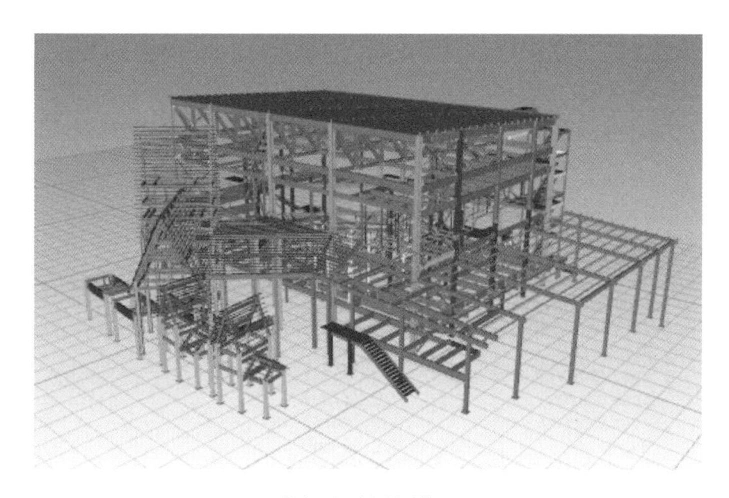

全钢架结构模型

上图所示案例钢结构模型的构件尺寸、型号、分类、区域全部都是按照标准模型的绘制规则形成的，从模型中可以得到详细的数量分类表，提取出详细的每个部件的信息，在进行成本估价和相应的价格核算时都能根据模型的变更，快速地重新验算出来。在施工过程中不同门类的材料、设备等单价浮动变化产生的影响也可以快速地做出分析和判断。还可以根据实际需要来添加更多的有效信息，方便后期的成本分析和管理。

而且，在建模过程中，根据施工的区块划分，把钢结构构件按照之前设置的参数，划分到不同的施工区域，这样在管理软件中，就可以按照区域分离出来各个类别的成本，极大地增加了成本分析的灵活性。区域的划分还可以根据不同的投入，对不同区域之间的成本进行对比。

图示为从模型当中获取到的基本信息，与实际的构件参数的误差极小，为成本精确控制提供了基本的数据信息。

Name	*	Sum
Columns		
BaseQuantities		
Length		9.227 m
NetVolume		0.336 m³
NetWeight		2,634.585 kg
OuterSurfaceArea		21.315 m²
Calculated Quantities		
Bounding Box Height		9.227 m
Bounding Box Length		0.399 m
Bounding Box Width		0.394 m
Calculated Surface Area		21.404 m²
Calculated Volume		0.337 m³
IFC Building Storey		
IFC Building Storey Glob...		2LsCNJUmf31uDz9c9kl1...
IFC Parameters		
IFC DefinedByType		IfcColumnType
IFC Description		UC356*406*287
IFC Entity		IfcColumn
IFC Entity (Type)		IfcColumnType
IFC GlobalId		1Z0sb000AuU34sDZ4n...
IFC Name		DM-SC9
IFC ObjectType		UC356*406*287
IFC PredefinedType		
IFC PredefinedType (Ty...		NOTDEFINED
IFC Tag		DM-H-2(?)
Tekla Quantity		
Area per tons		8.047 m²
AssemblyWeight		2,802.595 kg
Gross area		21.315 m²
Gross footprint area		0.036 m²
Gross volume		0.337 m³
Gross weight		2,648.814 kg
Height		0.394 m
Length (Tekla Quantity)		9.227 m
Net surface area		21.646 m²
Net volume		0.336 m³
Net weight		2,634.585 kg
Volume		0.337 m³
Weight		2,648.814 kg
Width		0.399 m

模型单一构件详细信息列表

在提取完模型的单个构件详细数量信息后，可以根据构件的类型、分区、材料等，生成模型总体工料表。如下图所示，根据构件的类型不同，生成的工料表。该表格为后期的施工备料提供了数据，而且，根据不同的施工区域，还可以进行进一步的划分。

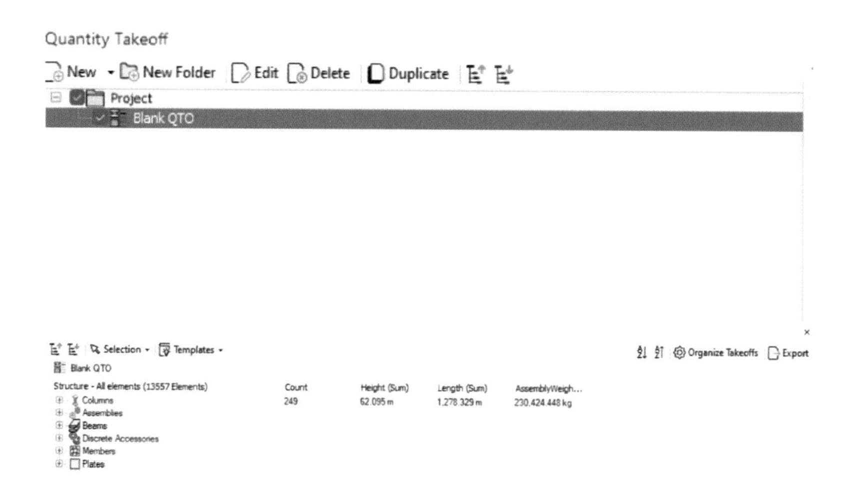

Structure - All elements (13557 Elements)	Count	Height (Sum)	Length (Sum)	AssemblyWeigh...
Columns	249	62.095 m	1,278.329 m	230,424.448 kg
Assemblies				
Beams				
Discrete Accessories				
Members				
Plates				

模型总体工料表

模型中的构件按照设定的标准体现在工料单中，有柱、梁的高度、长度、重量和数量、体积等参数，所有相关参数都可以通过程序直接从模型当中提取。

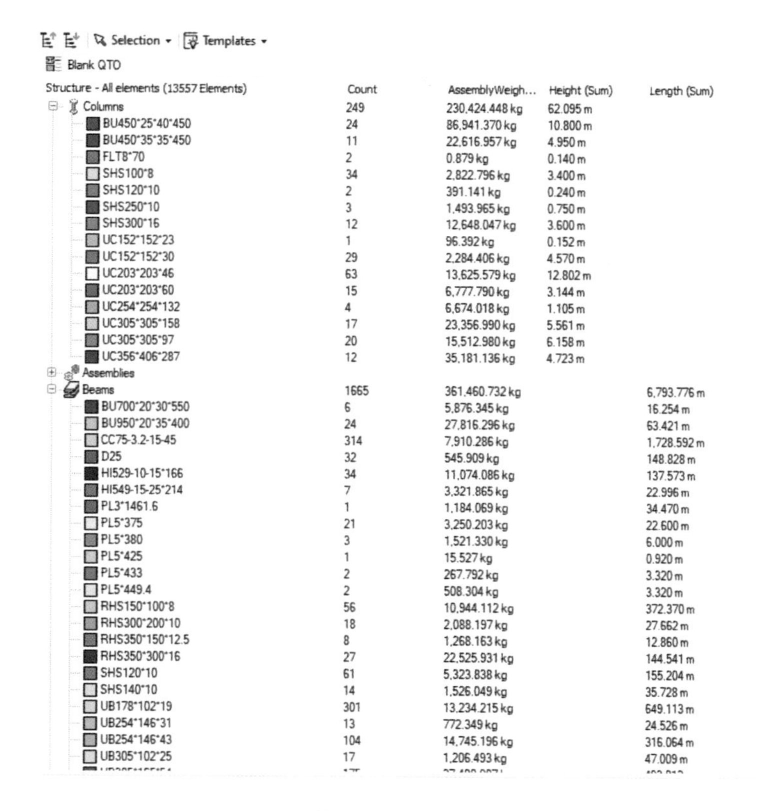

Structure - All elements (13557 Elements)	Count	AssemblyWeigh...	Height (Sum)	Length (Sum)
Columns	249	230,424.448 kg	62.095 m	
BU450*25*40*450	24	86,941.370 kg	10.800 m	
BU450*35*35*450	11	22,616.957 kg	4.950 m	
FLT8*70	2	0.879 kg	0.140 m	
SHS100*8	34	2,822.796 kg	3.400 m	
SHS120*10	2	391.141 kg	0.240 m	
SHS250*10	3	1,493.965 kg	0.750 m	
SHS300*16	12	12,648.047 kg	3.600 m	
UC152*152*23	1	96.392 kg	0.152 m	
UC152*152*30	29	2,284.406 kg	4.570 m	
UC203*203*46	63	13,625.579 kg	12.802 m	
UC203*203*60	15	6,777.790 kg	3.144 m	
UC254*254*132	4	6,674.018 kg	1.105 m	
UC305*305*158	17	23,356.990 kg	5.561 m	
UC305*305*97	20	15,512.980 kg	6.158 m	
UC356*406*287	12	35,181.136 kg	4.723 m	
Assemblies				
Beams	1665	361,460.732 kg		6,793.776 m
BU700*20*30*550	6	5,876.345 kg		16.254 m
BU950*20*35*400	24	27,816.296 kg		63.421 m
CC75-3.2-15-45	314	7,910.286 kg		1,728.592 m
D25	32	545.909 kg		148.828 m
HI529-10-15*166	34	11,074.086 kg		137.573 m
HI549-15-25*214	7	3,321.865 kg		22.996 m
PL3*1461.6	1	1,184.069 kg		34.470 m
PL5*375	21	3,250.203 kg		22.600 m
PL5*380	3	1,521.330 kg		6.000 m
PL5*425	1	15.527 kg		0.920 m
PL5*433	2	267.792 kg		3.320 m
PL5*449.4	2	508.304 kg		3.320 m
RHS150*100*8	56	10,944.112 kg		372.370 m
RHS300*200*10	18	2,088.197 kg		27.662 m
RHS350*150*12.5	8	1,268.163 kg		12.860 m
RHS350*300*16	27	22,525.931 kg		144.541 m
SHS120*10	61	5,323.838 kg		155.204 m
SHS140*10	14	1,526.049 kg		35.728 m
UB178*102*19	301	13,234.215 kg		649.113 m
UB254*146*31	13	772.349 kg		24.526 m
UB254*146*43	104	14,745.196 kg		316.064 m
UB305*102*25	17	1,206.493 kg		47.009 m

模型分类明细表

对于项目的造价成本计算，工程量可以根据软件分类提取，单价的定义和与构件的匹配是更为核心的内容，也是 BIM 5D 实现成本管理的重点。为实现成本与时间和施工方案的对应，在前期模型参数和标准化以后，在造价部分，需要根据规则设定一个分类系统，通过详细的分类，才能完成后期的比对和自动匹配。

Assigned Items

Collapse All | Expand All | New Cost Version | Uniformat (Auto-assigned) | Edit | Delete | Duplicate | Export | Import | Report | Show Mappings | Filter by Element Selection | Filter Assignments Without Elements | Update Grouping

New Cost Assignment | Edit | Delete | Select Elements

Name	Element Count	Quantity	Unit	Unit Cost	Material Cost	Labor Cost	Equipment Cost
Classification	10857				$3,494,452.49	$3,914,622.41	$526,678.67
Uniformat	10857				$3,494,452.49	$3,914,622.41	$526,678.67
A - Substructure	315				$355,323.34	$306,312.21	$52,631.15
A10 - Foundations	315				$355,323.34	$306,312.21	$52,631.15
A1010 - Standard Foundations	294				$267,254.31	$212,678.48	$51,567.02
A1010130 - Pile Caps	294				$267,254.31	$212,678.48	$51,567.02
A10101300001 - Pile caps, 2 piles, 80cm x 180cm x 90cm, 120 ton capacity, 35cm column size, 473 K column	48				$16,047.38	$27,449.01	$775.93
03 11 1345 0001 - C.I.P. concrete forms, pile cap, square or rectangular, plywood, 4 use, includes erecting, bracing, stripping and cleaning	48	224.640	m²	$82.57	$2,340.52	$16,207.01	$0.00
03 21 1060 0000 - Reinforcing steel, in place, footings, #8 to #18, A615, grade 60, incl labor for accessories, excl material for accessories	48	3,350.267	kg	$3.13	$3,263.16	$7,224.07	$0.00
03 31 0535 0007 - Structural concrete, ready mix, normal weight, 20.00Mpa, includes local aggregate, sand, portland cement and water, excludes all additives and treatments	48	63.452	m³	$164.59	$10,443.70	$0.00	$0.00
03 31 0570 0001 - Structural concrete, placing, pile caps, direct chute, under 3.83m3, includes vibrating, excludes material	48	63.452	m³	$56.70	$0.00	$3,510.82	$86.83
31 23 1642 0000 - Excavating, bulk bank measure, 0.38m3 = 22.94m3/hour, hydraulec excavator, truck mounted	48	63.452	m³	$18.85	$0.00	$507.11	$689.10
A10101300002 - Pile caps, 4 piles, 200cm x 200cm x 90cm, 120 ton capacity, 35cm column size, 473 K column	30				$27,968.11	$36,676.56	$1,455.84
03 11 1345 0001 - C.I.P. concrete forms, pile cap, square or rectangular, plywood, 4 use, includes erecting, bracing, stripping and cleaning	30	216.000	m²	$82.57	$2,250.50	$15,583.66	$0.00
03 21 1060 0000 - Reinforcing steel, in place, footings, #8 to #18, A615, grade 60, incl labor for accessories, excl material for accessories	30	6,285.967	kg	$3.13	$6,122.53	$13,554.22	$0.00
03 31 0535 0007 - Structural concrete, ready mix, normal weight, 20.00Mpa, includes local aggregate, sand, portland cement and water, excludes all additives and treatments	30	119.052	m³	$164.59	$19,595.07	$0.00	$0.00
03 31 0570 0001 - Structural concrete, placing, pile caps, direct chute, under 3.83m3, includes vibrating, excludes material	30	119.052	m³	$56.70	$0.00	$6,587.21	$162.91
31 23 1642 0000 - Excavating, bulk bank measure, 0.38m3 = 22.94m3/hour, hydraulec excavator, truck mounted	30	119.052	m³	$18.85	$0.00	$951.47	$1,292.93
A10101300003 - Concrete fill steel pipe pile, 6m long, 40cm diameter, friction type	96				$87,409.31	$69,740.59	$20,986.53
A10101300004 - Concrete fill steel pipe pile, 6m long, 50cm diameter, friction type	120				$135,629.52	$78,812.32	$28,348.73

完整匹配项目模型

如上图所示，根据项目模型匹配完成的项目总体成本，能准确反映每一个创建的模型元素，而且灵活的成本组价方式也能在不同阶段反映实际的成本产生原因。

还可以按照现有的造价成本分类代码，构建符合成熟造价体系的模板，通过导入模板，生成基础的造价文件结构、成本分类和总体成本。

在创建成本分类时，可以在成本项目窗口中看到不同的分类，当指定了代码成本和分类后，单价可以自动获得。当然，单价中的数据可以根据市场价格进行编辑和修改。当遇到不存在的价格分类时，可以创建额外的文件夹和成本项，这时就可以自主进行添加了。

定义完初步的价格分布后，造价信息会反映到整体模板当中。本例中所列只是针对性地定义了一个单一项目的价格，实际项目中，会使用一个完整的价格定价表导入到这个价格分布当中，所有的门类都会自动分布到对应的位置。

在上述的定义和数据传递过程中，数量类型是一个很关键的参数，在设置过程中，指定的数量单位需要与造价信息中的成本单位相对应。这样，软件可以把指定的属性从模型当中提取，然后通过定义的公式自动计算出来，再与单位成本相乘进行汇总后得到分部分项的价格。

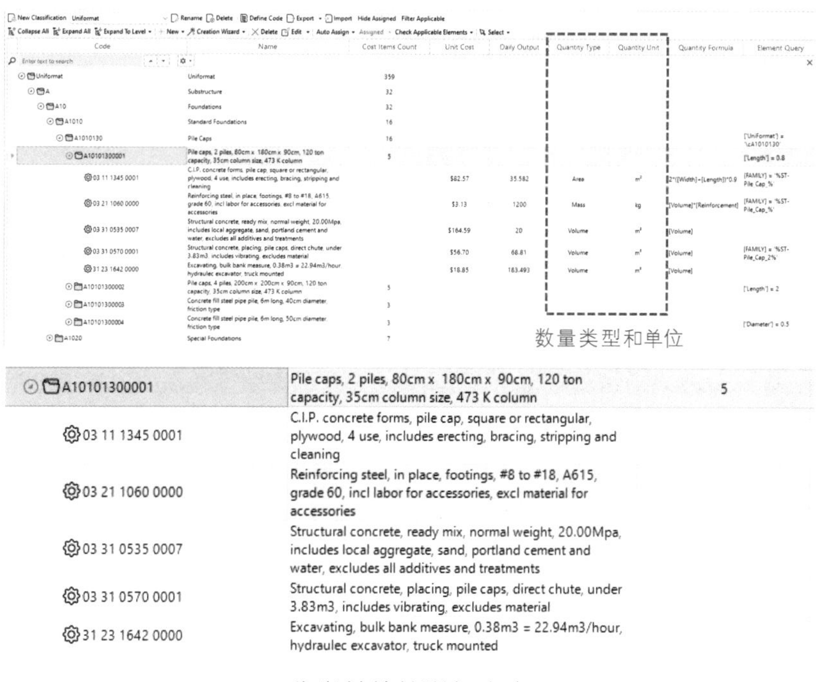

分类单价的详细内容

Cost - Subcontractor01	Cost - Subcontractor01	323		
A	Substructure	32		
A10	Foundations	32		
A1010	Standard Foundations	16		
A1010130	Pile Caps	16		
A10101300001	Pile caps, 2 piles, 80cm x 180cm x 90cm, 120 ton capacity, 35cm colum...	5		
03 11 1345 0001	C.I.P. concrete forms, pile cap, square or rectangular, plywood, 4 use, incl...		$42.10	1

分部分项类型总览

在获得项目的造价信息后，对于不同材料的信息，可以链接成本定价到工料单当中，如下图所示，可以反映出该截面构件的数量和造价，这里只针对 BU700×20×20×550 进行了对应链接，所以只能看到这一个门类的价格。在具体项目中，设置完成的模板会逐一定义链接，生成完整的针对不同材料的材料报价信息。

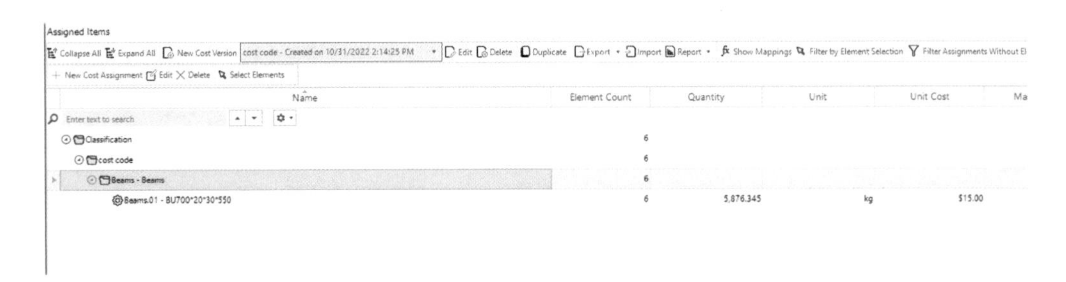

链接完成的模型元素

另外，还可以使用查询功能，利用系统中的参数进行分类查询。根据查询规则，系统将会自动收集元素和组，并把它们存储在特定的文件夹，方便后期查找和分析。

根据上述流程完成的 BIM 5D 成本管理信息，成本分析追踪可以跟随项目的进展，在模型阶段性优化的同时，跟进和追踪变化的分支，在对信息进行整理和分析后，可以及时发现项目中出现的成本控制的问题，确认发生问题的原因，提前对项目的资金进行规划，解决可以预见的困难与问题。

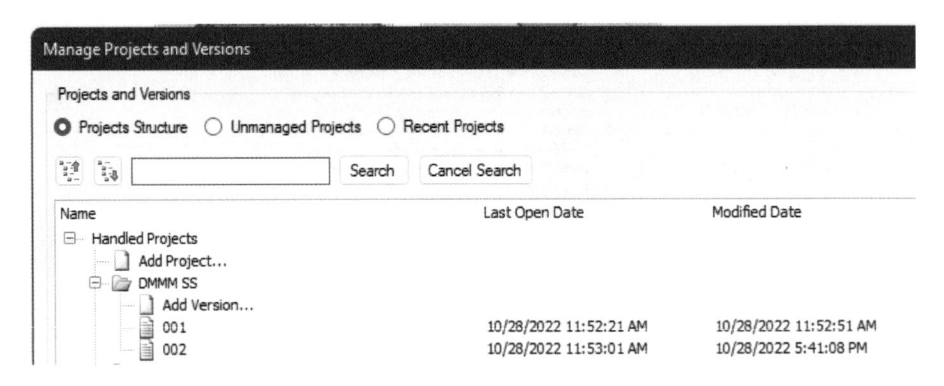

如上图所示，在每次模型更新后，都可以根据更新的模型来确定更新部分的成本变化，更加紧密地反映成本变化。整个工作流程兼顾到前期模型创建、标准制定、成本标准化、工料单提取、数据链接、整体整合以及生成完整项目成本，在中期还可以根据模型的深化以及工序调整进行对应的更新和调整，灵活准确地反映项目进行过程中产生的变化，为项目顺利进行提供十分可靠的数字化数据监控和管理的依据。

案例二 某预制栈桥施工成本管理的优化

某施工项目为 2240m 的高架栈桥，在规划施工方案时，也使用同样的方法，在模型创建时期就增加了时间阶段参数、预制成本参数、实际成本参数、元素体积、面积等影响成本的参数，多参数的设置提供了多种施工方案，实现了施工方案的自动比对。

如图所示高架栈桥，有多种类型和多个折点，形状曲折，高度不同。该栈桥为设计施工总承包项目，如何在满足甲方需求的情况下，结合现场情况，设计规划出经济合理的栈桥是设计阶段需探索的问题。同时，为节约施工工期，栈桥拟在工厂预制后现场安装，栈桥的合理长度也是在前期需要解决的。

在前期设计阶段，输入的栈桥就设置了多种参数，不同的参数修改或者产生就会带来后期造价的变化。通过调整参数后发现，当整个设计被完全模块化后，节省了大量的时间和制造成本。另外，根据转折点的不同，确定栈桥预制的长度参数，可以优化模块的种类和数量。

模块化尝试范围

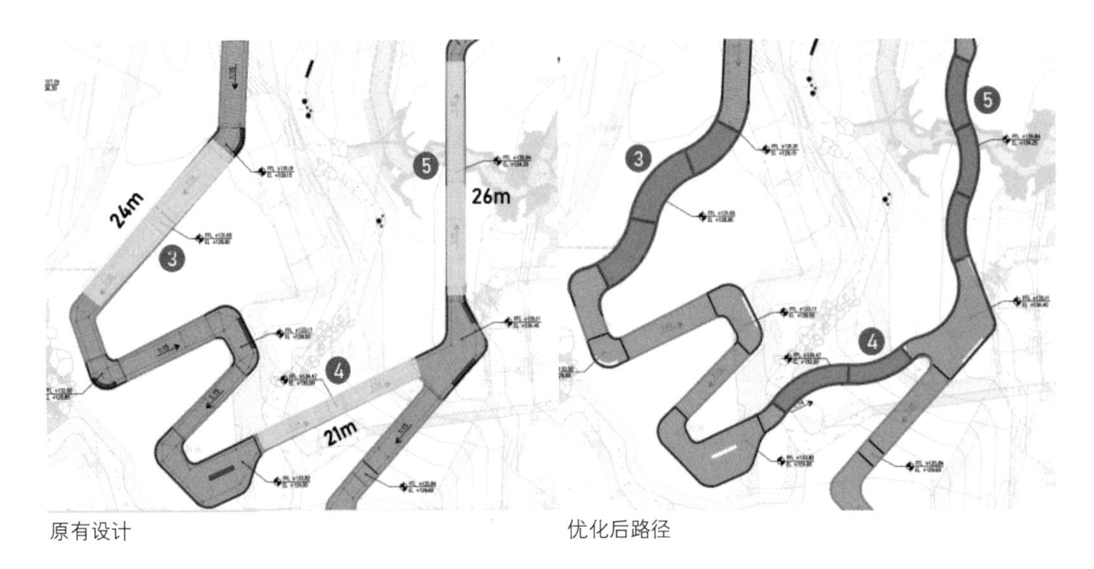

原有设计　　优化后路径

模块化路径设计对比

在前期的设计中，把模型拆成了模块化的分段，这样就能兼顾设计、模型创建和成本控制多个方面。在既定的输入模板中，项目组只需要输入不同的数字，就可以把结果传递给模型绘制的人员，在更新施工模型后，成本就可以根据图形反映出来。

在初步设计确定后，整个高架栈桥被分割成了不同的模块，在深化设计时，只需要将单独的几个模块独立出来进行深化就可以，这样不但可以兼顾到整个栈桥的调整，而且可以满足最初甲方的需求。最终优化后，栈桥的模型从原先的带有曲度的桥面，变成了直线形的桥面。

在这个过程中，因为前期对栈桥的分段设置，对整个模型只是调整了 3 个独立的模块，却完成了栈桥的模块化设计，方案比较，在成本对应上，也能很快速地做出变更差异，充分体现了 BIM 数字化上带来的革命性流程变革。

在土方开挖项目中，采用现场扫描的三维数据，创建更为细致且准确的场地模型后，按照项目的工序划分不同的区块，摒弃了之前按照一个完整地块创建模型的习惯。虽然在前期设置上增加了一些工作量，但是在划分区块后，在不同的区块中添加参数，可以更加准确地反映出每一部分的出土和回填量，并且能更细致地反映出在每个时段不同区域所产生的成本，对项目团队的管理也能更加准确和高效。这些使用方法上的创新，主要是通过参数的设置和对接传递来完成的，这也是 BIM 作为数据管理的最主要的特征。

案例三 某项目投标过程中的 BIM 5D 应用

在投标期间对项目进行前期的资金规划，也是企业在投标过程中非常关心的问题。图示为某超高层建筑的投标过程中，BIM 5D 的应用和展示。在该项目的投标建模中，将项目的时间规划、成本管理以及可视化展示全部结合到一起，不但直观地对建造过程进行了展示，更通过可视化的方式显示出该项目在不同阶段资金的需求。

因该项目属于超高层，由于施工方案的复杂，需要进行多种方案的比对。在项目的模型绘制过程中，通过设置与模型对应的一系列参数如时间、工料数量、成本单价体系、价格变更模块，进行了数字化模拟方案分析。在方案变更和优化时，直接反映到成本上，体现了数字动态流工作流程的快捷。

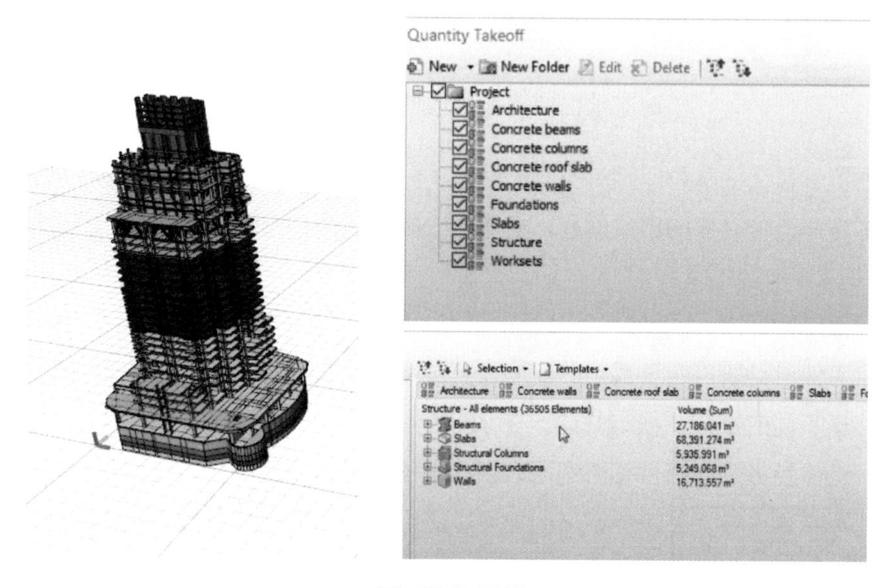

项目整体模拟

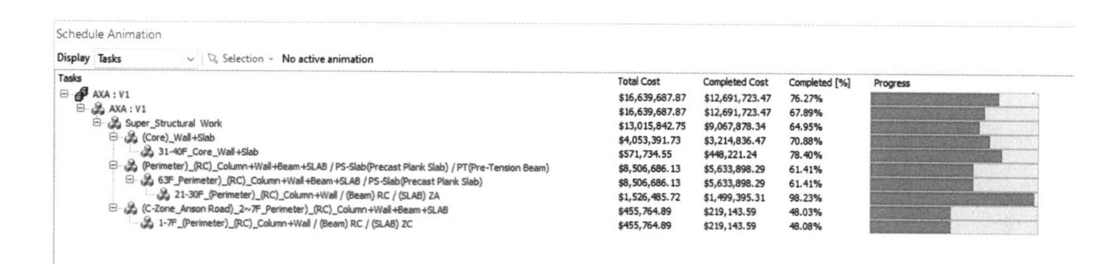

动态成本分析

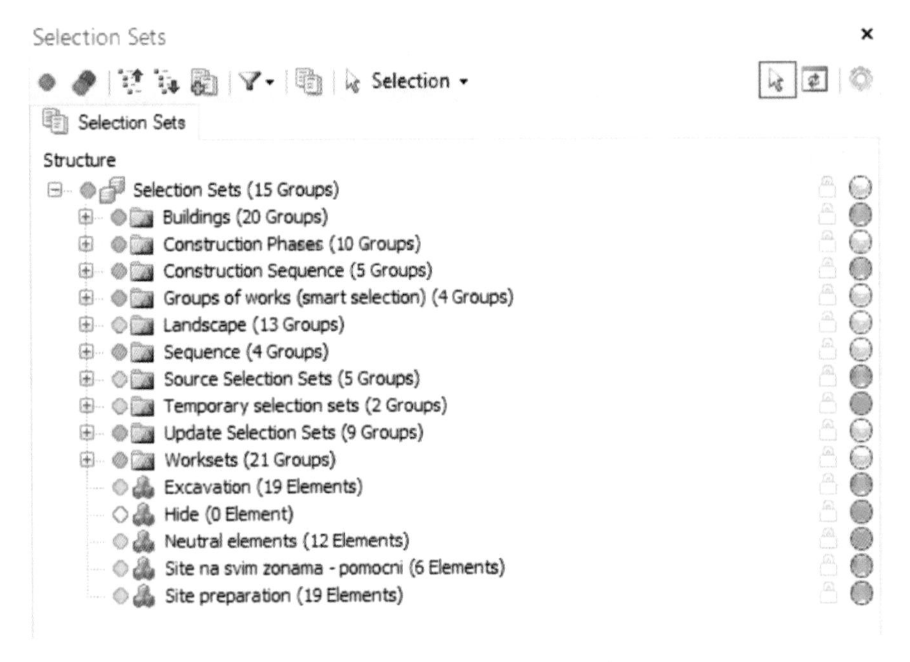

对应项目变更和修改的各种参数设置

通过可配置参数，团队可以定制不同的层级、分区，进行多种方案的优化，项目的预算也会根据方案进行对应的自动调整，使得整个投标过程中方案的优化更加便捷清晰。

在施工项目的管理中，因为时间概念和造价的引入，可以让整个工程“活”起来，时间流和现金流的流动管理对于项目的实施是至关重要的。以往的项目施工计划的时间和造价是分属于不同的部门，很难联动。在 3D 模型中，因为同属于一个构件，在对构件赋予时间和造价参数后，造价和时间可以自动根据时间的设定进行调整和联动。在项目完成后期的运维管理中，各个参数之间也可以进行相应的匹配和关联，在很多方面形成自动化管理的数据，根据这个数据再进行相应的操作，整个管理将在一个实时的信息化的平台上进行。

对于大型项目或者企业来说，数字化转型的一个重要部分就是通过自动化，改善现有的模式和工作流程，通过创新和协作技术的实现，通过统计数据的分析（如闲置人物力、劳动力短缺、供应链、设备、材料的单价与库存等），让项目的管理更加高效，也让企业管理更加科学。

6.5 BIM 5D 技术用于施工成本管理发展的必然

基于 BIM 的成本管理体制，就如第 2 章所提到的标准化，需要企业建立一个相对成熟的标准化 BIM 模型系统，在这个系统下，数据能够准确并且快速地提取，再进行针对性的分析，从而发现项目中隐藏的潜在成本风险。

采用 BIM 管理方式，需要所有项目人员在现场开始之前，认真仔细地做项目时间和成本规划，在项目开始后紧跟工程进度和成本控制，充分做到认真规划、严格执行。只有这样，企业才能从 BIM 管理中获得真正的利益，也才能在未来竞争更加激烈的建筑行业存活下来。

面对这样的管理方式的变革，在项目开始执行的时候，很多有经验的管理人员不愿采用这样的方式。他们认为在项目初期添加了很多繁琐的设置、程序，会浪费时间。

在数字化的发展趋势下，对于传统的方式，变革势在必行，并且要在多方位尝试。凡是由数字组成产生的工作以及相关行为，未来都会被数字化方式所替代，唯一的区别是阶段性替代还是完全替代。

传统的成本管理不具有可视化呈现，关系节点不明晰，仅能通过一堆数字来反映既定的事实，在发生问题后，基本追溯不到问题的确切原因，从长期的角度来看，反而会浪费大量的人力、物力，无法做到集约化。

在管理数字化的推进过程中，施工和管理人员也在不断地调整和改变思维方式。在项目进程中发现工程问题以及发生变更时，透明的数字化管理相较于传统管理模式，更容易找到数字产生变化的位置，这样极大地缩短了用来查找错误节点的时间。所以，数据化精细化的管理使得建筑行业人力成本不断增高，竞争激烈的条件下，通缩减管理费用，减少施工过程中的浪费，提高整体效能的路径，才能获得利润。

未来，BIM 5D 技术会在现有的基础上，进一步完善可视化成本控制的方法，在建筑数字化成本管理上做出更多的摸索和尝试。

通过数据联系表和 BIM 模型来连接尽可能多的相关信息，制定信息链接代码来追溯信息，以便项目管理人员能够更好地预见到项目潜在的冲突点，提高数据的准确性和扩大数据的应用场景。

通过对数据的管理和分析，团队可以更好地计划、专注工作完成和控制项目成本，密切关注项目是否落后于进度或超出预算，可以更加高效地收集现场准确信息的同时，提升施工效率，减少人、材、机的浪费，提高管理的效率，并在交付时将从设计到周转的工作流程连接起来。

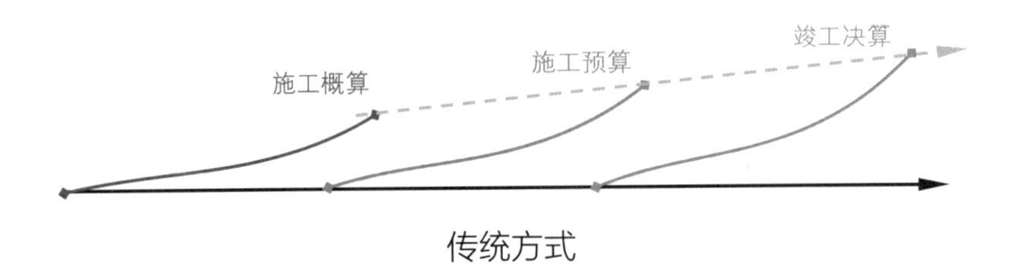

传统方式

在不断的摸索下，不断地完善财务数据可视化、同步化、实时化，通过 BIM 5D 在多个节点上对项目进行多维度的对比，诸如时间节点、施工节点、工序节点以及采购节点等，使得项目的成本管理更加全面合理。

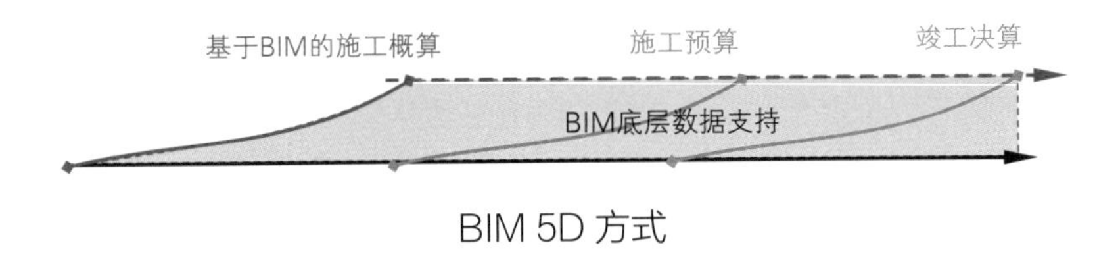

BIM 5D 方式

BIM 技术改变了工程造价管理的思维方式和工作流程。由原来的数字造价思维转变为模型造价思维，工作流程从原来的单一模式改为云端协作模式。上述案例在施工造价的全过程控制方面进行了有益的尝试，也为公司的造价平台不断地积累数据。

未来，基于 BIM 的项目管理方案将会成为所有项目实施的有力工具，在可视化数据的加持下，杜绝了仅凭经验来施工和管理项目产生的盲点和不足，使得项目相关人员能有效、有利、有方向地执行项目当中的各个相关工作，充分做到了在合适的时间用合适的资金做对的事情。

基于大数据的企业成本管理将成为企业发展的最有效的管理方式，同样地，也对整个建筑行业的发展具有重大的价值。

07BIM
软件及应用

7

BIM 软件及应用

7.1　BIM 建筑数字化

BIM 的发展在很大程度上是软件技术的发展。在计算机技术普及、设计师从图板转到 CAD 近 30 年后，三维图形设计首先改变了设计的呈现模式。伴随着计算机软件技术的发展以及云平台的兴起，BIM 软件推陈出新，各类绘图、分析软件层出不穷，目前使用的 BIM 软件有近千种之多。计算机技术的发展也让软件日新月异，建筑业的需求成为建筑 BIM 软件快速迭代的动力。本书所列举的是目前常用的一些不同分类的软件，阐述了部分软件的主要功能和使用范围，管中窥豹地为读者展示了市场上的常用软件。

对于 BIM 来说，软件只是一个工具，在整个建筑 BIM 中，流程、架构和标准才是最重要的骨架。对于任何一个项目或者企业，如何搭建 BIM 流程框架是整个项目 BIM 实施的关键点，只有当明确了流程后，才能有效地将不同专业融合进统一的标准中，也只有基础的模型按照标准建构好，后期选用与项目匹配的软件，才能使得整个工作准确和高效。

BIM 建筑数字化	
1. 快速设计 在 BIM 软件出现之前，建筑设计过程主要是通过 CAD 软件完成。随着三维设计软件的应用，建筑设计从线和面，真正转化成空间模型。同时，三维模型还包含特定的参数信息，因此，该模型不只是简单的图形，更是包含信息的数字模型。最终，通过促进更快的设计过程，BIM 软件为设计师提高了效率，也为优化设计提供了参数化的基础数据	2. 避免冲突 BIM 软件可以检测到冲突的元素，例如撞上横梁的导管或管道系统等。在实际施工过程中需要尽量避免类似情况的发生，因为一旦发生则后期的改动可能会造成非常大的影响，包括时间、进度以及成本。应用 BIM 工具，能够在问题发生之前识别出潜在的问题，这对于设计和施工都是非常重要的，也是目前 BIM 的一项重要的应用

BIM 建筑数字化

3. 减少建筑设计错误

BIM 软件的参数化设计不但提高了效率，也减少了大量的人为错误。参数化设计成为 BIM 发展的一个重要分支，这些工具有助于在设计和构建过程的早期识别问题，并提供数字化的分析和对比，实现优化方案。

4. 捕获现实

BIM 不但能够实现快速设计，还能够与捕捉到的现实结合。BIM 解决方案将虚拟与测绘成果和提供精确地球图像的工具集成。用户可以选择在建筑模型中加入航空图像和数字高程。还可以对三维扫描图像进行处理，数字化后与设计相叠加，完成前期的规划或者后期的比对。

5. 按建造过程的步骤排序

BIM 软件具有可视化功能，可以非常直观地评估某些元素如何影响建筑，如不同季节的阳光或建筑的保温节能等特性能。这些模拟和可视化的解决方案应用基于物理学和数学的规则，不但提高了效率，还可以通过参数的改变帮助工程师捕捉到规律，寻找到更为优化的方案。

6. 影视级别展示

在与客户进行沟通的过程中，让客户预览正在设计的建筑是很重要的。BIM 软件使项目范围、步骤和结果的沟通成为可能。另外，由于 BIM 可以渲染 3D 图像，相对于 2D 渲染，设计人员可以为客户提供最真实的建筑视图，包括各个细部，这也使得与客户的沟通更加有效。

7. 按建造过程的步骤排序

建造一栋建筑是一个非常详细的过程。这个过程的每个部分都是一个步骤、材料和建筑人员的序列。BIM 技术可以激活整个过程，通过模拟规划出合理的施工步骤，并提供通向最终结果的路径

8. 随处设计

大多数 BIM 解决方案都基于云平台，这意味着用户可以从任何设备访问项目的详细信息，多个项目成员也可以从任何位置登录，实现了设计信息的随处访问和设计修改

BIM 建筑数字化

9. 改进跨组织的协作

建筑物的数字信息因为云平台的开发而实现了模型的实时共享，相较于文件的传递，信息经常因为版本的不统一而无法同步造成混乱。BIM 基于云平台的模型也意味着，在设计和建造过程中，不同专业、不同部门，甚至不同公司的项目组成员可以随时随地访问 BIM 模型。这样，在建筑开始施工之前，信息是实时同步，且数据是可以相互协调的，大家还可以共同对模型进行检查和标记，减少整个设计施工过程中的信息错误

7.2 BIM 应用软件的分类及应用

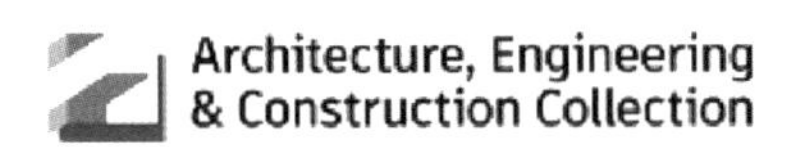

AUTODESK 工程建设软件集

为设计师、工程师和承包商提供一整套通用数据环境支持的 BIM 和 CAD 工具，该软件集是目前使用最广泛的 BIM 设计类软件，这套工具包含设计和施工，可以应用于整个流程。

AUTODESK
Civil 3D

Civil 3D 设计软件是岩土工程师常用的设计软件，借助该软件，工程师能够更好地呈现和完成基础及相关设计。在进行设计时可以将实际环境转化成模型后与新设计相结合，不但可以做出更好的与实际相结合的设计决策，并且能直观地发现很多隐藏的问题，提高项目质量。利用 BIM 的强大功能，未来可以扩展出更多的关于基坑开挖及土石方工程的功能。

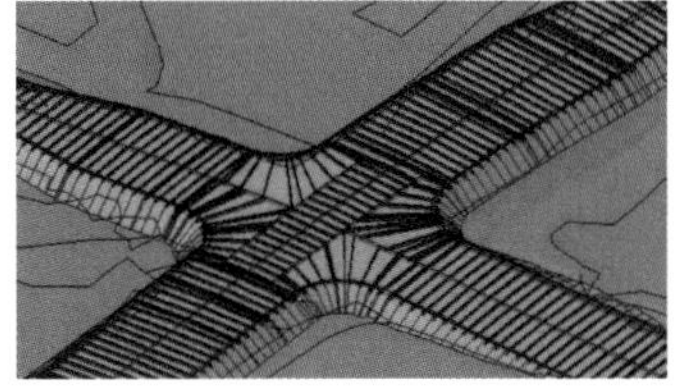

Archicad——为建筑师设计的 BIM。

Archicad 拥有强大的内置工具集和易于使用的界面，在进行建筑专业设计时，在设计、可视化、记录和交付等各个项目环节中都有一定的优势，是目前市场上使用范围广、高效且直观的 BIM 软件。

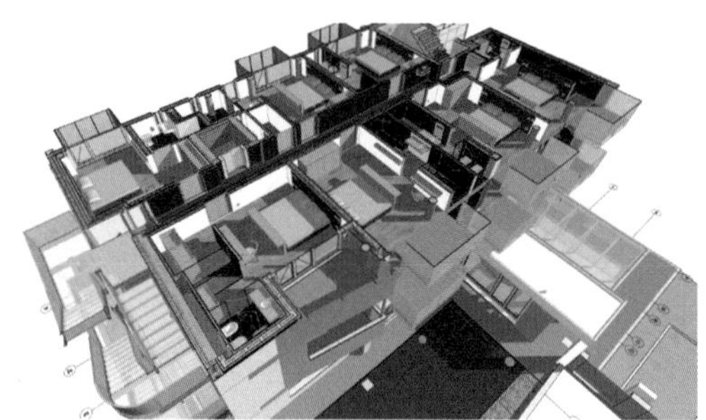

Tekla Structures——优化整个结构设计的工作流。

作为一款结构设计和绘图功能强大的 BIM 软件，目前，市场上的应用非常广泛。该软件在结构绘图方面，开发了很多易于操作的工具模块，极大地提高了设计师的效率。

同时，该软件的接口比较多，可以方便地导入、导出模型数据并将其与其他项目方、软件、数字施工工具和机器设备兼容，实现更顺畅的工作流。

这是一个从草绘到建模的 BIM 软件，具有强大的建筑资讯建模功能，有丰富的工具进行文档编制以及智能设计，同时，还能随心所欲地以 2D 或 3D 形式进行设计，在建筑设计的绘图方面非常便捷，适用于在方案设计阶段灵活、快捷地实现想法、完成构图和建模。

其主要特点是可以在完全集成的 BIM 工作流中进行草绘、细绘和建模。

ALLPLAN 是面向建筑师、工程师和承包商的多专业和多功能平台，该软件伴随并整合了设计和施工的全过程，因此是一个全过程的 BIM 软件，适用范围广泛。

轻松创建和可视化用户的概念、快速详述变体、轻松协作、高效管理变更并快速生成具有精确数量的准确文档，以确保设计可以更方便高效地实现。

ALLPLAN 的建筑 BIM 解决方案涵盖了从设计到建造的全过程，提升了协作工作流，使项目的实施更加精确，避免因数据不相容带来的信息错误和遗漏，提高整体的兼容性和效率。

MIDAS Structure 自动化结构设计和分析软件。

作为一款有限元结构分析软件，该软件在参数化建模和分析上有一定的优势。可以快速地进行常规结构的分析，对于复杂几何模型的建模和分析也比较便捷，有限元分析结果准确详细。

目前，在设计分析阶段，还可以进行自动优化，快速生成结构图、结构计算报告并进行工程量的统计。

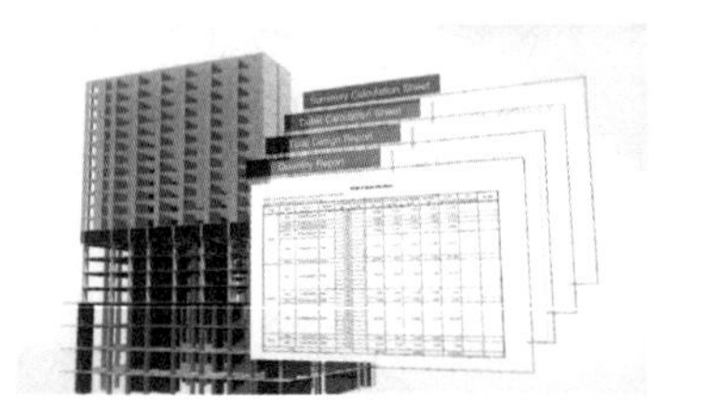

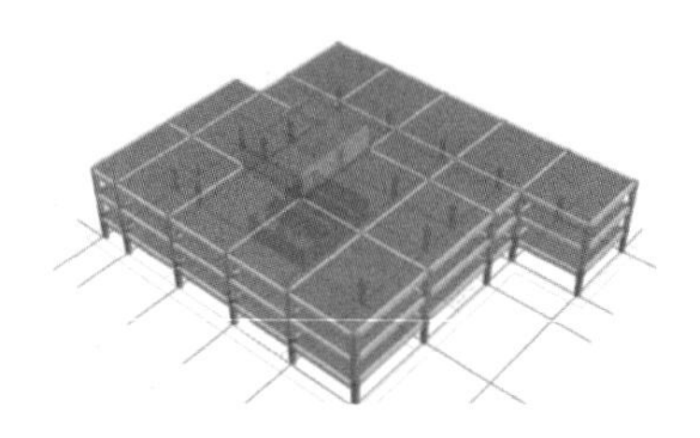

ETABS®

这款软件广泛应用于建筑结构分析和设计。将建模、分析、设计融为一体，属于非常通用的有限元分析软件。

另外，软件还可以将模型数据和其他信息存储在数据库表中，通过交互式数据库直接编辑，生成或修改模型。

与大多数的有限元分析软件一样，该软件还支持部分数据格式的转化，通过与其他BIM 软件的兼容性有效地处理不同团队之间的协作。

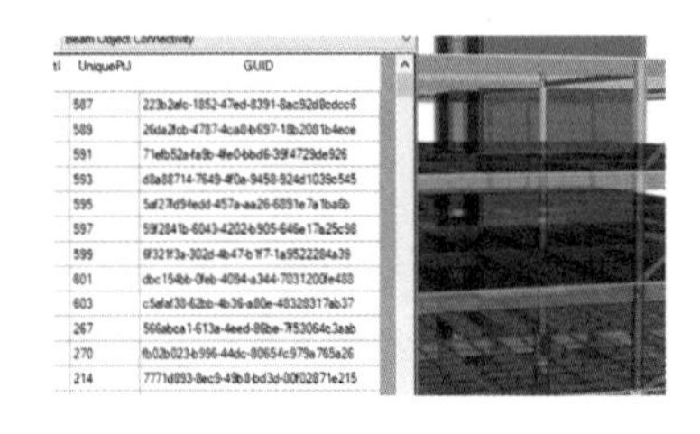

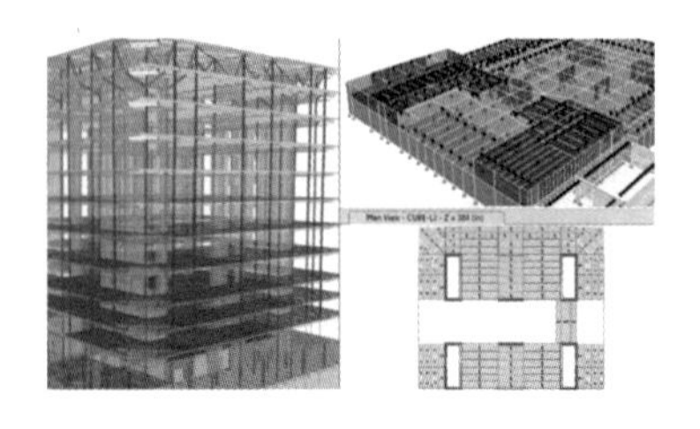

SAP2000®

这是一款通用的结构分析软件，也是结构设计人员最为常用的有限元分析软件，因其内置多国的设计标准，对于结构设计师来说非常便利，可以说是最为通用的设计软件之一。

该软件在结构设计方面非常全面，例如内含钢结构、混凝土结构、冷弯薄壁型钢、铝型材等多种材料的设计规范，因此不但可以进行受力分析，而且可以对结构构件进行复核。

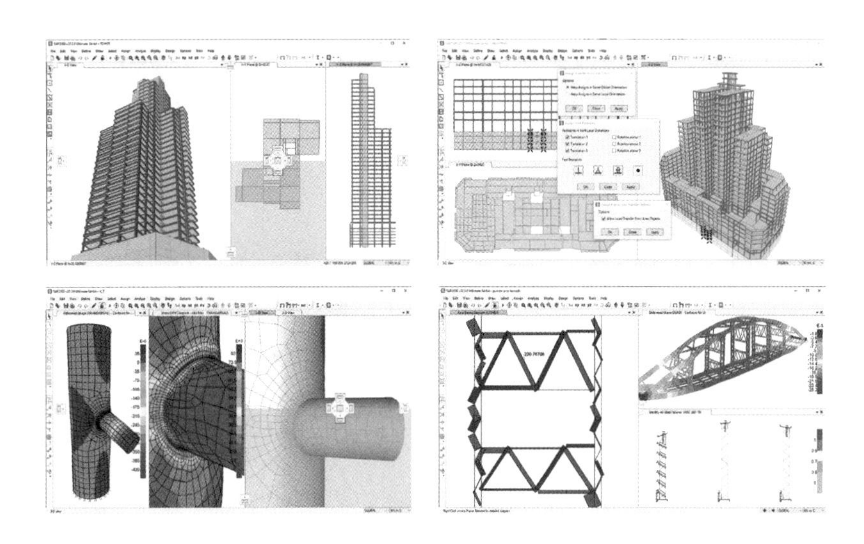

SOLIDWORKS

这是一款三维机械 CAD 软件，目前支持高级云计算功能，提供集成分析工具。SolidWorks 提供了无与伦比的、基于特征的实体建模功能。通过拉伸、旋转、薄壁特征、高级抽壳、特征阵列以及打孔等操作来实现机械产品的设计。

同时，使用有限元可以进行全面的分析，解决了从单个组件的简单线性分析到具有接触和非线性的完整装配的模拟分析。

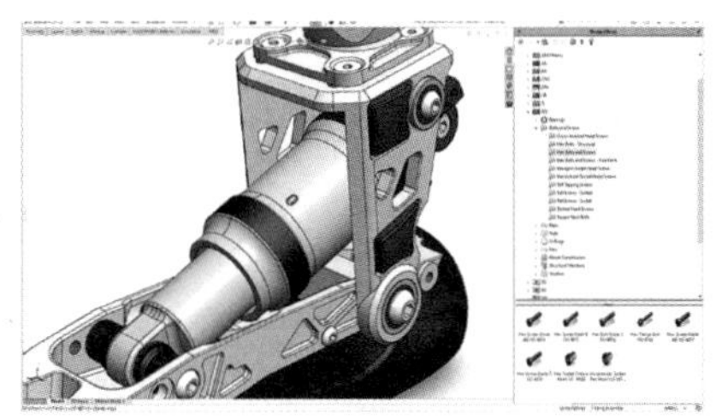

SOLIBRI
A NEMETSCHEK COMPANY

这是一款模型检查和协作的软件。

基于预定义和可自定义的规则，可以对三维模型进行碰撞检查，以发现模型中的绘制错误或者构件的碰撞等。

通过自动检查错误并生成检查报告，设计人员可以高效地进行查找和修改，快速的核查不但提高了图纸的准确性，而且还可以发现不同专业可能存在的矛盾。

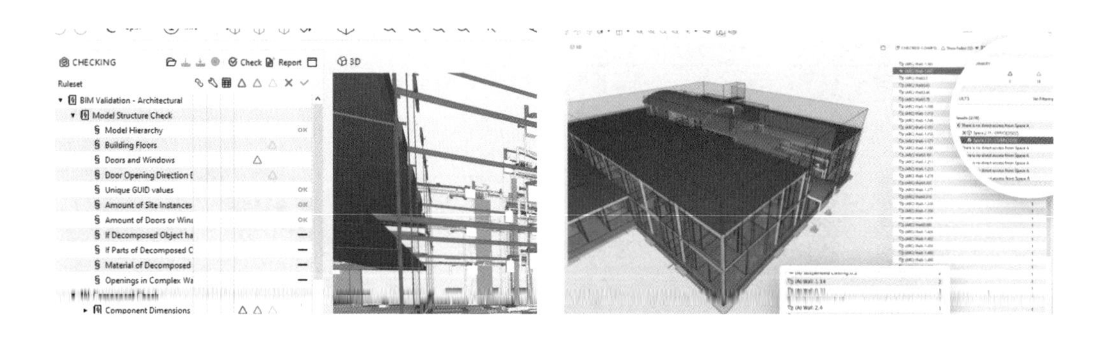

Navisworks 作为一款 BIM 常用的 4D 软件，该软件主要用于碰撞的检查及 VDC 的制作。

在实际操作中，VDC 动画的生成和项目进度管理的时间不能够联动，多用于投标过程或者一次性的演示。如果在施工过程中需要多次修改，则会因为参数需重新输入而造成大量的重复工作。

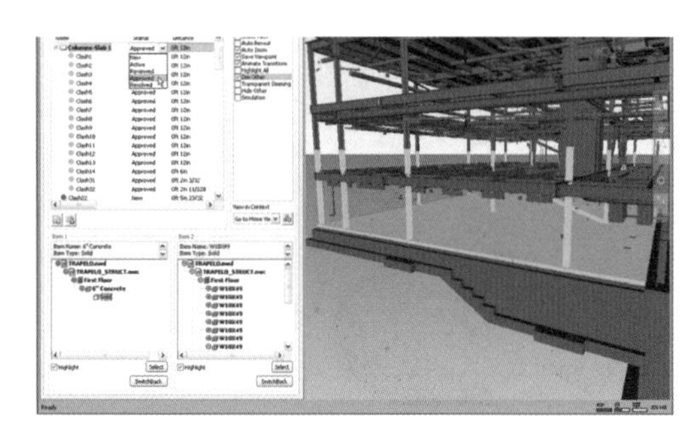

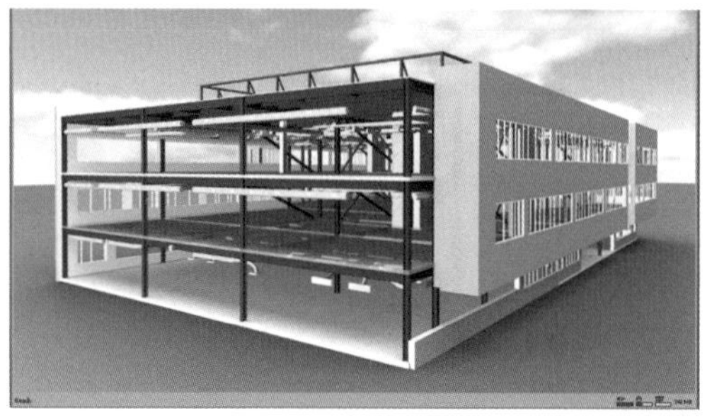

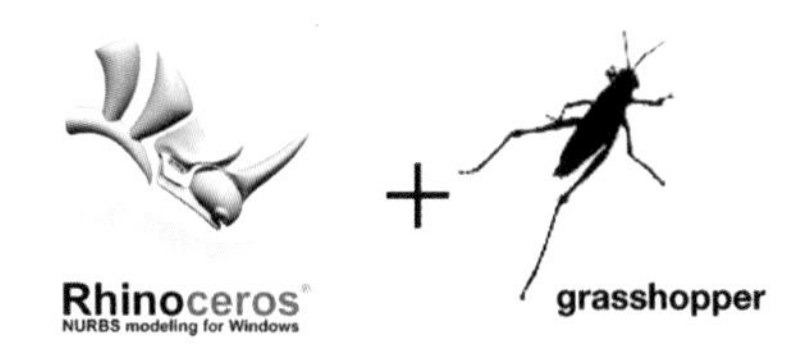

Grasshopper 是一个与 Rhino 的 3D 建模工具紧密集成的可视化编程环境，用于构建生成算法，包括建筑、结构工程的参数化建模、自动化生产和装配的参数化建模、绿色节能建筑的照明性能分析和建筑能耗。

因该软件拥有非常丰富的算法电池库以及插件，不需要编程或脚本方面的知识，只需要修改和编辑相关的电池和插件即可完成大量的计算和分析工作。

Rhino.Inside.Revit 在 Grasshopper 添加了超过 300 个 Revit 组件，可以直接查询、修改、分析和创建 Revit 本地元素，而且还在持续开发更新中。

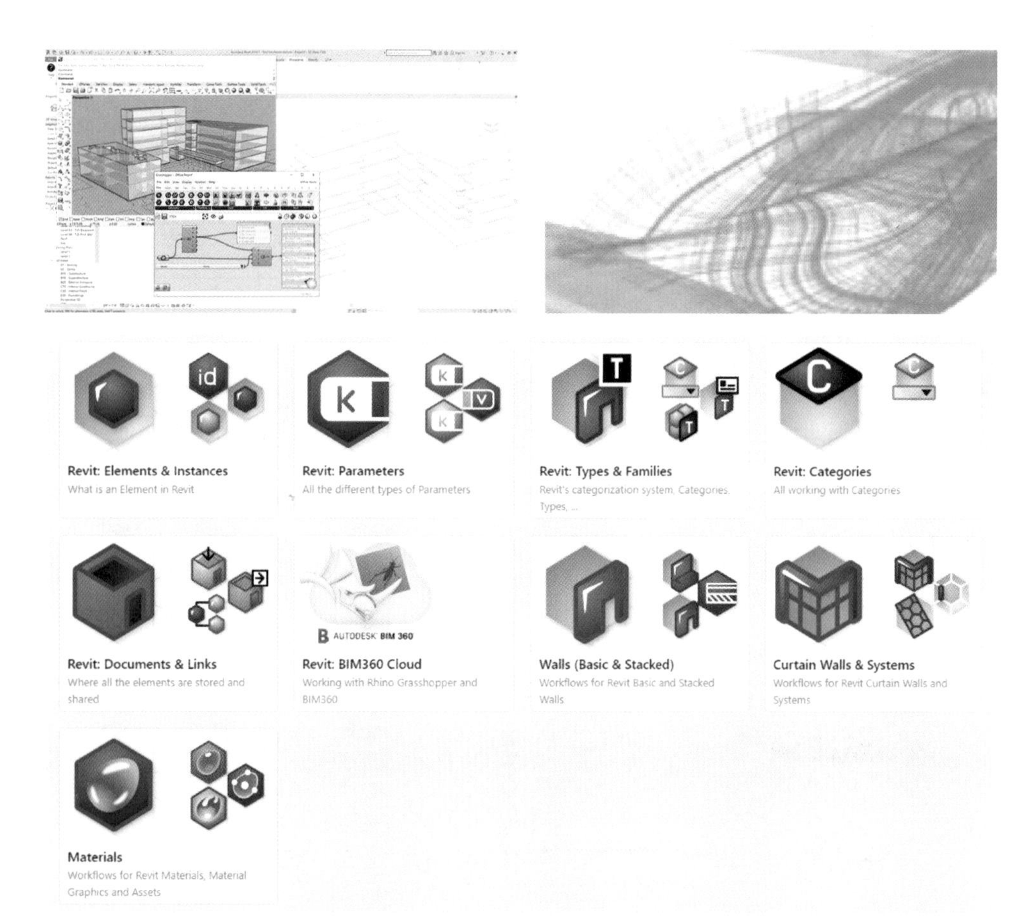

Trimble Connect 是一种专为建筑行业设计的基于云的公共数据环境 (CDE) 和协作平台。该平台是一个全流程（计划、设计、施工）的协作优化管理平台。Trimble Connect 设计协同协作平台最大的特征是具备同步的功能。可以将 Revit、SketchUp、Tekla 等软件中的模型同步到 Trimble Connect 里，方便其他专业的人员及时查看和协同操作。

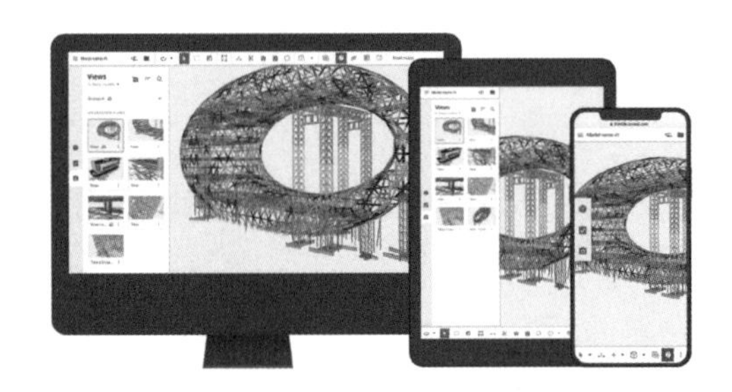

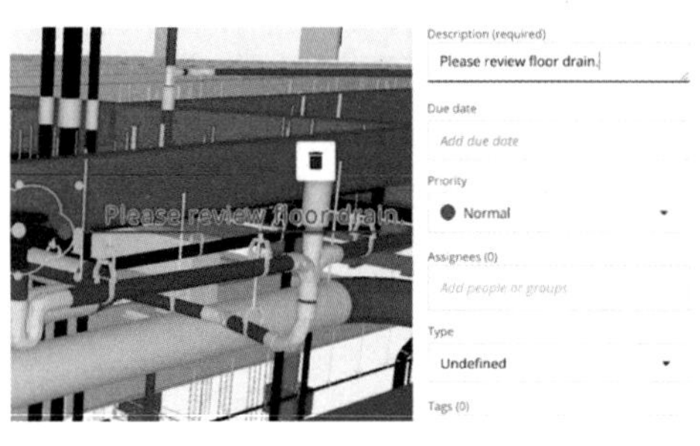

Autodesk Construction Cloud 从设计阶段到项目完成，将团队和项目数据连接互通。通过云端共享和处理，可以降低风险、保护利润并提高可预测性。

在建筑云平台上，可以对项目、人员进行管理，在不同的阶段构建工作流、团队，共享、审核数据，因其与 Autodesk 软件兼容性好，可以与 Autodesk 的各类设计施工管理软件无缝协作，进而推动不同团队间的协调和合作。

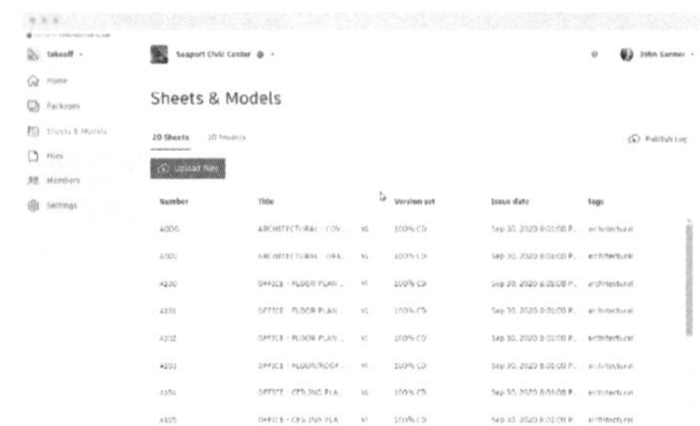

BIMcollab

BIMcollab Cloud 是建立在 IFC 和 BCF 云端开放平台。因市场上大部分软件对 IFC 格式的兼容，该 BIM 云平台是一个建立在 openBIM 标准化体系下，用户可以直观进行模型检验和冲突检测的平台。

该软件的数据通用性非常好，可与市面上大部分的 BIM 软件无缝衔接。

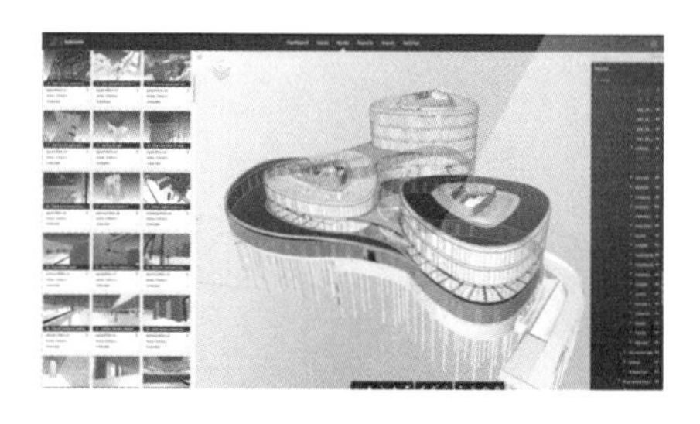

revizto

这是一款简单易用的 BIM 协作软件。该软件的数据兼容和整合性比较完善，信息表达清晰准确。因其兼容性和易操作性，是一款应用广泛的协同软件。

使用该软件可以简化设计审查的流程，缩短信息传递的时间，因操作者的动作可以在协作平台上得到实时反馈，让使用者对于问题的解决更加高效。

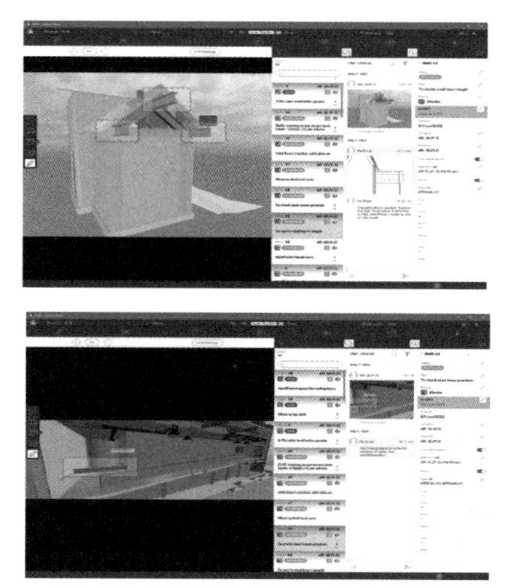

作为一款施工进度规划软件，该软件简便易学，非常适合中小型项目，功能强大、易于使用。

随着 team 功能不断完善，目前，使用者可以和 Microsoft Teams 协作制定规划，实现多人共同协作。

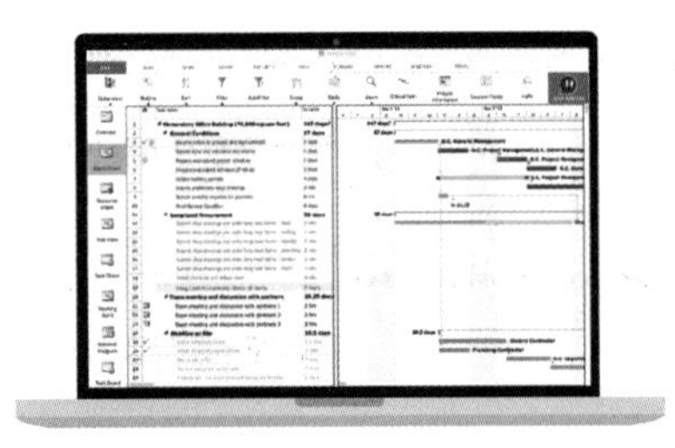

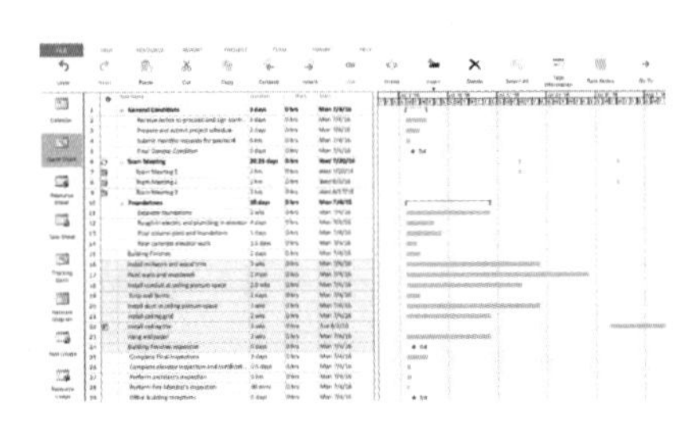

项目进度规划最常用的软件之一。具有强大、可靠且易于使用的项目规划功能。
用于确定项目、项目群和项目组合的优先级、规划、管理和评估。

可以通过灵活的基于 Web 的用户界面随时随地访问项目信息，提供了多用户、多项目功能。

支持自上而下和自下而上的资源请求和人员配备流程。
该软件云端版可以多人编辑，团队共同协作完成，简化协调，改进决策制定，并通过新的自动化功能业务流程提高效率。

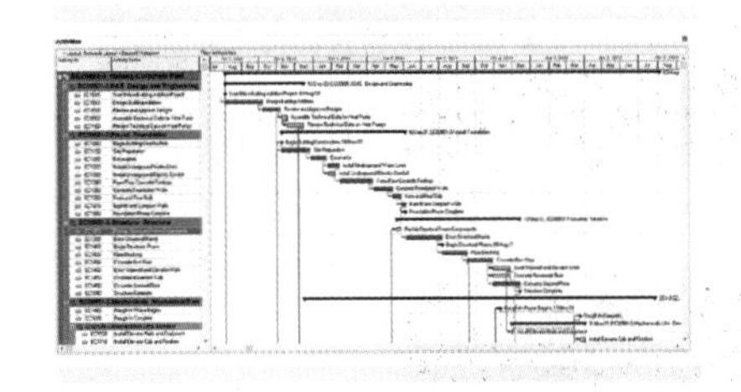

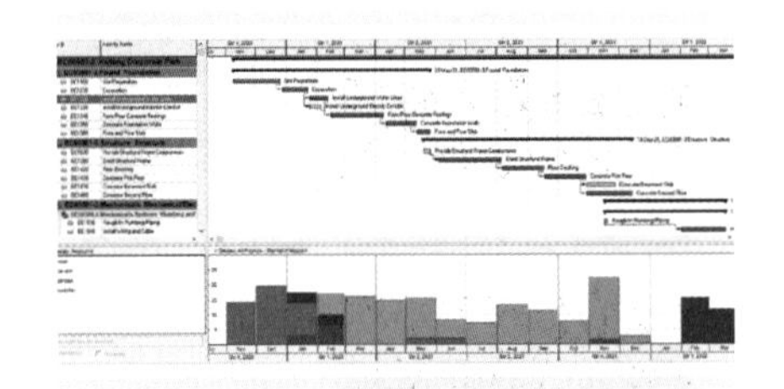

Bentley 是一款功能强大的 BIM 软件，涵盖了从概念设计到施工管理的全过程。

对于设计者来说，该软件可以设计和可视化任何大小、形式和复杂性的建筑物，并评估各种设计方案。

对于项目管理人员来说，该软件可以在项目的各个阶段支持建筑设计和文档编制过程——从概念设计、文档编制到专业协调和施工。

对于施工管理来说，使用软件进行时间进度和成本管控，可以与模型同步显示。同时，该软件还在不断探索新的 BIM 功能，尤其是后期的运维和管理，促进建筑物运营的优化和可持续性。

该软件对于处理复杂建筑有独特的优势，因为云平台的搭建，在团队协作与专业协调方面效率较高，可以帮助各方高效、快速地沟通协调。

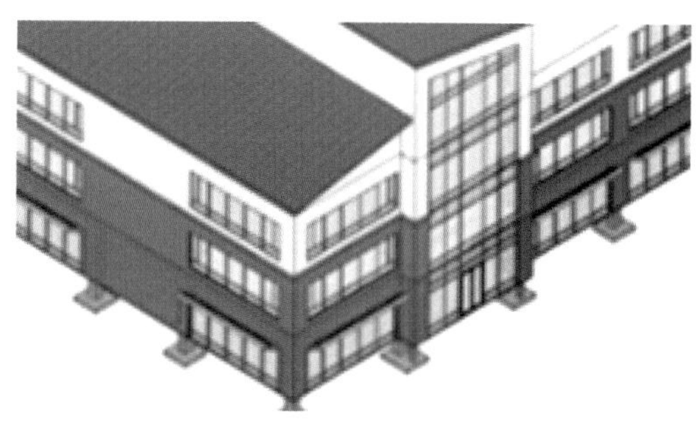

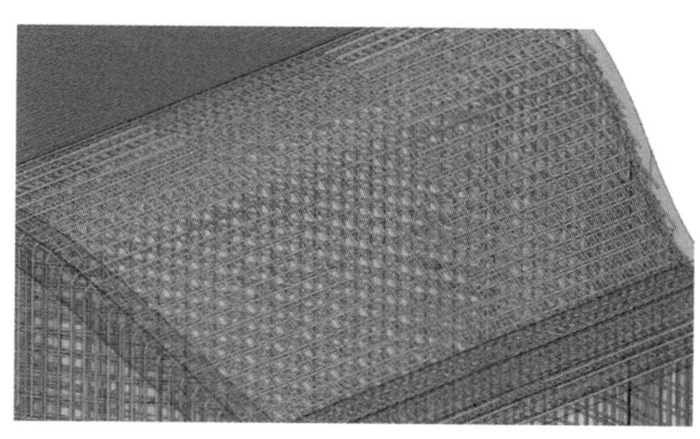

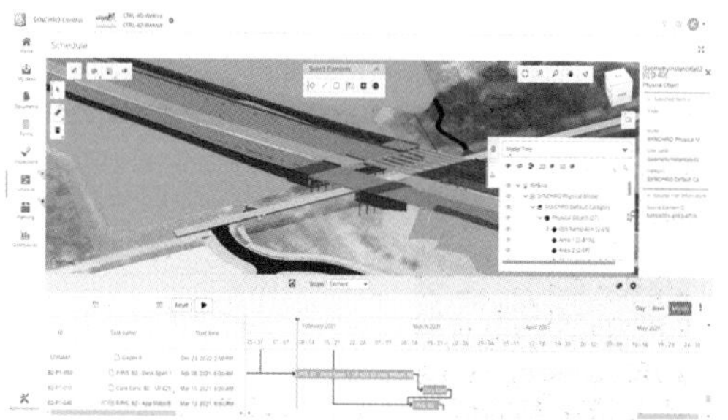

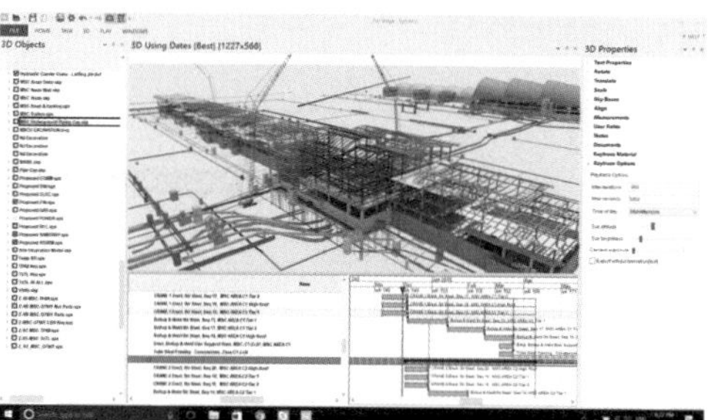

一款可视化的项目施工模拟和项目管理软件，具有进度计划制定、管理、风险管理、供应链管理和造价管理等强大的功能。主要针对大型复杂工程项目的管理使用。

该软件集中管理项目设施方式，可以更经济有效地规划工程进度，人员、材料及设备分配。以虚拟方式简化和自动化报告流程，增加了项目的可见性及可预测性。

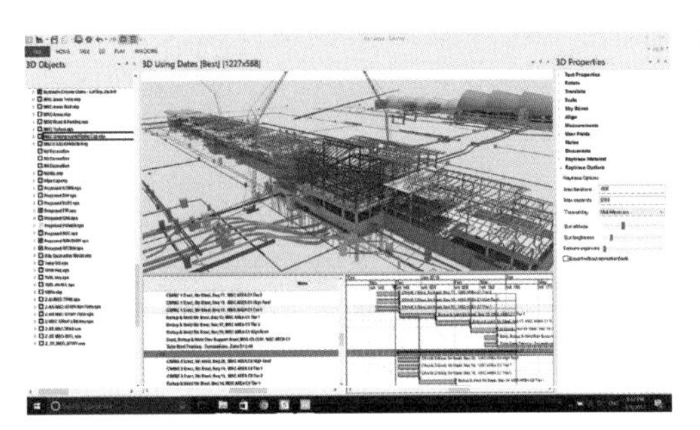

BEXELMANAGER

BEXEL Manager 是综合性软件开放式的建筑信息可视化的管理软件，专门用于管理建筑项目活动。BEXEL Manager 的功能列表包括**预算、进度优化、成本分析、变更管理、进度跟踪等功能。**

3D——可视化，3D 模型数据管理，以及冲突检查。
4D——模拟施工，进行调度和规划，以及调度优化。
5D——成本管理，项目规划，成本优化，模拟施工，进度跟踪，生成报告。

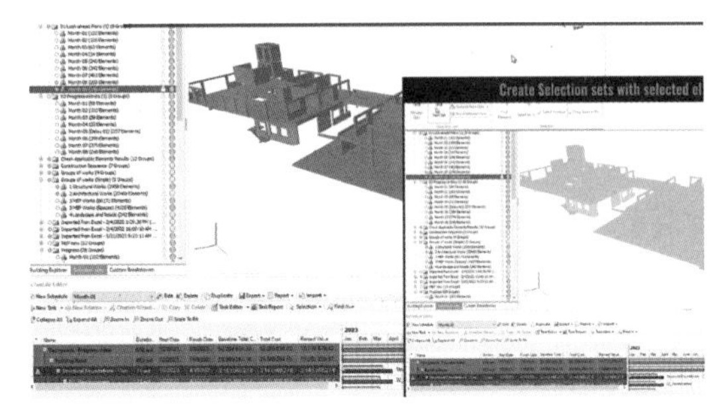

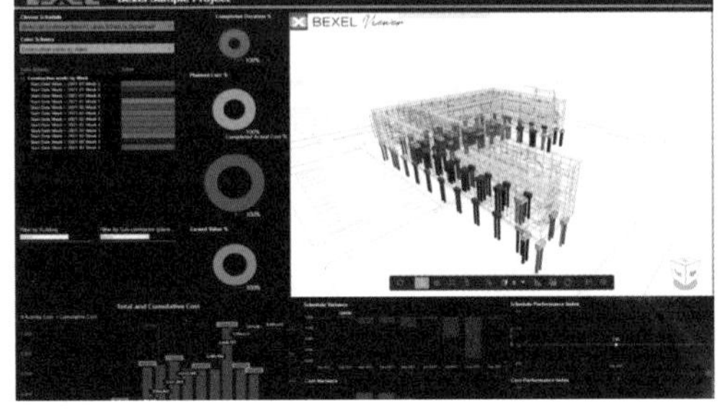

大疆智图是一款以二维正射影像与三维模型重建为主，同时提供二维多光谱重建、激光雷达点云处理、精细化巡检等功能的 PC 应用软件。

一站式的解决方案帮助使用者提升内外业效率，重点针对测绘、电力、应急、建筑、交通、农业等垂直领域提供一套完整的模型重建解决方案。

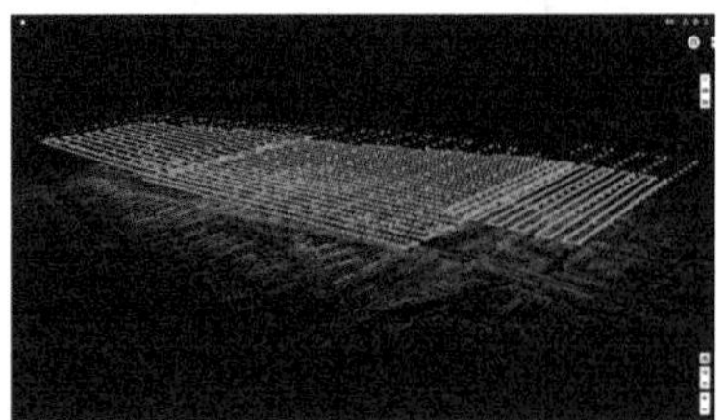
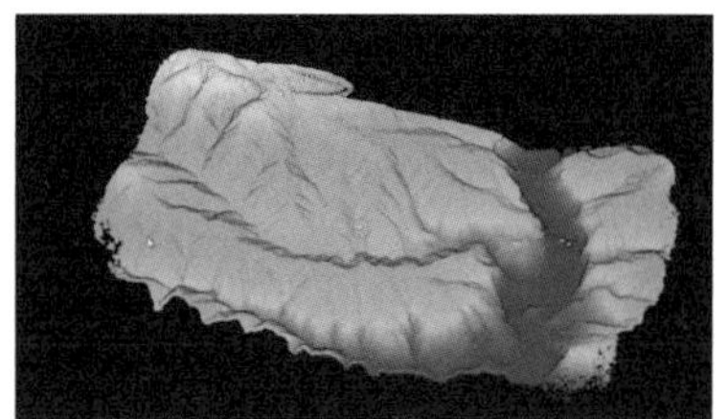

SCENE
FARO

FARO 场景软件是在对建筑进行 3D 扫描后，进行数据处理以及扫描结果呈现的软件。该软件通过对扫描数据的处理，可以创建现实世界对象和环境，并进行 3D 可视化的展示。

另外，处理后的数据可以导出多种格式，为后续的数据应用提供方便。SCENE 还具有令人印象深刻的虚拟现实 (VR) 视图，允许用户在 VR 环境中体验和评估捕获的数据。

最开放、最先进的实时三维游戏引擎，近期引入到建筑行业，给虚拟建筑施工提供了更多可能性和发展空间。

设计可视化
施工可视化
复杂工序可视化
虚拟现实交互体验（AR，MR）

雨林项目可视化设计尝试（局部一）

用虚拟交互呈现的形式加强了环境设计师和用户体验设计师之间对于设计的了解，从而更高效的统一设计方案（局部二）

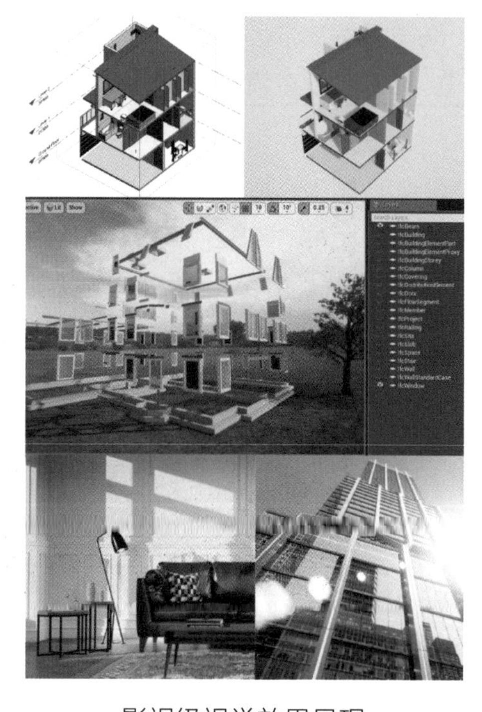

影视级视觉效果呈现

VR 交互体验

7.3 BIM 发展路径及其未来在建筑行业的应用

随着工程建设行业趋向于更深入更全面化的数字协作，越来越多的软件开发者开始跨界进入 BIM 行业，在数字孪生领域进行深挖，并且带入了其他行业新的运营及管理理念与工作流程，加速了参数化 BIM 向数字孪生进程的发展速度。同时，BIM 技术的发展也呈现出设计和施工流程数字化、虚拟化、自动化的方向。

由于建筑参与专业和人员的复杂性，沟通成为现代建筑设计施工中非常重要的一环，BIM 技术促进了各专业、各团队在统一的交互平台无障碍地沟通和交换数据。

对于未来的建筑从业人员，掌握更多的软件技术和开放的管理理念，在集中统一的BIM数据生态系统下，进行多方的设计方案的沟通和探讨，施工方案的协调，施工流程的优化以及现场施工经验的分享，是未来建筑施工的管理趋势。

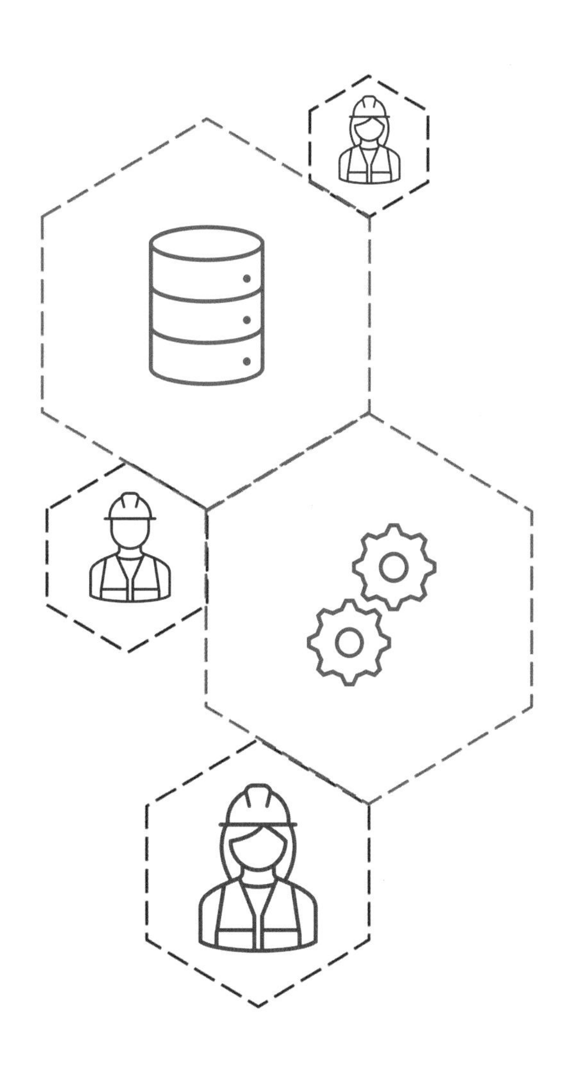

08BIM 技术与新技术的结合

8.1 BIM 建筑数字化
8.2 BIM 三维扫描和 GIS 技术上的应用
8.3 BIM 在质量管理中的应用
8.4 BIM 在安全管理中的应用
8.5 BIM 在管控上的应用
8.6 企业 BIM 应用的现状
8.7 企业 BIM 应用的趋势
8.8 BIM 技术的发展趋势

8.1 BIM 建筑数字化

在过去几年里，每个人都或多或少地经历了某种冲击。气候变化、供应链断裂、通货膨胀和劳动力短缺都在影响着世界。

尽管“冲击”或“颠覆”一词具有一些负面含义，但它也创造了能以不同方式去工作和生活的机会。冲击或颠覆会迫使人们去重新思考、想象和发现。今天，数字化转型正在加速，令人兴奋的技术正在不断涌现，带来了新的协作方式，并催生了一个创新的时代。

通过在行业云上整合一切，使三个关键行业（工程建设行业、制造业、传媒和娱乐业）更具创新性、生产力和盈利能力。使解决方案更具连接性、可扩展性和开放性。

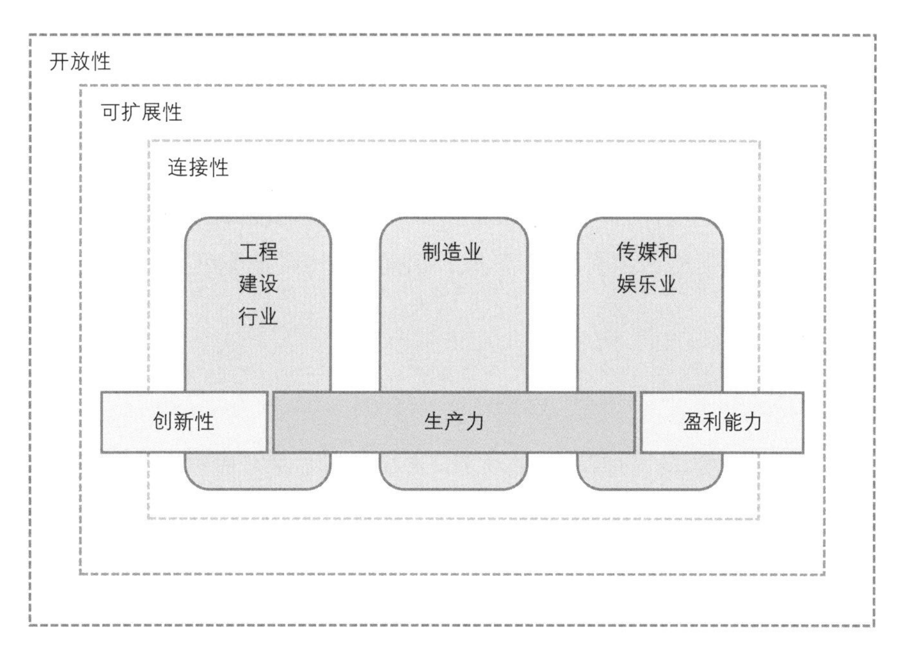

连接人员和数据，实现畅通无阻的工作流从未像现在这样重要。当新冠疫情出现时，美国三分之二可以远程工作的人做到了互联。现在，这种情况趋于稳定，并出现了一种新常态：在能够远程完成的工作中，至少有 45% 是部分时间在办公室之外完成的（25% 完全远程完成）。这种工作方式的演变需要我们转向一种新的范式。云端已经成为新的协作空间，无论我们的同事是在隔壁的办公室还是在世界的另一端。

建筑业以数据主导决策进行数字化转型是因为数据的庞大与决策的复杂。数字孪生、机器学习和人工智能可提供实时的数据分析，让企业的决策更加有的放矢。随着数字化转型的加速，企业必须将数据转化为可执行的洞察，用以指导业务操作，以便让管理更加科学化、数据化、可分析、可追踪。

首先建立一个核心的基础数据，通过网络连接三个或以上不同的专业节点或职责相关部门，在跨专业和职能的基础上，将现实的项目管理转变成为以数据为基础的虚拟管理。

通过虚拟技术分析演算和发现各种未来会发生的问题，减少问题出现的可能性，更有效的增加模型的弹性，最后再返回到实际的项目执行当中，认真地规划，尽职尽责地进行施工管理。按照计划执行项目管理，优化资源配置，提高决策效率，创造新的管理模式，让工程项目在实施过程之前就清晰可见，同时，具有可预测性和可控制的未来。

BIM 建筑数字化的设计管理，让设计平台更加多元，不仅仅是设计人员可以参与建筑设计，业主、施工方都可以在设计方案之初，提供自己的意见。正是因为数字化的设计管理，让不同专业的设计师沟通更加顺畅，也使得建筑设计的远程更广阔。设计师可以通过云端平台跨区域、跨国界共享设计资源、同步设计图纸，共同完成一项设计任务。

BIM 建筑数字化的施工管理，是建筑企业正在探索的方向。利用 BIM 模型，采用预施工模拟，可以在实际施工之前验证施工方案，检查施工方案的可行性，或者方案是否有进一步优化的可能性，进而提高施工的有效性，来降低风险发生的概率。还可以通过可视化模型，来检查施工安全区域设置，减少安全风险。在距离区域的把控上更加准确，从而保证实际施工环境的安全。

BIM 建筑数字化的运维管理，是数字化赋予现代建筑管理的新的工具。对于建筑的使用和运维，一直以来都很难“动”起来，主要的原因是没有数据的输入和分析。

在建筑数字化的发展过程中，运维管理也被赋予了数字化，三维可视化模型让非专业人士一目了然，建设过程以及管理过程中数字的采集、分析让管理者的行动和决策更加具有时效性和针对性。

8.2 BIM 三维扫描和 GIS 技术上的应用

在雨林项目中，投标阶段，我们首先采用三维扫描，对雨林中需要保护的树木设定保护区，对整个场地进行数字划分。同时，在项目实施的过程中，还超前使用了三维激光扫描技术对整个场地及几百棵树进行了数据化扫描。

在获取全部完整的树木点云数据后，根据扫描结果对数据进行优化，转化为轻量化的多边形模型，导入 Revit 当中进行整个场地的数字化建造。通过三维扫描，我们不但为客户提供了施工阶段的数字化模型，而且为后期珍贵树木的保护和管理建立了数字化保护的基础，这也是后期进行雨林保护的非常重要的技术资料。

三维扫描——整个场景的点云数据

三维扫描——局部场景的点云数据

雨林项目属于设计施工一体化项目，该项目的一个关键点是树木的保护。如何设置保护区域，如何把自然环境融汇到设计中，把建筑单体与自然有机结合，实现人与自然的和谐统一，是该项目设计成功的着眼点。所有这些都需要在对现有树木进行勘测、定位、描绘等的基础上完成。

根据总体的设计思路，项目团队对扫描的树木进行了数字化。其中的信息不但呈现出三维的图像，还对树木信息进行了分类编辑，加入了树木种类、树龄、根部直径、树冠直径、高度等相关的数据。图形信息为设计团队在方案设计阶段的设计融合提供了直观的帮助，还对自然的保护、雨林的生态管理等提供了大量的数据支持。

在前期的方案设计中，采用数字模拟技术，可以对雨林中的树木进行整体的虚拟化管理。例如，对模型中的树木位置进行调整，减少同一类树木对周边环境的影响。采用数字化模拟可以快速完成不同方案的比对和优化，这极大地加速了方案的确定，而且因为雨林占地面积较大，采用轻量化的数字模型，可以从整个雨林范围整体考虑，使得规划的整体性与自然融合得更好。

在建筑设计中，巧妙地将建筑与树木融合在一起。设计师根据扫描的树木种类和外形高度，设计出与树木相融合的建筑，建筑外形与树木形成叠拼的效果。同时，在设计栈道的时候，根据树木的具体位置和高度的不同，设计出不同的栈道路线，在避让树木的同时，又可以让游客最大限度地与自然亲密接触。

因为对树木进行了数字化信息处理，当设计方案进行修改后，后期的施工费用也会联动。在方案比对中，树木的养护、挪移等均会对造价产生实时的变化和影响，对于承包商来说，可以从经济合理的角度对方案进行更加全面的分析和比较。

实体树木

数字化树木

3D 扫描数据化过程

使用三维扫描技术对原有地下室局部翻新工程的现场勘测及数据采集。

使用 FARO 三维扫描机器对施工现场的局部区域进行细致化的扫描，用来生成点云数据，从而得到还原的等比现场场地模型。

根据 FARO 的扫描结果，可以得到施工现场局部的点云数据，如右图所示。可以清晰地看到施工现场局部区域的点云数据图。

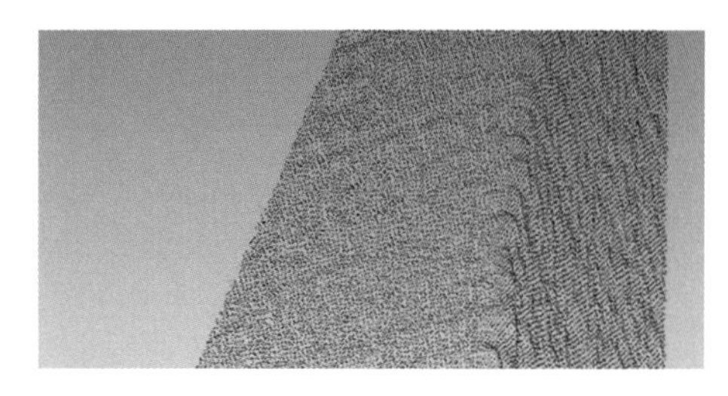

在得到施工现场的局部点云数据后，对点云数据进行再优化，使点云数据更加精准，使最后生成的模型与实际施工现场局部区域一比一还原。

使用优化后的三维模型与实际施工现场局部区域进行模型比对、碰撞检查等，可以更加明确地掌握项目中的信息。

使用三维扫描技术对已有项目进行扫描和数据采集，为前期设计方案提供前期的基础资料。

对于现场管线部分，采用相同的扫描方法，右图为现场照片，现场有多种机电设备以及管线排布，在进行改造设计时往往会忽略管线，造成实际施工时的大量变更。

在点云数据优化后，可以得到较为精确的施工现场局部区域的三维模型，使得到的模型更为精准，减少数据上的误差，最大程度上避免一些碰撞的发生。

三维点云数据与实际一比一还原对比图。被还原现场的点云数据为后期设计提供了极大的便利。

设计师在拥有完整数据信息的情况下进行改造设计，减少了设计与现场的不对应，避免现场信息不准确对设计造成影响，有效地规避了可能发生的碰撞及其他问题，不但缩短了设计周期，还提高了设计的准确性和有效性。

三维扫描技术的出现给建筑设计行业传统的流程增加了新的可能性。尤其在对点云数据轻量化和信息化处理后，三维扫描已经不仅是三维数据的图形展示，更为建筑的数字化应用创造出更多的拓展空间。

GIS 数据化应用过程

在前面一节讲述了应用三维扫描对热带雨林项目设计带来的技术应用和创新。不但如此，在热带雨林的施工过程中将 BIM 与 GIS 相结合，为施工的场地规划提供了数字化的解决方案。

由于热带雨林公园项目的特殊性，整个园区都被树林覆盖，设计人员和施工人员在现场踏勘时，如何根据定位点确定现场的实际位置和实际情况，在没有参考点的情况下是非常困难的。在投标阶段，项目组首先根据图纸在 Google Map 上面划分好树木保护区，方便技术人员在整个投标阶段能够清晰准确地避开需要保护的树木。

在具体实施阶段，将 BIM 与 GIS 相结合，在规划整个园区布局的时候，施工人员确定建筑物的具体坐标，规划整个园区的施工顺序都可以依据结合的数据进行定位、查找。在项目施工过程中，根据前期的数据资料，持续更新和维护整体的数字信息模型和参数，展示施工的进度。

使用 BIM 和 GIS 相结合，从整体上反映出区域的划分，并可以宏观地展现整个现场的施工情况。

BIM 和 GIS 在热带雨林公园项目中的应用 / 体现在 Google Map

在热带雨林的项目中，由于不同种类的建筑名称、保护区名称、树木名称、各种景观及小品等信息繁杂，为了能够快速定位到相关的位置和信息，项目组将不同类别的数据划分了层级和区域，并制定了区域名称表，表格中的名称与图形相关联。因此，只需要点击区域表格中的名称，就会在图形中显示该区域位置，在不同区域点击建筑物名称可以在图中显示建筑物位置，方便项目组人员熟悉项目、工作安排以及效率的提升。

同时，在项目实施过程中，不断增加参数类别和信息，比如树木保护区的编号、砍伐顺序以及砍伐掉的树木编号。通过信息的管理，可以实时更新工地的进展顺序，防止树木的误砍以及区域的错误识别。

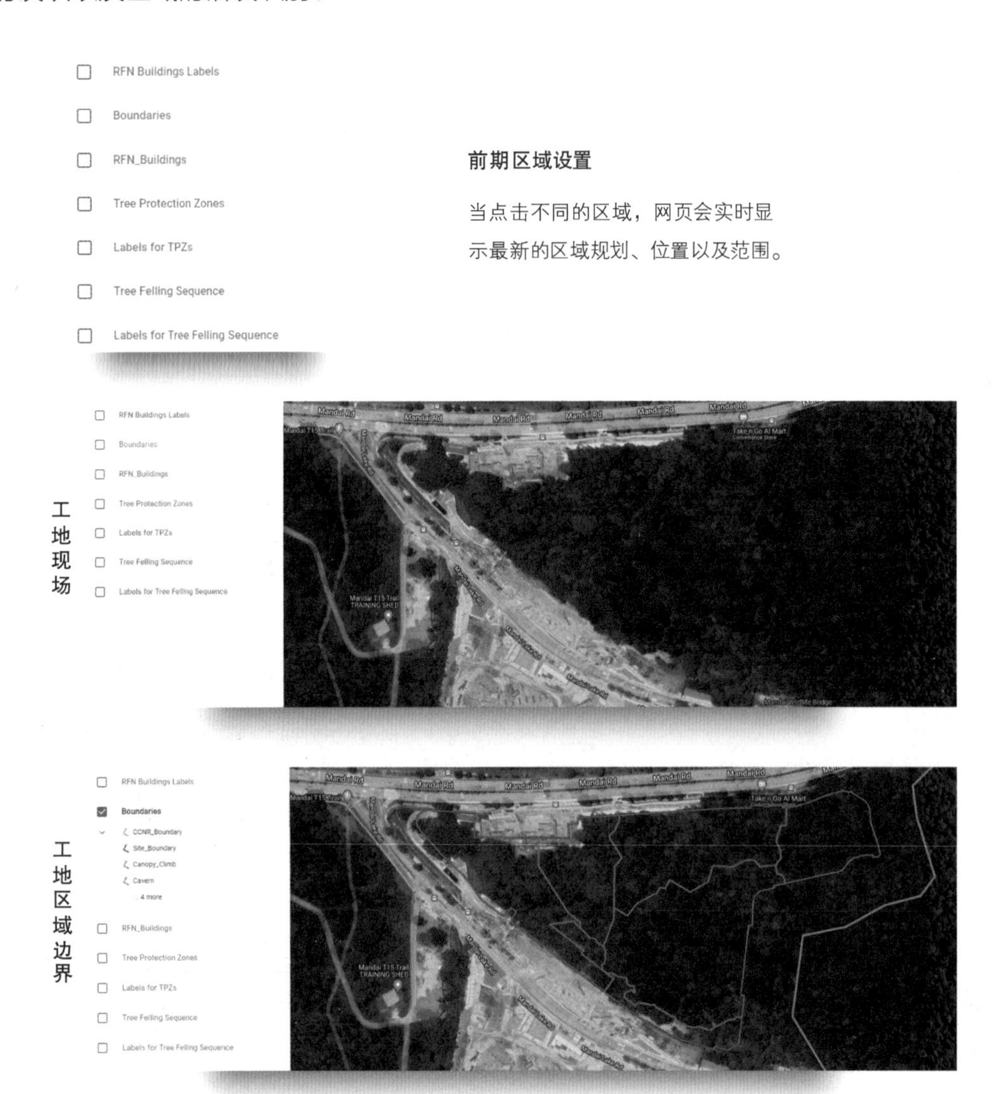

前期区域设置

当点击不同的区域，网页会实时显示最新的区域规划、位置以及范围。

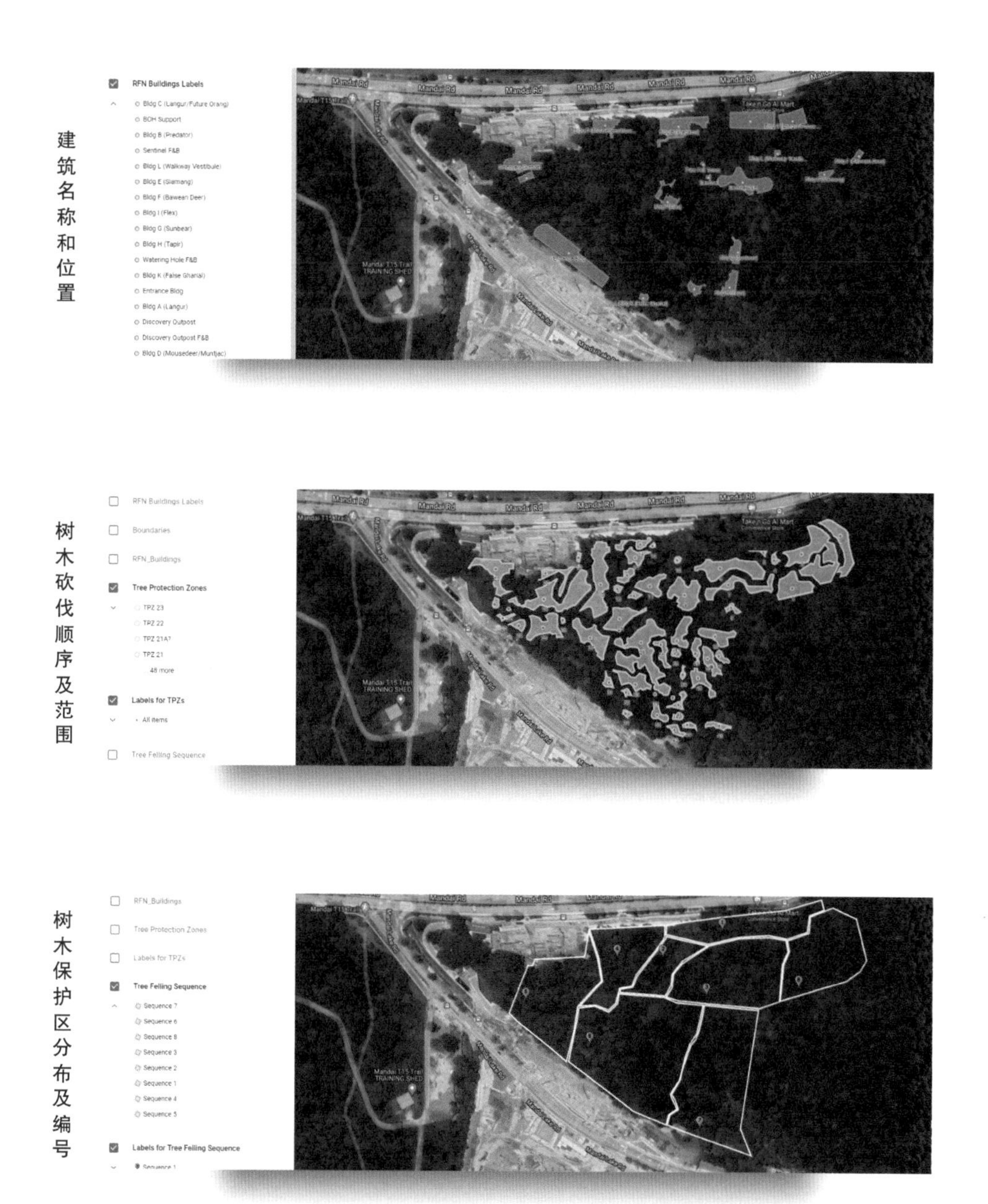

热带雨林项目属于场地面积大、地形复杂、信息多、定位复杂的项目，在项目管理中利用地理信息系统进行了有益的数字化尝试，在提高管理效率和准确性方面大有裨益。

未来，在类似项目中可以定制更多的参数，把整个现场数字化和移动化，再加上地图的定位功能，就能更加精确地对项目进行定位和管理。

8.3 BIM 在质量管理中的应用

传统的质量管理工作，主要是质检员对各个部分的质量进行检查后填表完成的。伴随着建筑数字化不断的发展，尝试对质量管理进行改革，使得质量表格不再是一些零散的数据，而是指导建筑施工方法和工程管理的有效的工具。

在针对项目的质量管理中，质检员通过手机等电子设备登录质量管理系统，上传检查位置、内容、缺陷、照片等内容，轻松解决了输入端的电子化问题。但是，这仅仅是质量管理数字化的数据输入，如何对数据进行有效的管理和分析，尽快发现施工中的质量通病，减少施工质量问题，才是质量管理的最终目的。

因此，质量管理平台在设计时，不但考虑了使用者和管理者可以在任意时间、地点进行信息的输入、修改和查看，它的主要功能是其数据的统计和分析。例如：质量目标完成情况校核、质量巡检评分统计、质量问题整改率统计、质量通病分析等。通过多个项目的质量问题记录，可以形成施工现场问题库，方便项目部进行总结，以便减少类似问题发生。而且，可以对各个分包的质量进行评估和打分，形成分包商的质量评估依据，成为在未来的项目中确定分包的因素之一。

同时，对于装配式建筑的质量管理，BIM 的使用也避免了预制工厂与安装现场的诸多矛盾和问题。装配式建筑的质量管理需要划分成两个模块，工厂预制部分和工地的安装部分。构件需要质量管理部门核查满足质量要求后才能出厂，工地安装满足质量要求后才能交付，中间还涉及运输过程构件的保护。

因此，对于装配式建筑还需要输入数据的传导和流动，这时候质量检查就成为施工流程的一个关键节点。采用 BIM 平台对质量进行管控，可视化、实时性的作用就更加凸显。

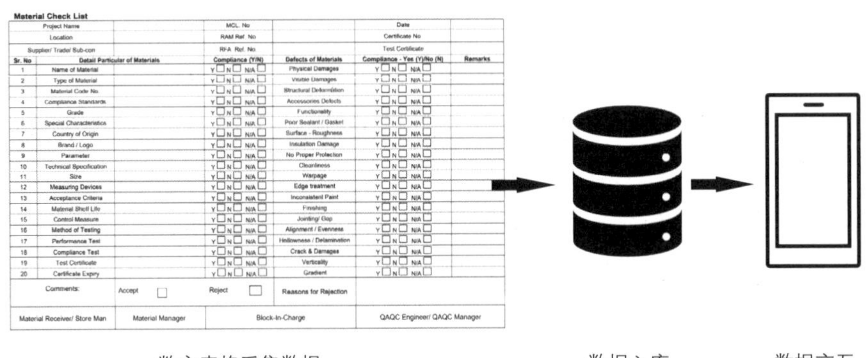

Material Check List

Project Name			MCL. No		Date	
Location			RAM Ref. No		Certificate No	
Supplier/ Trade/ Sub-con			RFA Ref. No		Test Certificate	
Sr. No	Detail Particular of Materials		Compliance (Y/N)	Defects of Materials	Compliance - Yes (Y)/No (N)	Remarks
1	Name of Material		Y☐ N☐ N/A☐	Physical Damages	Y☐ N☐ N/A☐	
2	Type of Material		Y☐ N☐ N/A☐	Visible Damages	Y☐ N☐ N/A☐	
3	Material Code No.		Y☐ N☐ N/A☐	Structural Deformation	Y☐ N☐ N/A☐	
4	Compliance Standards		Y☐ N☐ N/A☐	Accessories Defects	Y☐ N☐ N/A☐	
5	Grade		Y☐ N☐ N/A☐	Functionality	Y☐ N☐ N/A☐	
6	Special Characteristics		Y☐ N☐ N/A☐	Poor Sealant / Gasket	Y☐ N☐ N/A☐	
7	Country of Origin		Y☐ N☐ N/A☐	Surface - Roughness	Y☐ N☐ N/A☐	
8	Brand / Logo		Y☐ N☐ N/A☐	Insulation Damage	Y☐ N☐ N/A☐	
9	Parameter		Y☐ N☐ N/A☐	No Proper Protection	Y☐ N☐ N/A☐	
10	Technical Specification		Y☐ N☐ N/A☐	Cleanliness	Y☐ N☐ N/A☐	
11	Size		Y☐ N☐ N/A☐	Warpage	Y☐ N☐ N/A☐	
12	Measuring Devices		Y☐ N☐ N/A☐	Edge treatment	Y☐ N☐ N/A☐	
13	Acceptance Criteria		Y☐ N☐ N/A☐	Inconsistent Paint	Y☐ N☐ N/A☐	
14	Material Shell Life		Y☐ N☐ N/A☐	Finishing	Y☐ N☐ N/A☐	
15	Control Measure		Y☐ N☐ N/A☐	Jointing/ Gap	Y☐ N☐ N/A☐	
16	Method of Testing		Y☐ N☐ N/A☐	Alignment / Evenness	Y☐ N☐ N/A☐	
17	Performance Test		Y☐ N☐ N/A☐	Hollowness / Delamination	Y☐ N☐ N/A☐	
18	Compliance Test		Y☐ N☐ N/A☐	Crack & Damages	Y☐ N☐ N/A☐	
19	Test Certificate		Y☐ N☐ N/A☐	Verticality	Y☐ N☐ N/A☐	
20	Certificate Expiry		Y☐ N☐ N/A☐	Gradient	Y☐ N☐ N/A☐	
Comments:		Accept ☐	Reject ☐	Reasons for Rejection		
Material Receiver/ Store Man		Material Manager	Block-In-Charge		QAQC Engineer/ QAQC Manager	

数字表格采集数据　　数据入库　　数据交互

8.4 BIM 在安全管理中的应用

BIM 技术应用于建筑施工安全管理，最大限度运用 BIM 技术中的数据共享、集成及可视化特性，与识别建筑工程危险源相结合，可以改变以往传统的安全教育模式，并且对施工计划进行优化，从根本上提高建筑施工安全管理的有效性。

大型建筑施工项目或者施工难度大的项目，通过虚拟施工技术的模拟，在模拟施工的基础上，调整碰撞方案、冲突方案等，在模拟的过程中采用可视化的管理工具，可以直观地发现施工阶段的部分安全隐患，及时处理施工安全管理中的弊端。

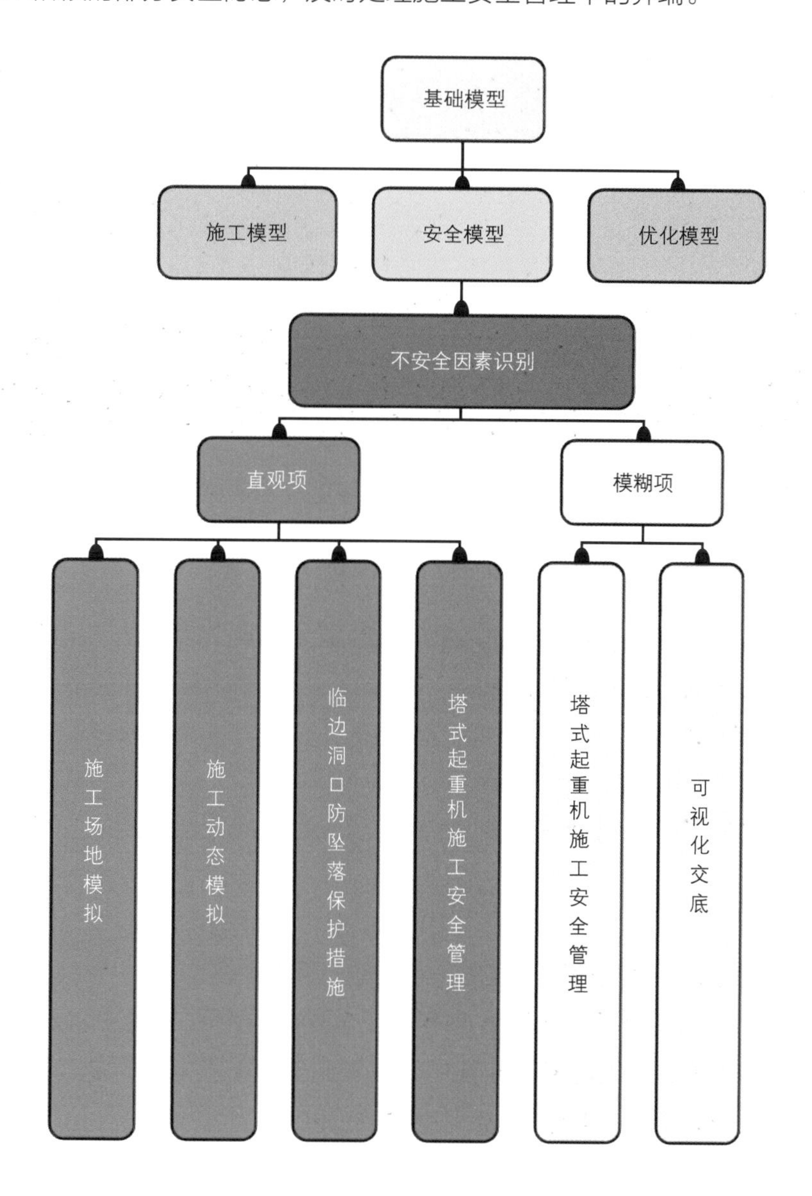

建筑施工安全事故的类型有坍塌、高处坠落、起重伤害、物体打击、触电、机具损伤及其他事故等，其中发生率最高的为高处坠落事故，也是严重威胁建筑工程安全管理的主要问题，通过 BIM 技术可以提前发现高空危险源，并采取正确的措施，则可以在很大程度上减少施工安全事故。

基于 BIM 施工现场安全模型主要由四部分构成。
最后是标识风险较大区域，例如以多种颜色标识各种风险等级，以便于识别。

首先是建筑工地地面、配电箱及高压电线的分布情况、地形、附近建筑物、附近管道、附近建筑与街道施工等会对其他物体造成影响

其次是施工现场搭设的临时建筑、设备及设施等，其中大型机械的布置，如起重机的碰撞检查就是安全模型最重要的检查项

第三是施工现场的材料临时堆放区域、半成品、原材料、出入口位置、施工道路及加工材料场所等

最后是标识风险较大区域，例如以多种颜色标识各种风险等级，以便于识别

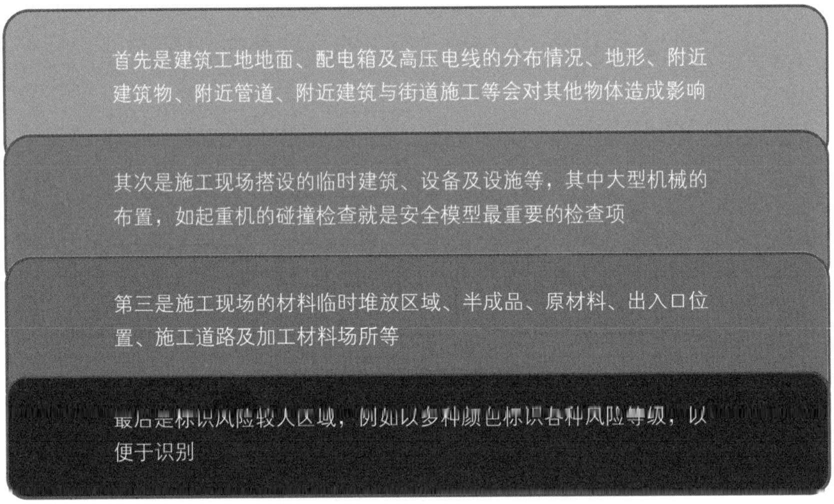

基于 BIM 技术的安全教育培训也是 BIM 技术应用的一个重要场景，目前，很多施工企业在施工管理中在不断探索和发展该场景的应用。

以往，施工单位的安全教育培训中很少有对安全隐患的处理方案与防护措施，大部分仅在口头上让施工人员加强施工安全意识，并无实际操作，采用的培训方式单一化，使得效果无法达到预期要求。

随着 BIM 技术的发展，安全教育培训中使用信息技术，可以更直观的方式展示安全教育培训。

在施工前识别危险源、预演施工过程及安全检查，通过可视化方式，让施工人员更全面地对建筑施工期间的危险源进行识别，对各项安全措施的使用、机械安装状况进行了解，采用动画形式向实际作业人员展示施工过程中可能出现的安全状况，使其更加深入地理解安全教育与安全施工的必要性，减少危险事故的发生。

8.5 BIM 在管控上的应用

项目管控

随着无线传输数据传输速率的快速发展，数据资费的进一步降低和基站覆盖的日趋完善，使得实时的施工监测数据与 BIM 数据相结合成为可能，让监测数据与模型相结合，可以更加直观并且具体地看到监测位置的持续性数据变化，分析出现场施工流程的施工规律以及规划和流程上的不合理节点，从而对工序进行更加准确的修正和完善。例如，在基坑开挖过程中对水位和土体变形的监测，在整个施工过程中对周围道路和建筑物影响的监测。

在以往的项目中，监测工作和数据获得都是独立于设计和施工过程，监测数据的分析会落后于施工，不能实时反映现场的实际情况。伴随着无线数据实时传输技术的成熟，施工监测数据与模型相结合，为施工安全监测提供了技术基础。

在后期的运维中，完整的监测数据也为后期的流程分析和科学化管理提供了充足的数据基础支持。以下列举几个应用的管理范畴。

项目进度管控

在项目管理中，要做到精细化管理，实时反馈变得非常重要。施工现场的完成进度实时反馈不但可以发现施工中的问题，而且对材料采购运输、施工费用的支付都具有非常重要的意义。尤其对于未来发展的工业化建筑，现场施工情况与工厂预制的部分必须要紧密配合，中间存在很多信息的交换与传输，如果不能在同一个平台上同步信息，项目可能会因此而带来施工工期的延误、返工以及施工费用的增加。

施工进度的监控主要包括：
1. 数据的采集，来自项目参与团队，存储在通用数据环境中。
2. 通过隐私要求限制，确保数据得到安全地归档和管理。
3. 数据优化、提纯，提供实时访问数据功能。
4. 通过数据分析解决潜在的问题并评估项目进展与施工规划。
5. 数据的无缝连接有助于项目按预算和进度完成

在热带雨林的项目中，进行了部分尝试。使用无人机挂接摄像头来对场地进行三维数据的获取，并生成与实际相符的三维数据模型，通过连续的扫描，不断更新现场信息。信息的收集不但可以对项目进度进行确认，还可以在施工过程中对场地进行精细规划，并且为以后的项目管理提供更多的准确信息，以减少实际施工中产生的误差。

三维数据模型

在项目进行当中定期使用无人机对整个工地进行全局监控，从而获得工地最新的施工进度，用来比对前期的施工规划方案，可以非常清楚地得到实际场地与项目规划的直观差距，从而进行阶段性的优化跟调整，从细节上管理整个项目并使项目按照规划的周期完成。

施工区域 A 拍摄于 2022 年 4 月

根据从无人机反馈得到的施工现场的实际进展，进而进行工序调整和优化，加强监控管理等一系列详尽的管理措施，在接下来的时间里，加快进度，并追赶上了工程进度。

施工区域 A 拍摄于 2022 年 8 月

数据化的监控反馈流程使项目团队可以更准确地获取到项目信息，把控项目进度，根据现场实际情况优化人员配置，按工期完成施工任务。

8.6 企业 BIM 应用的现状

如前文所述，BIM 在经历了 3D、4D、5D 等技术的不断更新，成熟的 BIM 3D 技术已经被绝大多数建筑企业所使用，4D、5D 的技术以及方案也在稳步推进中。在政府的大力推进以及支持下，实现全项目数字化的目标指日可待。

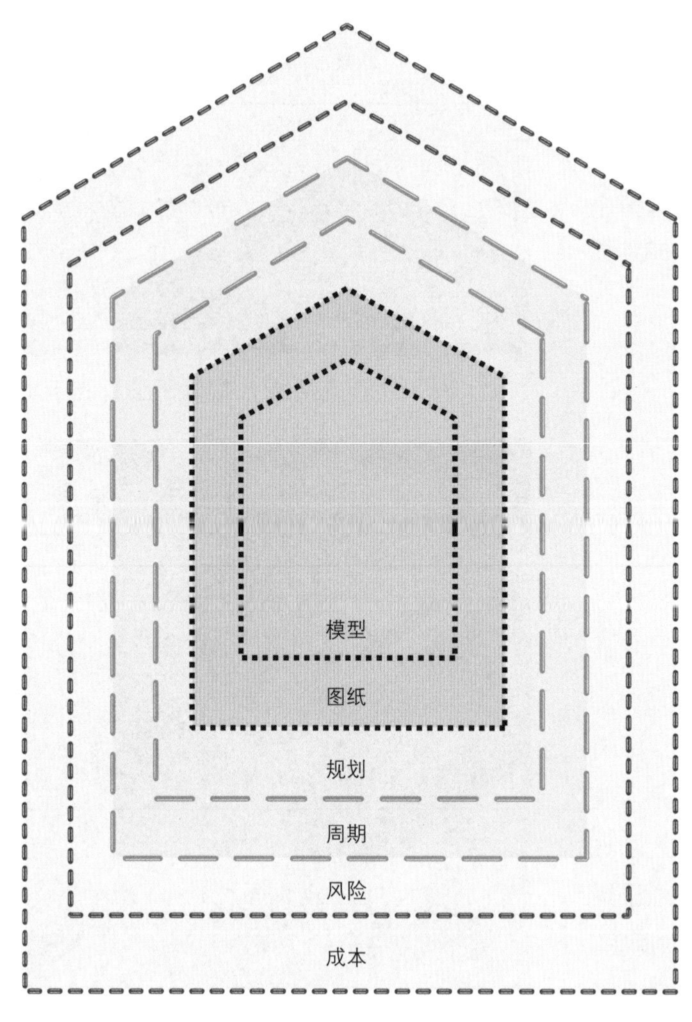

目前 3D 已经普及，由 BIM 技术支撑的标准化的 3D 模型是一切的根基，4D 是在标准化模型的基础上，增加了体现施工进度地参数，并将其链接到外部的 4D 软件，进行项目周期的精准模拟。大部分企业正全方位地在项目中应用 4D 技术来监控项目的进度和规划，汲取 3D 标准化时期的经验，在 4D 方面进行多种关键参数的设定，使项目追踪更加准确标准，确保模拟出整个项目的完整施工过程，并且能够通过数据的变化表现出各种优化方案的不同，精准可控且有效可行。

由于 5D 成本控制牵扯到部门协作比较多，相互之间的标准化编码和标准化流程还有待解决，从而导致整个项目的整体成本推进较慢，但是随着更多的 BIM 相关技术的发展以及成熟方案的推行，BIM 从模型到时间控制进而演变到项目成本总控已近在咫尺。

在标准化的模型基础上增加更多能体现成本的参数，设置成本之间的影响关系，通过将 3D 模型软件中创建的数据无缝地链接到 5D 成本控制软件中，可以在项目进展中把中间成本以正确的施工工序周期性的模拟表现出来，对产生变化的成本数据快速追溯，反馈并提交到管理层决策，整个过程快捷迅速且有据可查。更可以将管理层的决策或者优化方案返回到原来的 3D 模型中进行过程成本比对，进而找到影响成本的关键因素，实现项目成本精确控制的目标。

通过标准化的模型，结合 4D 对施工周期和项目规划的控制来反映项目的进展，再进一步结合 5D 对项目成本的监控，从而形成一个数据闭环。为了使项目可以在有序且低风险的条件下进行，对实时交互数据进行有效的密切管控，是未来实现项目精细化管理的必备条件。

8.7 企业 BIM 应用的趋势

“建造业的工作模式将发生重大变化，将是一个以场外制造为主流、利用数字工具控制施工工序和工作流程的模式。建筑企业必须改变思维方式，走向一个更加数字化的未来。”

提升专业能力成为企业发展和生存的关键，而在 BIM 技术发展过程中，首先要改变的可能是人员的分布与工作流程。

建筑业作为一个传统行业，一直以来的工作模式是新员工向资深员工学习。随着 BIM 的发展，这种学习的模式也开始发生了反向指导，让新员工指导资深员工。这些新员工出生在数字时代，拥有不同的思维方式，所以我们的资深员工可以向他们进一步学习各种新型的数字应用程序，创造一种可促进学习、倾听、开放的态度在整个团队合作的工作环境中。通过不同的指导方式提升专业能力和提高公司的现代化水平。

以人为本的策略企业必须同时在技术和人才两方面都进行投资，提升员工的技能，以适应数字化的世界。

数字化转型为制定以人为本的战略打开了大门。随着数字化逐渐取代了传统建筑流程，企业需要吸纳更多的人才，把传统的土建专业扩展出更多从事创新、创造价值的岗位。通过利用云来统一数据，通过各种设备随时随地把员工连接在一起，从而便于在整个企业范围内实现协作。

数字化成熟的公司取得成功的诀窍在于他们对创新、领导力和数字化转型进行了广泛的研究。公司的数字化进程是将集体融合起来，企业可以通过迁移到远程协作平台来将集体的力量放大，建立起一个数据、人员、流程相互连接合作的开放的数字化协作环境。

对于工程建设企业来说，供应链上的延迟可能会浪费掉 30% 的项目预算。如果建立起数字化的生态系统，企业就可以共享各种资源、材料和资产，从而增强供应链的韧性。

如今，数字化转型不再是一种大胆的前卫举动，而是行业中普遍盛行的做法。同时，要想在数字化投资上获得丰厚的回报，领导者需身先士卒，引领整个组织进行转型，专注地向着建筑行业的数字化发展迈进。

8.8 BIM 技术的发展趋势

你可能听说过数字孪生技术。它是转瞬即逝的趋势还是建筑、工程、建筑和房地产行业的未来？数字孪生是未来，是任何企业数字化转型之旅的关键一环。

全球调查公司麦肯锡在《建设的下一个常态》中指出，建设行业正在强调研发，投资技术和设施的企业正在获得动力。从 2013 年到 2017 年，全球前 2500 家建筑公司的研发支出增长了 77%。

在数字化信息越来越重要的现在，数字孪生既是虚拟资产更是物理资产、过程或系统的数字表示，以及在我们理解范畴内的信息综合体通过模型来展示的工程信息。

如本书开始所讲，数字孪生是一个非常详细的数字模型，它是物理资产的从阶段对映到完整对映的体现（或孪生）。这些资产可以是任何东西，从车站的售票机或自动扶梯，通过轨道和其中的开关及十字路口，到相关的基础设施，如立交桥或架空线结构，一直到并包括整个城市。

物理资产上的连接设备和传感器可以收集到与所有相关条件或性能联系的数据，这些数据再通过中央处理后映射到数字孪生设备上，以人们能够了解的现实世界中的方式把物理资产呈现在现实世界中，还可以通过分析或模拟，了解它在未来或在不同参数集下的表现以及可能性。

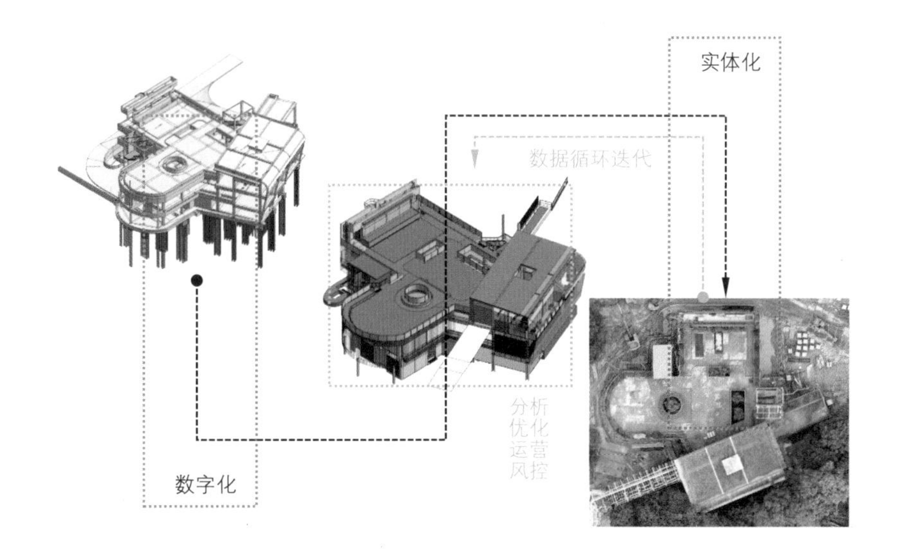

数字孪生技术在制造业等行业已经存在多年，推动了制造精细流程，提高了产品性能，并预测和突出存在故障风险的组件。

此外，在建筑业上衍生出来的数字孪生技术吸取了其他行业的经验教训，更加针对性地改进设计，应用于未来的产品和系统。模拟跨越整个资产生命周期的相关性分析，在应用于铁路基础设施时非常重要。

在新铁路或重大升级的规划、设计和施工过程中，项目数字孪生可以使设计优化符合运营要求，并通过模拟降低延迟，减少不符合施工要求的各种风险的发生。

项目数字孪生还可以改善供应链内的物流和沟通，可以帮助维持施工进度和控制项目预算。在运营过程中，数字孪生成为最有价值的中枢信息提供端。当物联网中的连接设备提出需求时，业主和运营商可以快速获得他们所发出的需求，并通过中枢处理器发出回应，提供持续的信息传递和确认，实时跟踪现实条件下的信息流动态。

这种完全透明的业态管理模式，有助于业主和运营商优先考虑、改进维护、升级需求量或者使用量大的区域，提高了建筑的使用率。因此，通过使用数字孪生技术来规划、设计和建设，并在运营中持续维持数据的连续性，对投资人、运营商、使用群体都将带来更为优质的使用体验。

结语

建筑行业尤其是房地产开发，在经过一段时间的迅猛发展，呈现了逐步下滑的态势。这对于建筑行业既是逆境，也是发展的好时机。只有准确把握行业趋势，才能够成功实现破局。

在平稳发展的基础上沉淀优势项目，将原本做好的内容做强。同时，在 BIM 发展的大背景下，寻找新的突破口，实现技术的转变与提升，也是建筑企业发展的一个关键。利用创新的表达方式，不断发展的科学技术，为优质内容的产出提供技术支撑，为新的项目赋能。聚合多方面的人才，推动优势项目落地。

建筑业作为劳动密集型产业，一直以来都是粗放型管理，利用 BIM 技术提高施工管理水平，才有可能在建筑工业化的道路上迈进。建筑企业的 BIM 应用广度和深度呈现一个上升的状态，这也是建筑企业不断提升和进步的表现。数字化是企业发展的方向，数字模型、数字展示、数字施工模拟、孪生技术，这些技术不断地在项目中应用、创新、发展，也让传统的建筑企业实现产业升级。

波谷求生存，波峰求发展。行业波谷阶段，正是转型奋发的好时机。新时期也代表着新机遇，多元发展给行业注入强心剂，缓解了行业压力的同时，也带来了曙光。与此同时，应该巩固发展成果，保持发展优势，拓展发展领域，提高核心竞争力。在大环境逐渐变好的大背景下，积极应对机遇与挑战，把握前进趋势，实现新的突破，奔向行业的曙光。

未来，我们有清晰的格局，也有前进的方向，始终相信，强者恒强，站在风口，见证每一轮的行业成长，勇攀高峰，顶峰相聚。

BIM
Digital Twin